本书受中国科学院发展规划局“情报研究与平台建设”项目
及国家自然科学基金项目“科学结构特征及其演化动力学分析方法与应用研究”
（No.71173211）资助

MAPPING SCIENCE STRUCTURE

科学结构图谱 2017

王小梅　韩　涛　李国鹏
陈　挺　张晓林　○著

科学出版社
北　京

图书在版编目(CIP)数据

科学结构图谱.2017 / 王小梅等著.—北京：科学出版社，2017.10
ISBN 978-7-03-054369-1

Ⅰ.①科…　Ⅱ.①王…　Ⅲ.①科学体系学-研究　Ⅳ.①G304

中国版本图书馆 CIP 数据核字（2017）第216392号

责任编辑：邹　聪　乔艳茹 / 责任校对：何艳萍
责任印制：徐晓晨 / 封面设计：有道文化
编辑部电话：010-64035853
E-mail:houjunlin@mail. sciencep.com

科学出版社出版
北京东黄城根北街 16 号
邮政编码：100717
http://www.sciencep.com
北京虎彩文化传播有限公司印刷
科学出版社发行　各地新华书店经销
*
2017 年 10 月第　一　版　开本：787 × 1092　1/16
2018 年 5 月第二次印刷　印张：18
字数：362 000
定价：148.00元
（如有印装质量问题，我社负责调换）

序

把握全球科学结构　揭示创新发展趋势

当前国际竞争形势瞬息万变，要求我们始终以全球视野谋划和推动科技创新，准确把握科技发展趋势，判断科技突破方向，抢占科技发展制高点，在重要科技领域跻身世界先进行列。面对多学科不断交叉融合会聚，把握科学研究总体结构及其不同领域的持续关联和演变，有助于我们及时探测和发现科学研究中的新问题、新领域及其萌生、崛起、发展的路径和动力因素，有助于我们认识科学规律、凝练研究重点、选择研究突破口。

为揭示科学研究结构及寻找重点研究方向，科学结构课题组连续十年周期性（两年）监测科学研究结构及其演变规律，突破传统利用学科分类、主题聚类、共词聚类、专家评价等来分析科学结构的方法，利用高被引论文间的引用关系，尤其是论文同被引所揭示的文献之间潜在的关联性，分析科学研究者根据研究需要自发引用文献所产生的内容关联性，可在一定程度上排除用已有学科分类、常用词汇、项目、作者或机构等归类所存在的主观和先验影响，有助于发现尚未被科学界认识或承认的科学方向和前沿。《科学结构图谱 2017》的研究借鉴经济合作与发展组织（Organisation for Economic Co-operation and Development，OECD）《抓住科学演化本质，制定新的科学指标及学科分布图》的方法，利用科睿唯安公司的基本科学指标数据库（Essential Science Indicators，ESI）的高被引论文和科学引文索引（Science Citation Index，SCI）、社会科学引文索引（Social Science Citation Index，SSCI）中的施引论文，揭示出由同被引关系聚类形成的研究领域及其相互关系，分析这些领域的学科交叉性，以及中国和其他代表性国家在各个交叉融汇领域的活跃程度。

连续五期的数据揭示，科学研究领域的规模继续扩展，学科交叉融汇所形成的新领域不断出现，本期新出现的研究热点很多与人类健康、环境与可持续发展息息相关。同时，中国在基础科学研究中持续快速崛起，正在深刻改变世界科技创新的版图。核心论文份额从第一期世界排名第五，到第三期世界排名第二，持续到2015年达到德国的2.6倍，TOP10%施引论文份额世界排名第二，依然有着较强的上升后劲。中国在研究领域覆盖率、不同研究领域的均衡性、国际合著率等方面都在迅速进步，不断缩小与美国等科技发达国家的差距。

同时也要看到，该书采用的引用关系只揭示了科学研究中复杂关系的一个侧面，且所使用的数据比较偏重基础科学。因此，分析结果只是从一个侧面揭示了当前科技界关注的热点研究领域及重点研究方向，仍需不断完善。希望课题组在读者提出的宝贵意见的基础上，进一步丰富研究科学结构及其演变规律的角度和方法，提高科学结构分析的时效性，同时将科学结构分析与其他分析方法密切结合，更有力地支持科技决策和科技创新。

潘教峰

2017年7月6日

前　言

当今时代，科学技术呈现迅猛发展的态势，对科学知识体系结构及其演化趋势的把握越来越重要，也越来越复杂。面对海量数据和日益交叉融汇的科学研究，传统的人工调研、研讨等方式受到强烈挑战。随着科技信息的数字化和科学研究的数字化，科技创新中的各类知识对象，如文献、专利、机构、人员、项目、设施等，几乎全部被信息化、数字化，形成反映科学活动的海量数据。文献计量界逐步发展出利用这些数据来揭示大问题领域及大时间跨度和多维度关系上的科学结构，并将科学结构作为对科学布局、相互作用及演变趋势进行描述和分析的工具。科学结构发现及可视化方法比其他计量方法具有更独特的视角，揭示了科学领域间的内在联系及发展规律。

科学结构课题组从2007年起开展科学结构发现与可视化分析方法的研究，以直观形象的图谱形式展现高度抽象的科学，特别是自然科学基础研究的宏观结构，揭示科学热点前沿之间的关联关系与发展进程。由于可视化形式更符合人们的认知习惯，该方法越来越多地为各领域研究者所关注和使用。课题组基于ESI高被引论文研制科学结构图谱，每两年周期性监测科学研究结构及其演变规律，先后出版了《科学结构地图2009》《科学结构地图2012》《科学结构地图2015》三部著作，可视化地展现了科学研究的宏观结构和复杂关系，揭示了全球范围内的热点或潜在热点研究领域，描绘了五个时期科学研究领域的演化变迁轨迹，为观察、分析和探索科学现状及发展趋势提供了新的视角和工具。

《科学结构图谱 2017》是该系列的第四部著作。在英文中，“map”有图谱、映射的含义，但在中文中，“map”通常的译文“地图”有特定的含义。因此，“science map”翻译成“科学地图”造成一定的误解，很多读者会认为是和地理相关的地图。因此，为更好地适合读者对研究工作的理解，从本期开始，我们改名为“科学结构图谱”。

本书的研究和撰写得到了中国科学院发展规划局的指导和支持，以及中国科学院科技战略咨询研究院、中国科学院文献情报中心的大力支持。中国医学科学院医学信息研究所杜建，中国科学院科技战略咨询研究院黄龙光、张超星，中国科学院文献情报中心杨艳萍、谢秀芳、郭世杰撰写了相关学科的研究领域演变分析。于渌院士、李永舫院士、许智宏院士、曹雪涛院士、刘小汉研究员、魏志祥研究员对科学结构演化部分提出了指导性意见。中国科学院科技战略咨询研究院裴瑞敏、王海名、范唯唯，中国科学院文献情报中心陈欣、刘小平、吕晓蓉，中国科学院心理研究所王玮参与了研究领域的命名、分类和解读分析工作。中国科学院文献情报中心硕士研究生吕伟民、吴朋民参与了图表绘制、文字整理工作。中国科学院科技战略咨询研究院朱涛、王海霞老师提出了许多宝贵意见。在此对以上所有机构和人员及所有参与前几期科学结构图谱判读的专家、提出宝贵意见的专家致以衷心的感谢。

科学结构课题组

2017年6月6日

目 录

序 …… i
前言 …… iii

第一章 引言 …… 001

第二章 研究方法与数据 …… 004
一、利用同被引聚类确定研究领域 …… 004
二、科学结构图谱可视化 …… 005
三、科学结构演变轨迹 …… 006
四、研究领域特征词抽取 …… 008
五、研究领域学科交叉性度量 …… 008
六、数据说明 …… 010

第三章 科学结构及其演变 …… 012
一、科学结构图谱 2010~2015 …… 012
二、基于科学结构图谱观察科学研究的发展趋势 …… 014
三、研究领域演变分析 …… 019

第四章 研究领域的学科交叉性 …… 057
一、在科学结构图谱中观察学科交叉性 …… 057

二、学科交叉度 …… 064

第五章 中国及代表性国家科学研究活跃度 …… 068

一、中国及代表性国家整体科研活跃度时序发展 …… 069

二、中国及代表性国家在各个研究领域的活跃度时序发展 …… 075

第六章 中国及代表性国家的国际合作 …… 092

一、基于科学结构图谱观察世界国际合作 …… 093

二、中国及代表性国家国际合作时序变化 …… 093

三、基于科学结构图谱观察中国及代表性国家国际合作的变化 …… 097

第七章 科学结构图谱上的科学资助情况分析 …… 108

一、中国及代表性国家政府资助核心论文在科学结构图谱上的分布 …… 109

二、重要国家政府资助机构资助论文在科学结构图谱上的分布 …… 124

第八章 结语 …… 134

附录 …… 137

附录1 三维科学结构图谱 …… 137

附录2 科学结构图谱 2010~2015 研究领域详细信息 …… 140

附录3 研究领域演变轨迹 …… 169

附录4 各国在科学结构图谱 2010~2015 研究领域中核心论文份额及国际合著率 …… 236

附录5 资助论文在科学结构图谱 2010~2015 中的分布 …… 256

第一章 引 言

科学结构图谱，通过可视化技术，以直观形象的图谱形式展现高度抽象的科学，特别是自然科学基础研究的宏观结构，揭示了科学热点前沿间的关联关系与发展进程。运用文献计量学的理论和方法周期性绘制科学结构图谱，可以快速、全面和形象化地把握科学总体态势，分析各个国家、机构在不同学科或主题上的优势领域和发展重点，监测科学发展的演变路径和变化趋势，追踪各个国家科研优势领域的动态变迁过程，鉴别主题交叉融汇趋势和潜在突破领域，辅助确定未来研发方向和创新机制，支撑科技发展规划和战略决策分析。因此，科学结构课题组自 2007 年起开展相关研究，每两年绘制一期科学结构图谱，周期性监测科学研究结构及其演变规律，监测科学发展趋势。

对科学知识体系结构及其演化趋势的研究一直是科技界发现研究热点、遴选优先领域、规划学科发展和制定科学政策的重要基础。传统的研究方法通过检索和分析相关文献以了解学科发展，追踪同行科学研究者的科研活动来掌握学科趋势，通过专家研讨、评议及专门的规划研究进一步判断可能的突破方向。但随着科技创新进入多学科交叉融汇的阶段，面对海量科技文献，限于固有的专业认知体系，科学研究者有时难以观察到不熟悉但相关联的领域，也难以把握它们之间的复杂结构和相互影响，更难以发现隐藏在复杂关系下的致变因素和潜在的发展趋势。

因此，本书研制的科学结构图谱利用大量科学论文之间同被引关系的聚类分析，超越传统的学科分类，直接体现科学研究者相互引证所表征的知识的相互作用及知识的流动、融汇和演变，帮助科学研究者了解隐藏在大规模的复杂关联的数据下面的科学研究结构及其变化，努力帮助科学研究者把握大问题尺度上和交叉融汇机制下的知识结构、新兴领域及其相互关系，逐步帮助科学研究者揭示演变趋势、预警新兴领域、发掘潜在合作对象、遴选优先领域等，辅助决策者对科学发展的规划。

本书以科睿唯安（Clarivate Analytics）公司的 ESI 为信息源，提取了 2010～2015 年 9546 个研究前沿中包含的高被引论文，通过同被引聚类分析，得到了 232 个研究领域，形成了全球视野的科学结构图谱，可视化地展现了 2010～2015 年的科学研究宏观结构及其内在关系，揭示了国际社会普遍关注的热点研究领域。在此基础上，通过 2002～2007 年、2004～2009 年、2006～2011 年、2008～2013 年和 2010～2015 年五个时期科学结构的演化变迁轨迹，分析了各个学科研究领域的演变情况。通过引入生物学第三代多样性计量方法，度量了各国研究领域的学科多样性。同时，基于科学结构图谱，从国家科学研究的结构上反映了中国及代表性国家在不同研究领域的活跃程度及其变化趋势，通过国际合著率描述了中国及代表性国家国际合作的总体趋势。通过可视化展现中国及代表性国家政府科学资助基金在科学结构图谱上的资助分布，对比分析不同国家科学资助或同一国家不同资助机构的资助布局。

本书的结构如下：第一章，引言；第二章，研究方法与数据，介绍了绘制科学结构图谱的理论和方法；第三章，科学结构及其演变，绘制了 232 个研究领域组成的科学结构图谱 2010~2015，分析其主要特点，通过五期科学结构图谱的时序分析展示了科学结构的演变；第四章，研究领域的学科交叉性，通过分析 232 个研究领域与 14 个学科之间的关系揭示了研究领域的学科交叉性及在科学结构图谱上的分布；第五章，中国及代表性国家科学研究活跃度，通过观察中国及代表性国家在每个研究领域中的论文份额分布，讨论各国在不同研究领域中的相对优势；第六章，中国及代表性国家的国际合作，通过国际合著分析度量知识的国际流动；第七章，科学结构图谱上的科学资助情况分析，基于科学结构图谱分析了中国及代表性国家的政府科学资助基金对各个研究领域的资助布局；第八章，结语。

本书术语解释

科学结构图谱：或称为科学知识图谱，是一种显示科学知识结构关系与发展进程的图形，反映了科学知识之间的结构、互动、交叉、演化等诸多关系。

高被引论文（highly cited paper）：ESI 对过去 10 年 SCI 论文被引频次进行统计，将 22 个学科领域中被引频次 TOP1% 的论文遴选为高被引论文。

研究前沿（research front，RF）：ESI 以 SCI 近 6 年的高被引论文为基础，利用论文之间的同被引关系聚类产生的一系列论文集合。

研究领域（research area，RA）：在研究前沿基础上的再次聚类得到的一系列高被引论文集合。

同被引（co-cited）：一组论文共同被其他论文引用。

核心论文（core paper）：研究领域中的高被引论文。

施引论文（citing paper）：引用核心论文的论文。

重力模型（gravity model）：对象之间关联强度的可视化方法，基本思想是把对象间的关联强度看作原子之间的引力和斥力，当力平衡时就形成各个对象之间的相对位置。

平均年（mean year）：一组论文的出版年的平均值。

国家核心论文份额：该国发表的核心论文数占世界核心论文数的比例。

国家施引论文份额：该国引用核心论文的论文数占世界引用核心论文的论文数的比例。

国际合著率：一国有多国著者的论文数占该国总论文数的比例。

国家论文计数方法：由于存在国际合著论文，一个国家的论文量因为不同的计数方法而不同，计算方法包括：①全计数法（complete counting）；②分数化全计数法（complete-normalized counting），也称分数计数法（fractional counting）；③第一作者直接计数法（straight counting）；④整体计数法（whole counting）；⑤分数化整体计数法（whole-normalized counting）。采用方法②③⑤计算时所有国家份额之和等于100%，采用方法①④计算时所有国家份额之和超过100%。本书中论文份额统计采用分数计数法，国际合著率统计采用整体计数法。

第二章 研究方法与数据

科学结构图谱的主体分析单元是热点研究领域，它通过对高被引论文的同被引关系聚类产生。本期科学结构图谱的构建，首先对高被引论文的同被引关系进行聚类分析，产生若干研究领域；其次根据各个研究领域间的关联强度利用重力模型计算其相对位置并可视化，通过平行映射保持与前期图谱位置的稳定性和连续性；接着通过文本分析对研究领域中论文的题目和摘要抽取特征词以标识各个研究领域的内容；最后参考在研究领域之上的三层同被引聚类，由科技情报研究人员审核、修改以确定该研究领域的命名及所属的研究大类。

一、利用同被引聚类确定研究领域

同被引指一组论文共同被其他论文引用，反映了在学科分类、发表期刊、作者机构、研究项目等方面看似毫无关联的该组论文可能存在着某种关系。当该组论文同时被引用的次数逐渐增加时，它们之间的内在关联不断加强。因此，同被引现象通过作者自发的引用行为反映了科学研究内容和科学研究活动的聚合关系，可以超越传统的学科分类限制，反映了科学研究内容的自组织与科学结构的演变。

本书沿用前四期科学结构图谱的同被引聚类方法，并沿用《科学结构地图 2012》中的聚类参数。研究前沿取自 ESI 于 2016 年 3 月公布的 2010 年 1 月至 2015 年 12 月的研究前沿，共 9546 个，其中包含 45 657 篇高被引论文。施引论文集选自 SCI 和 SSCI，论文发表时间范围为 2010～2015 年。通过同被引聚类，形成 232 个研究领域，其中包含 3464 个研究前沿，19 850 篇高被引论文（核心论文）。

科学论文间的引用反映了科学研究的动态交互。同被引是指一组论文同时被其他论文引用，如图 2-1 所示，论文 A、B、C 同时被论文 1、2、3 引用。如果论文 A、B、C 频繁同被引，可以推测它们拥有相同或相近的研究主题。

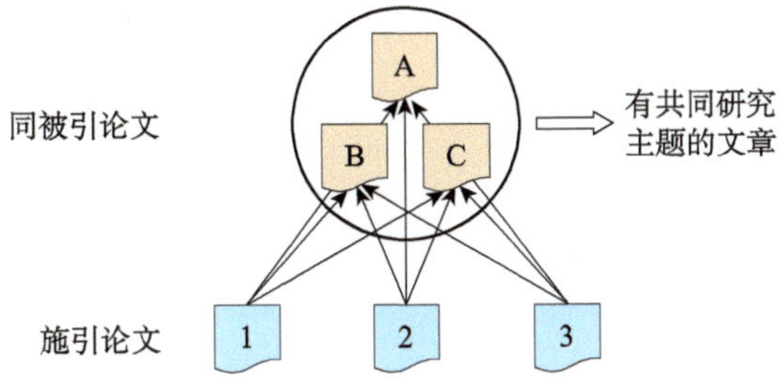

图 2-1　通过同被引分析确定研究领域

A、B、C 为核心论文

使用同被引的方法，计算高被引论文两两之间的同被引关系，并根据同被引关系对高被引论文进行聚类形成若干论文簇，称为“研究前沿”；在此基础上利用同被引关系对上述研究前沿再次聚类，得到的若干论文簇，称为“研究领域”。高被引论文、研究前沿及研究领域之间的关系如图 2-2 所示。

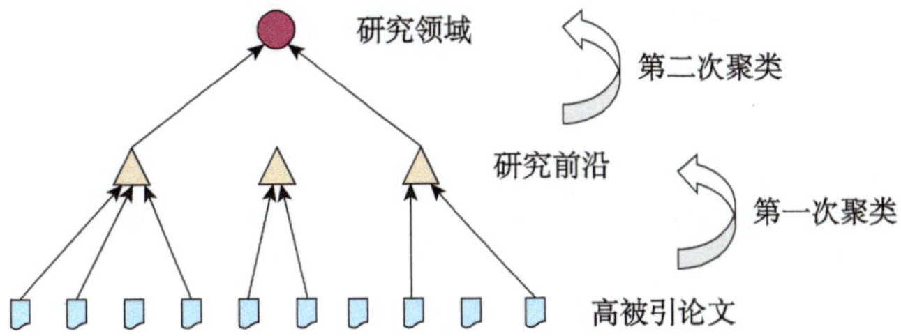

图 2-2　高被引论文、研究前沿、研究领域的关系

二、科学结构图谱可视化

科学结构图谱采用重力模型算法[①]形象描述了研究领域之间的相互关系，确定各个研究领域在二维空间中的布局位置，绘制成图谱。为了使两次科学结构图谱纵向可比，本书采用平行映射算法对重力模型进行了改进。各研究领域除受本期其他研究领域的关系（引力和斥力）影响外，还受前一期科学结构图谱中研究领域的引力，即后一期科学结构图谱中研究领域的相对位置参考了前一期科学结构图谱的位

① Quinn N R，Breuer M A. 1979. A forced directed component placement procedure for printed circuit boards.IEEE Transactions on Circuits and Systems，26(6): 377-388.

置。有学者研究表明，全领域的科学结构具有“共识性科学结构”（consensus map of science）[①]，本书作者通过试验也发现新一期科学结构与科学结构2002~2007、科学结构2004~2009的布局存在一致性。为了减少算法的参数对科学结构布局的影响，通过平行映射，可以得到时间相异但形态更加一致的科学结构图谱，从而支持后续科学结构的演化分析。

本书采用三种可视化方法展现科学结构中研究领域的位置布局，每种方法各有利弊，可以互补：①点线图，用圆圈表示研究领域，圆圈半径表示研究领域的扩展度（即研究领域中包含核心论文的数量），圆圈之间的连线表示研究领域的关联关系。这种方法可清晰地展现研究领域的具体位置及关联关系，缺点是当研究领域中核心论文数相差悬殊时，圆圈大小难以反映此悬殊情况。②密度图，使用了高斯函数表示研究领域扩展度在二维平面上的密度分布。这种方法无法直观反映研究领域之间的关联关系，但揭示出研究领域中核心论文密度的分布情况。③三维地形图，使用地理信息系统的三维可视化模块进行展示（附录1）。这种方法将研究领域扩展度分布在三维空间中，使科学结构图谱具有立体感，更加直观，但与密度图一样无法直观反映研究领域之间的关联关系，而且研究领域的具体位置不如二维图清晰。

三、科学结构演变轨迹

研究领域的演变可以归纳为新增、消失、分化、合并、延续五种模式，但是在知识的演变过程中，分化和融合具有相互转化、相互渗透的辩证统一关系，融合往往意味着另一种形式的分化，再精细的分化也总是伴随着不同学科知识的交叉和融合，由此形成一种演变模式综合交错的演变路径。本书采用图2-3所示的演变轨迹流图展现研究领域演变路径。研究领域的演变关系基于两个时期科学结构共同时间窗内（4年）的重叠度（重叠论文），重叠论文越多，表明研究领域之间的继承关系越强。

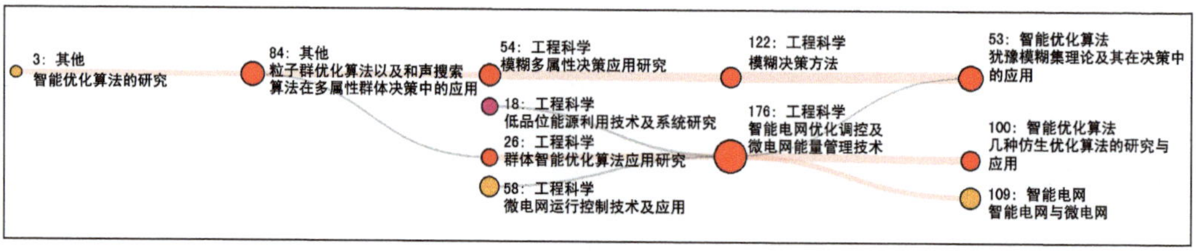

图2-3 研究领域演变轨迹

① Klavans R，Boyack K W. 2009. Toward a consensus map of science. Journal of the American Society for Information Science and Technology，60(3): 455-476.

实现方法如下：

1. 计算研究领域间的重叠度

研究领域的演变分析基于两次聚类结果公共时间窗内的重叠度（重叠论文）判断演变关系，重叠知识在两个时间窗的聚类结果中传承，以前聚合在一起的知识以后可能分离，或者现在分散的知识可能后来聚合起来，这种现象正如知识进化理论提出的“遗传继承”。

科学结构图谱相邻两期的公共时间窗口是 4 年。如图 2-4 所示，在公共时间窗口，前一期科学结构图谱中的研究领域 P 有核心论文 N_P，后一期科学结构图谱中的研究领域 Q 有核心论文 N_Q，两个研究领域有共同的核心论文 N_{PQ}，定义两个研究领域的重叠度为

$$N_{CO} = N_{PQ} / \sqrt{N_P N_Q}$$

重叠度反映了研究领域重叠关系的强弱。重叠度越大，表明研究领域之间的继承关系越强。

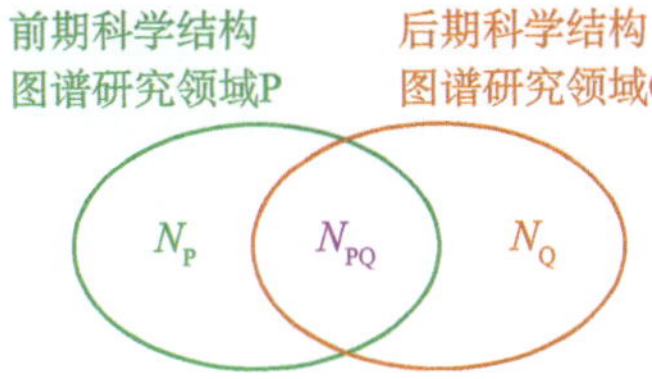

图 2-4　研究领域的重叠

2. 确定演变轨迹流

根据不同时期研究领域的重叠度对研究领域进行单链接聚类，聚在一起的研究领域形成若干个演变轨迹流。经过试验，最终选定每个演变轨迹流最多包含 40 个研究领域，最少包含 1 个研究领域。

3. 可视化展示演变轨迹

使用如图 2-3 所示的河流图可视化展示演变轨迹。图中圆圈代表研究领域，从左到右分别表示科学结构 2002~2007、科学结构 2004~2009、科学结构 2006~2011、科学结构 2008~2013、科学结构 2010~2015 五个时期。圆圈的面积与所代表研究领域核心论文数成正比。圆圈右方对该研究领域进行了标识和描述：第一行的数字代表研究领域 ID 号，后面跟着的是研究领域所属的学科分类；第二行是研究领域名称。圆圈之间的连线表示研究领域之间有论文重叠，红色连线代表重叠度在 0.2 以上，灰色连线代表在 0.2 以下，线条粗细和重叠度成正比。圆圈的颜色根据中国在各个研究领域的份额确定，蓝色：0；绿色：（0，1%）；黄色：[1%，3%）；橙色：[3%，7%）；紫色：[7%，12%）；红色：[12%，100%]。

四、研究领域特征词抽取

研究领域是由多篇密切关联的高被引论文组成的论文簇。为有效把握科学研究的结构，需要了解研究领域的内容信息。前两期研究领域内容分析采用由具有学科背景的专业人员参考核心论文列表对研究领域进行命名与解读，然后由专家进行审核的方法。由于科学结构图谱反映的是全领域的科学结构，学科广泛，而且部分研究领域的知识涉及面广、研究方向多样，因此针对一个或几个相关的研究领域请一位或若干位该领域的专家进行判读效果比较好。但这种方法耗时较长，也容易因为专家对新兴交叉领域的不熟悉而造成命名误差。

为减少科学结构图谱的时滞性，本书尝试用文本挖掘手段，从研究领域核心论文中的题名和摘要中提取特征词辅助专业人员快速理解。本书调用 AlchemyAPI 公司开发的 AlchemyAPI① 接口提取文本特征词。AlchemyAPI 的文本分析服务包含 12 种功能接口，均采用了先进的自然语言处理技术分析用户文本内容，并加入高层语义信息。本书使用了关键词抽取、概念词抽取两项功能。概念词的语义信息相对高层，关键词相对具体聚焦，但重复比较多，许多不同关键词只是词的不同搭配或不同词性的表现，而核心语义没有差异。

从前几期科学结构图谱解读的经验看，为了概括整个研究领域的研究内容，研究领域的命名相对比较宽泛，有些命名不能聚焦到该研究领域的具体研究点。因此，本期在每个研究领域命名的基础上，提供研究领域的特征词，希望通过扩展的特征词细化解读每个研究领域的具体研究方向。研究领域的特征词主体采用融入高层语义信息的概念词，由人工补充、替换了部分自动提取的关键词或人工提取的关键词等。

由于新兴交叉领域的专业词汇来源复杂，在新的领域内词汇的含义可能发生变化，因此对特征词的选取及研究领域的命名，历来具有挑战。限于专业知识的局限，目前的研究领域命名可能存在不准确之处。我们将逐步完善内容分析的方法与技术手段，更好地支持对研究领域的了解和认识，也欢迎读者提出建议。

五、研究领域学科交叉性度量

学科间的相互交叉和渗透是当今大科学时代的一大特征，近代科学中的重大发现和重要问题的解决，常常依赖于多个学科的知识交流和相互渗透。由于交叉科学所具有的前沿性和创新性，近年来引起了科技决策者和情报界的强烈关注。

严格来讲，每个研究领域很难完全属于单一学科，普遍具有学科多样性。出于延续性和简单实用性的考虑，本书保留了《科学结构地图 2009》中对研究领域所属学科

① AlchemyAPI. Alchemy Language Features. http：//www.alchemyapi.com/products/alchemylanguage[2014-10-15].

的判定规则，即只要有一个学科的核心论文比例大于60%，该研究领域就属于该学科，否则，属于交叉学科。在此基础上，受生态学中第三代测度生物多样化的伦斯特和科博尔德（Leinster-Cobbold）指标①启发，本书引入了第三代学科多样性$^2D^S$指标②，测度每个研究领域的学科交叉程度。

学科多样性包含三个维度，学科数量（variety）、分布均衡度（balance）和学科相似性（similarity）。学科多样性指标大多借鉴生态学和经济学成熟的方法，目前的发展主要是借鉴生物多样性的测度方法。第一代多样性测度，以辛普森多样性指数（Simpson's diversity index）、香农熵（Shannon entropy）指标等为代表，主要测度了学科的分布；第二代多样性测度主要包括Rao-Stirling、信息熵等，同时度量学科的分布与相似性；第三代多样性指标，在第二代基础上具有普适性，可以更好地测度多样性的有效数量（effective numbers），即满足复制性原则。

研究组曾在《科学结构地图2012》中尝试引入二代学科多样性和网络凝聚性，测度每个研究领域学科交叉度指标。Mugabushaka等通过实证证明了传统相关指标是Leinster-Cobbdd的特殊情况，可以通过调整参数q得到③。新指标可以弥补传统指标在测度交叉科学时的不适应性，其中一个很重要的改进是具有复制性原则，即假设两篇论文的学科多样性都为X，每篇论文包含的学科不同，学科间没有关联关系，那么两篇论文的学科多样性应该为$2X$。

Leinster-Cobbold指标公式如下

$$^qD^S=\left(\sum_{i=1}^{N}P_i\left(\sum_{j=1}^{N}S_{ij}P_j\right)^{q-1}\right)^{\frac{1}{1-q}}$$

本书参考$^2D^S$指标，选择q=2，计算每个研究领域的学科交叉性：

$$^2D^S=\left(\sum_{i=1}^{N}p_i\left(\sum_{j=1}^{N}S_{ij}p_j\right)\right)^{-1}=1/\sum_{i,j=1}^{n}S_{ij}p_ip_j$$

其中，p_i是研究领域中学科类别i的占比，通过每个研究领域论文的所有参考文献计算，i为研究领域中所有参考文献中第i个学科，n为参考文献中总的学科数。$S=(S_{ij})$是所有学科领域（基于ESI 22个学科）间的同被引关系相似性矩阵。

① Leinster T，Cobbold C A. 2012. Measuring diversity：The importance of species similarity. Ecology，93(3): 477-489.

② Zhang L，Rousseau R，Glänzel W. 2016. Diversity of references as an indicator of the interdisciplinarity of journals: Taking similarity between subject fields into account. Journal of the Association for Information Science and Technology，67(5)：1257-1265.

③ Mugabushaka A M，Kyriakou A，Papazoglou T. 2016. Bibliometric indicators of interdisciplinarity: The potential of the Leinster-Cobbold diversity indices to study disciplinary diversity. Scientometrics，107(2):593-607.

学科领域同被引相似度矩阵的构建方法：

（1）使用2010～2015年 WOS（Web of Science）全部数据，数据总量约969万篇，构建论文间的同被引关系矩阵。

（2）根据论文对应期刊的学科（ESI 22个学科），转换成为学科间的同被引关系矩阵。

（3）对同被引关系矩阵进行标准化，公式如下

$$S_{ij} = N_{ij} / \sqrt{N_i N_j}$$

其中，N_i 为 i 学科的总被引频次，N_j 为 j 学科的总被引频次，N_{ij} 为 i 学科和 j 学科同被引频次。

（4）本书设定：S_{ii}=1，S_{ij}=S_{ji}。

六、数据说明

科学结构的高被引论文和研究前沿取自科睿唯安公司的 ESI 数据库，其时间跨度是6年。引用核心高被引论文的施引论文集合选自 SCI 和 SSCI。研究前沿选取2016年3月公布的2010年1月至2015年12月的数据。

表2-1显示了五期科学结构中 ESI 研究前沿、高被引论文、施引论文的数量及覆盖时间。连续两期科学结构的核心论文时间间隔为2年，重叠4年。需要说明的是，虽然两个时期科学结构的时间窗有重叠部分，但由于高被引论文遴选阈值的不同，两个时期科学结构在重叠窗口内的高被引论文不完全相同。

表2-1　五期科学结构使用数据说明

时间范围		2002～2007年	2004～2009年	2006～2011年	2008～2013年	2010～2015年
研究前沿	选取时间	2008年7月	2010年7月	2012年7月	2014年7月	2016年3月
	研究前沿数/个	6 094	8 529	7 418	9 150	9 546
高被引论文	高被引论文数/篇	53 892	56 840	66 033	74 903	82 478
核心论文	施引论文数/篇	459 492	519 104	572 506	695 363	827 019
	高被引论文数/篇	18 203	16 397	19 259	18 498	19 850

图2-5显示了科学结构2010~2015的9546个研究前沿在 ESI 的22个学科中的分布情况，其中与生命科学相关的包括生物与生物化学、临床医学、免疫学、微生物学、分子生物学与遗传学、神经科学与行为科学、精神病学与心理学、药理学与毒物学、植物学与动物学在内的9个学科共有4702个研究前沿，占总数的49.26%。这反映了 SCI 数据库的学科结构不够平衡，来源期刊中生物医学类占较大比例。

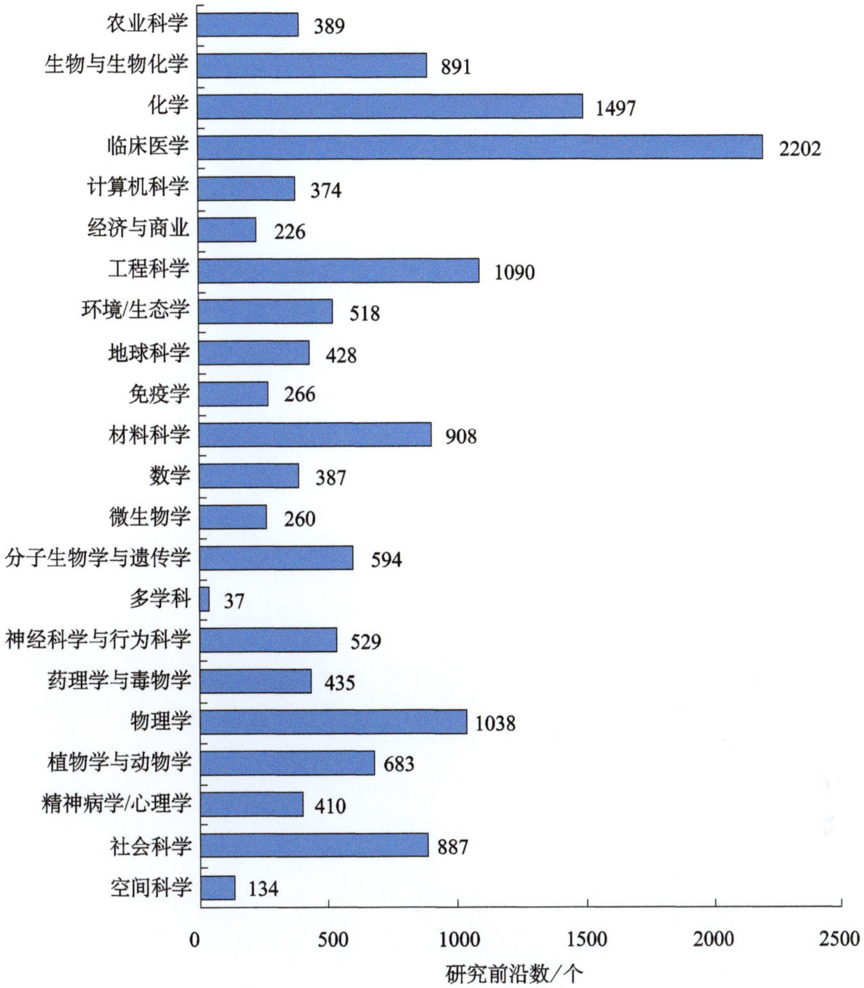

图 2-5　ESI 的 22 个学科的研究前沿数

第三章 科学结构及其演变

一、科学结构图谱 2010~2015

本书通过 ESI 高被引论文的同被引聚类分析得到 232 个研究领域，其中，最大的研究领域包含 678 篇论文，最小的研究领域包含 12 篇论文（附录 2）。利用重力模型根据各个研究领域间的相互关系计算它们在二维空间中的布局位置，生成科学结构图谱（图 3-1），直观地反映了当前的科学结构及科学研究活动情况。图中每一个圆代表一个研究领域，由一组论文组成，圆的大小与研究领域包含的核心论文数量成正比，旁边的数字代表研究领域的 ID 号。圆之间连线代表研究领域之间具有较强的关联，各个圆之间的相对位置也反映出它们之间的关联程度，距离越近，关联程度越高。

当前科学交叉融汇的程度越来越高，学科知识之间的界限越来越模糊，导致某些研究领域的学科分类不能绝对划分。但为了使图谱易于理解，并且能与前几期科学结构图谱做对比，本书还是把各个研究领域明确归入研究大类。

由于本书的科学结构使用的是高被引论文，反映了国际社会普遍关注的热点研究领域，这些热点研究领域在传统学科分类上的数量不均衡。并且科学结构的方法采用引用关系本身就突破了传统的分类体系，因此本书的分类除一级类外，不以传统分类为主。大类划分从不同角度进行：为反映热点研究的主要方向，尽量从研究问题或研究现象的角度进行划分，如锂离子电池、蛋白质学、癌症研究等；如研究问题不能集中，则从研究对象角度进行归类，如每个学科的下一级级学科等。基于科学结构图谱，并参考领域专家内容分析的结果，232 个研究领域中的大部分被划入物理学、纳

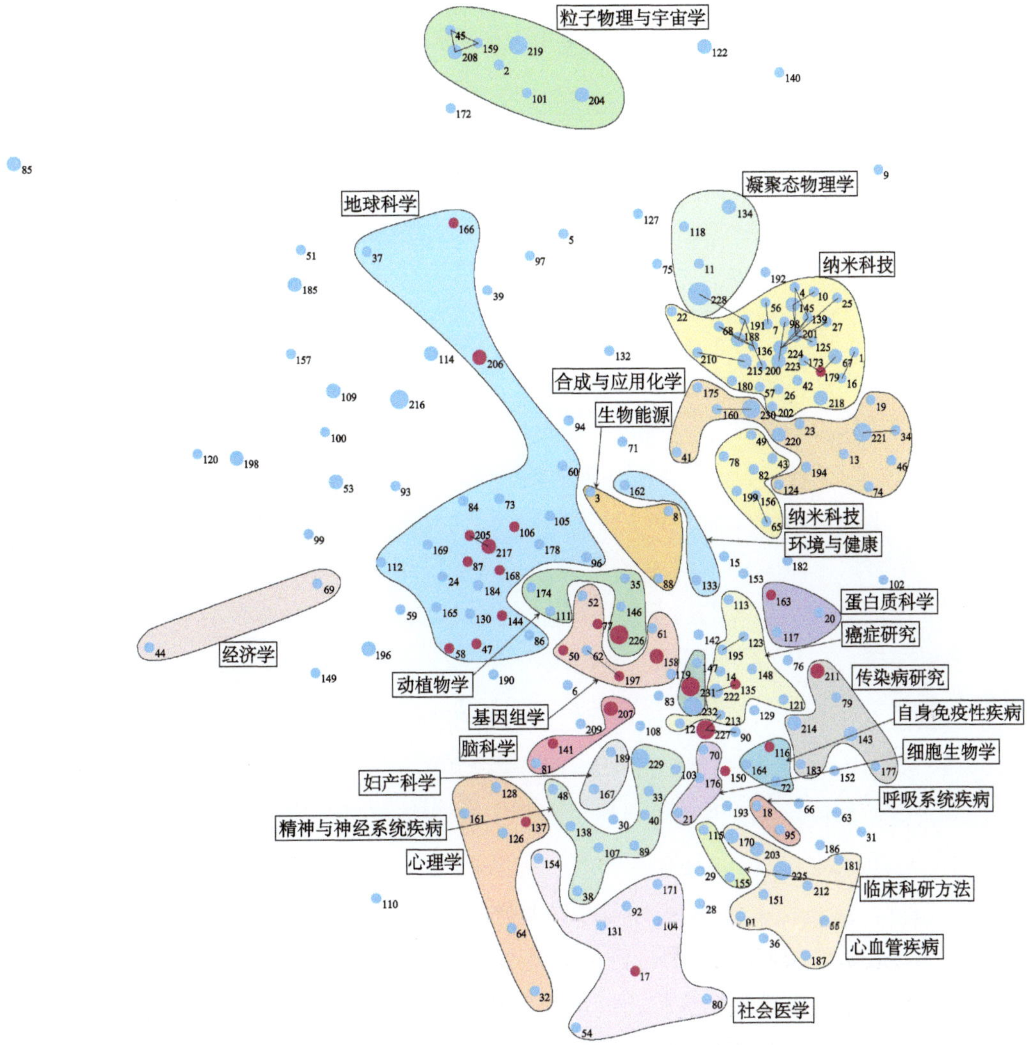

图 3-1 科学结构图谱 2010~2015

① 每一个圆代表一个研究领域，圆的大小与研究领域包含的核心论文数量成正比。圆旁边的数字代表研究领域的 ID 号；

② 圆之间的连线代表研究领域之间具有较强的关联，各个圆之间的相对位置也反映出它们之间的关联程度，距离越近，关联程度越高。图中上下左右的方位没有实际含义；

③ 红色的圆代表该研究领域是热点研究领域；

④ 每个不规则区域内的研究领域属于同一个大类，用不同颜色区分

米科技、合成与应用化学、地球科学、生物学、医学六个学科领域，因数学、工程科学、计算机科学、经济学、社会科学、农业科学的研究领域数量较少，未在图 3-1 中标识出来。其中，物理学主要包括粒子物理与宇宙学、凝聚态物理学研究大类，地球科学主要包括地质学、大气科学、生态 / 环境科学等研究大类，生物学主要包括植物科学、后基因组学、蛋白质科学、细胞生物学等研究大类，医学主要包括癌症研究、传染病研究、自身免疫性疾病、心血管疾病、精神与神经系统疾病、脑科学、心理学、泌尿系统疾病、社会医学等研究大类。

科学结构图谱 2010~2015 中的总体布局与前几期基本一致。粒子物理与宇宙学位于图的顶部，除了与凝聚态物理学距离较近外，与其他大类距离较远；凝聚态物理学位于粒子物理与宇宙学的下方，一部分研究论文融进纳米科技研究大类中关于纳米器件和石墨烯等方面的研究；接下来是纳米科技、合成与应用化学；地球科学位于图的左部；生物学位于图的中心位置，医学位于生物学的下方；本期多数社会科学的研究和医学结合形成社会医学大类，位于图的最下方。

本期科学结构的显著特点是科学热点研究领域越来越关注人类健康、环境与可持续发展，学科交叉融合的现象越来越明显：纳米科技与生命科学关联越来越紧密，形成了纳米与生命科学交叉的独立的纳米生物群组，它从纳米科技大类中脱离出来与生命科学更加接近；环境 / 生态学与健康结合也形成了环境与健康群组；社会科学中的研究热点与人类健康关联的研究越来越多，与医学结合形成的社会医学群组的规模逐步扩大；关注人类心理健康的研究形成了一个二级类；工程科学在计算机科学、力学、化学等研究领域的应用越来越多，其中出现了与清洁能源相关的群组。

二、基于科学结构图谱观察科学研究的发展趋势

科学研究领域数量持续扩大。具有高融汇程度的研究领域数在 10 年间逐步增加，从 121 个增长到 132 个、149 个、212 个和 232 个。全球发表的高被引论文量也不断增加。

科学研究结构总体上保持稳定，布局基本一致。世界科学研究的热点领域主体依然分布于粒子物理与宇宙学、凝聚态物理学、合成与应用化学、纳米科技、地球科学、生物学、医学等领域。但随着研究领域规模扩大近 1 倍，每个学科领域中研究范围也扩大，同时出现了一些其他学科领域的新研究热点，尤其是工程科学、计算机科学的研究领域数量显著增加。

本期科学结构的显著特点是热点研究领域越来越关注人类健康、环境与可持续发展，学科交叉融合的现象越来越明显：纳米科技与生命科学结合越来越紧密，形成独立的纳米生物群组。同时，纳米科技与合成和应用化学大类之间的交叉融

合更为深入；环境科学与健康结合也形成了环境与健康群组；合成和应用化学中一些化学材料应用到医学领域，还有一些与新能源相关的研究成为研究热点；社会科学中的研究热点与人类健康关联的研究越来越多，与医学结合形成的社会医学群组的规模逐步扩大；关注人类心理健康的研究形成了一个二级类；工程科学在计算机科学、力学、化学等研究领域的应用越来越多，其中出现了与清洁能源相关的群组。

在科学结构图谱上新出现的研究热点很多与人类健康、解决当前全球性的能源和环境危机息息相关，比如：①基因组测序技术的发展；②精准医疗、基因诊断的研究；③锂离子电池、太阳能电池等纳米能源材料的持续研究；④化学领域与国防、能源、环境、生命健康等息息相关的新材料、新器件等；⑤纳米诊疗、纳米药物输送等方面的研究；⑥工程科学领域中与清洁能源相关的研究；⑦社会科学与医学结合形成的社会医学群组，如研究电子烟、心理、久坐及媒体等对人类健康产生的影响。同时，计算机科学、工程科学中新增了研究热点，第五代移动通信技术、3D 图形识别、智能电网等应用迅速发展。

（一）科学结构图谱中研究领域数量持续扩大

科学结构图谱相关数据量见表 3-1。

表 3-1　五个时期科学结构相关数据量统计

时间范围		2002～2007 年	2004～2009 年	2006～2011 年	2008～2013 年	2010～2015 年
高被引论文层	高被引论文数 / 篇	53 892	56 840	66 033	74 903	82 478
施引论文层	施引论文数 / 篇	459 492	519 104	572 506	695 363	827 019
研究前沿层	研究前沿数 / 个	6 094	8 529	7 418	9 150	9 546
	高被引论文数 / 篇	38 117	40 203	44 934	43 354	45 657
研究领域层	研究领域数 / 个	121	132	149	212	232
	研究前沿数 / 个	2 300	2 094	2 402	3 250	3 464
	高被引论文数 / 篇	18 203	16 397	19 259	18 498	19 850

研究前沿和研究领域数五个时期逐步增加，研究领域数量从 121 个增长到 132 个、149 个、212 个和 232 个，研究前沿数量从 6094 个增长到 9546 个。SCI 高被引论文量的每期平均增长率达到 11%；科学结构聚类产生的研究领域中包含的高被引论文量五期增长率不高（平均增长率为 3%），但其施引论文量的平均增长率达到 16%。

图 3-2 显示了五期研究领域的核心论文数量分布，*Y* 轴显示了研究领域占比，图柱中的数字为某一论文量范围内的研究领域的个数。可以看出，大部分研究领域的

核心论文量在 30～100 篇，占总数的 50% 以上。大于 200 篇论文的研究领域数量和 100～200 篇论文的研究领域数量五期中基本持平，占比逐步减小；50～100 篇论文的研究领域数量有所增长，但占比呈下降趋势。30～50 篇、20～30 篇、小于或等于 20 篇论文的研究领域内无论是数量还是占比都呈现增长的趋势。总体来说，五期中论文量大于 50 篇的研究领域数量基本持平，占比呈下降趋势，小于 50 篇的研究领域数量和占比呈增长趋势。新兴研究领域的平均论文量为 40.5 篇，其规模较小，数量越来越多。持续发展的研究领域的平均论文量为 107.9 篇。

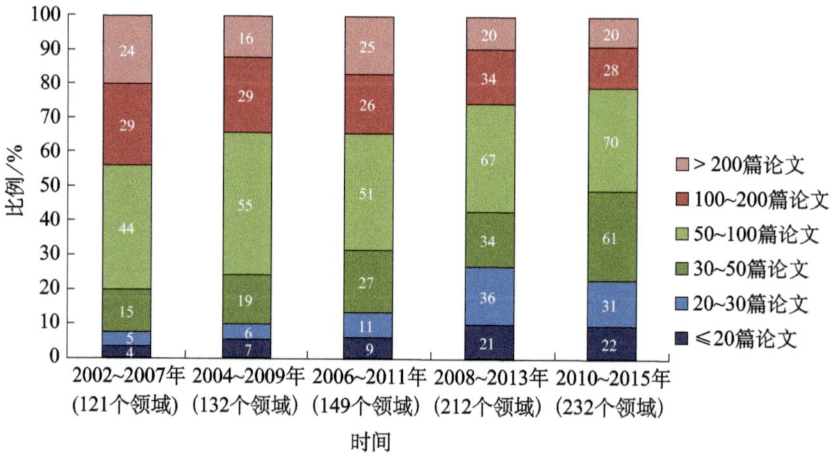

图 3-2　研究领域的核心论文数量分布

图柱中数字为领域个数

（二）科学结构的时序发展

本书通过每隔两年绘制的科学结构图谱分析科学结构的发展情况。图 3-3 采用密度图的方式展现 2002～2007 年、2004～2009 年、2006～2011 年、2008～2013 年、2010～2015 年五个时期科学结构的时序变化。

五个时期的密度图显示，科学结构的总体布局基本保持一致，研究大类划分基本保持相同。从时序变化来看，科学研究的规模越来越广，图中的研究大类不能圈住的点越来越多，说明出现了一些其他学科领域的新的研究热点。从时序图分析，在纳米科技这个交叉领域中，研究领域的数量越来越多，覆盖范围越来越广，密度越来越大。科学结构图谱 2006~2011、科学结构图谱 2008~2013 的论文高密度区域集中在太阳能电池和石墨烯等的研究上，科学结构图谱 2010~2015 中，尽管关于锂电池、太阳能电池、石墨烯等方面的研究领域数量增多，但因逐渐形成比较独立的研究方向，互相之间具有一定的距离，因此没有形成高密度区。超级电容器纳米电极材料、纳米光电催化剂的制备等纳米能源的新兴研究领域由于高被引论文量大形成高密度区域。相对而言，凝聚态物理学和合成与应用化学中的研究

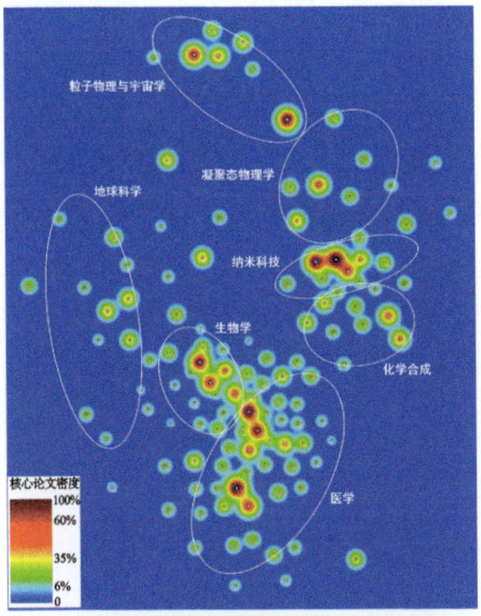

(a) 科学结构图谱2002~2007

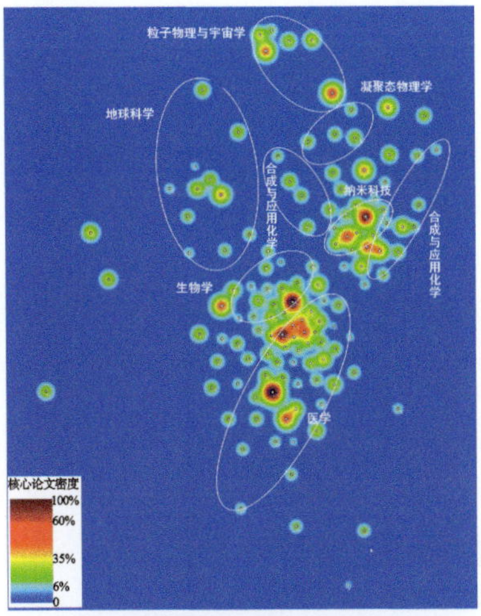

(b) 科学结构图谱2004~2009

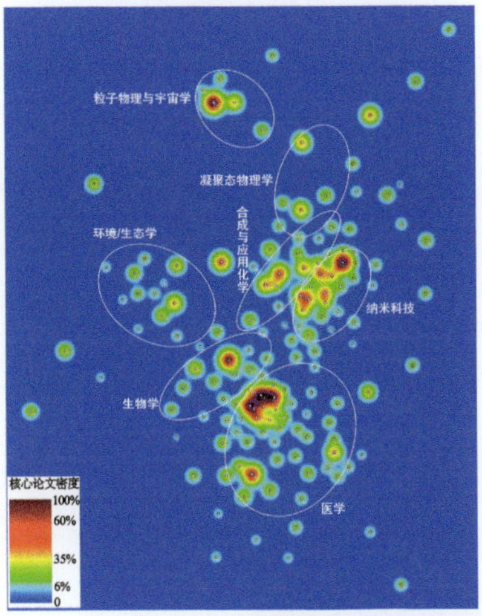

(c) 科学结构图谱2006~2011

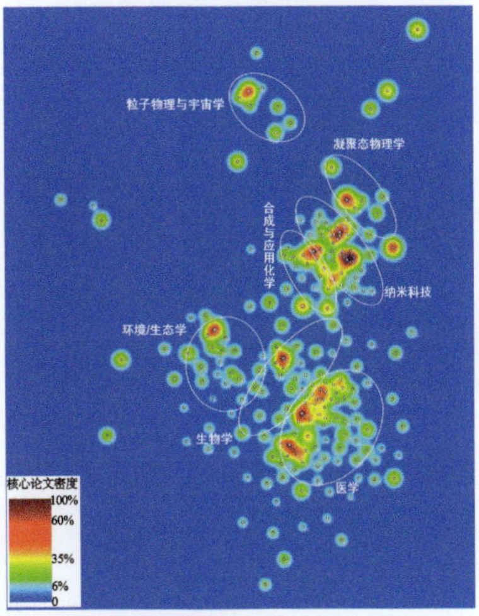

(d) 科学结构图谱2008~2013

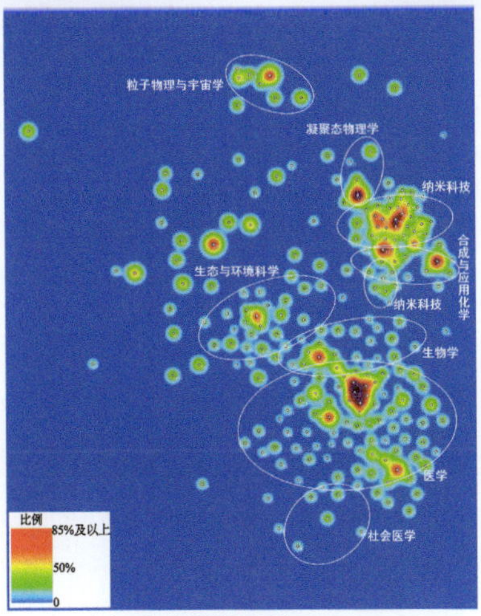

(e) 科学结构图谱2010~2015

图 3-3　科学结构密度图

研究领域的坐标位置由重力模型确定，因此研究领域在密度图中的布局与点线图一致；图中论文量越大，密度越大，颜色越暖；反之，论文量越小，密度越小，颜色越冷；白色圈为大类的轮廓

领域的范围呈现收缩态势，凝聚态物理学在前一期图谱中（科学结构图谱2008~2013）高密度的热点研究领域主要是拓扑绝缘体的研究，本期为量子计算与拓扑绝缘体的研究。合成与应用化学中金属催化的有机合成反应为连续三期的高密度区域，次高区域从前两期的金属有机框架化合物发展到多孔框架材料制备的分子器件研究。地球科学中的地质学与环境/生态学的距离逐渐增大，中间分布了一些和清洁能源相关的研究领域。地球科学的持续高地为全球气候变暖的影响研究。医学的覆盖范围越来越大，不同时期图谱中的高密度区域不同，本期在ID231、ID232附近形成高密度区，涉及白血病、肿瘤的基因突变与精准治疗，基因诊断等方面的研究，而前几期的高密度区域基本上是与具体疾病相关的研究。粒子物理与宇宙学和生物学在图谱上的变化不太大，粒子物理与宇宙学中的高地近两期是希格斯玻色子相关研究，生物学中植物激素信号转导通路是持续的高密度区域。

表3-2列出了五个时期科学结构中各个研究大类核心论文数量及占全部核心论文的比例。从总体趋势上看，基本和图3-3演化图谱的分析一致，纳米科技本期比例明显升高，合成与应用化学在第二期上升后，本期论文的比例有所下降；粒子物理与宇宙学持续下降，降幅明显，第五期核心论文占比尽管有微弱上升，但不到第一时期的一半。凝聚态物理学在第二时期下降后上升，本期又有所下降；地球科学则在波动中微弱上升；医学变化不大，持续微弱下降，生物学前两期下降，第三时期降至谷底，第四、五期有所回升但仍比第一时期低很多。包含生物学和医学的生命科学较非生命科学大类占比依旧很高，为40%左右。不能被主体大类覆盖的其他学科的比例持续上升，从7.12%升至15.7%。

表3-2　五个时期各研究大类核心论文情况

研究大类	2002～2007年		2004～2009年		2006～2011年		2008～2013年		2010～2015年	
	核心论文总数/篇	百分比/%	核心论文总数/篇	百分比/%	核心论文总数/篇	百分比/%	核心论文总数/篇	百分比/%	核心论文总数/篇	百分比/%
所有研究领域	18 203	100	16 397	100	19 259	100	18 498	100	19 850	100
粒子物理与宇宙学	1 827	10.04	1 323	8.07	1 216	6.31	883	4.77	989	4.98
凝聚态物理学	1 101	6.05	655	3.99	841	4.37	1 127	6.09	897	4.52
纳米科技	2 718	14.93	1 858	11.33	3 040	15.78	2 430	13.14	3 329	16.77
合成与应用化学	1 070	5.88	2 238	13.65	2 259	11.73	2 090	11.3	1 772	8.93
地球科学	1 311	7.2	953	5.81	1 466	7.61	1 729	9.35	1 658	8.35
生物学	2 648	14.55	2 173	13.25	1 170	6.08	1 358	7.34	1 684	8.48

续表

研究大类	2002～2007 年		2004～2009 年		2006～2011 年		2008～2013 年		2010～2015 年	
	核心论文总数/篇	百分比/%	核心论文总数/篇	百分比/%	核心论文总数/篇	百分比/%	核心论文总数/篇	百分比/%	核心论文总数/篇	百分比/%
医学	6 231	34.23	5 560	33.91	6 525	33.88	6 108	33.02	6 158	31.02
社会科学	—	—	271	1.65	—	—	219	1.18	246	1.24
其他	1 297	7.12	1 366	8.34	2 742	14.24	2 554	13.81	3 117	15.7

三、研究领域演变分析

以下通过科学结构 2010~2015 各个学科领域的研究活动情况，结合五个时期相关研究领域的演变轨迹图（附录 3），分析科学研究主题的演变情况。

（一）物理学

物理学领域的热点研究依然主要包含粒子物理与宇宙学、凝聚态物理学及部分纳米材料（具体见纳米科技），物理学位于科学结构图谱的顶部，图 3-4 显示了物理学的细分类。表 3-3 列出了物理学相关的研究领域的名称、特征词及所属大类。

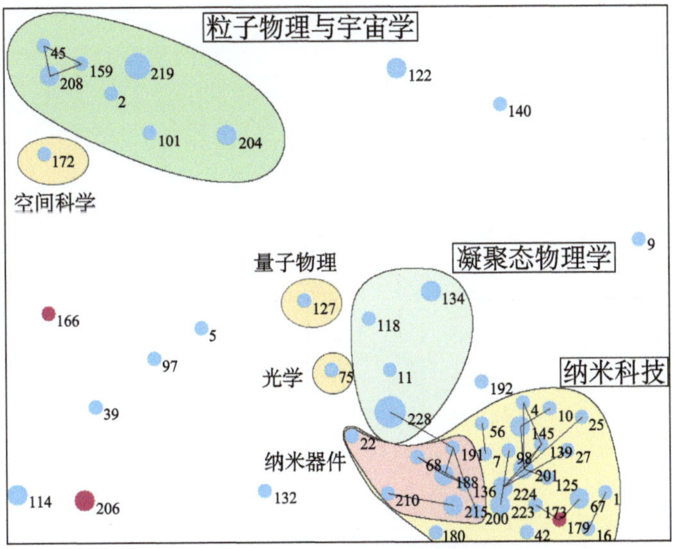

图 3-4　物理学细分类图

1. 总体发展趋势

科学结构 2010~2015 中物理领域在粒子物理与宇宙学、凝聚态物理学及纳米科技的基础上新出现了理论物理、量子物理和光学三个研究方向。在 16 个研究领域中，粒子物理与宇宙学的研究领域为 7 个，研究热点主要包括中微子振荡及中微子天文学研究（ID2）、量子色动力学（QCD）和重离子碰撞实验研究（ID204）及标准模型和希格斯玻色子研究（ID219），宇宙学的研究热点为星系的演化（ID45、ID208）、引力波探测（ID101）及宇宙微波背景辐射和暗能量的研究（ID159）。凝聚态物理学的研究领域为 4 个，研究热点主要为磁性斯格明子（ID11）、硅基光电子器件（ID118）、铁基超导体和铜氧化物超导体（ID134）及量子计算与拓扑绝缘体（ID228）。理论物理的研究领域为 2 个，研究热点包括自驱动粒子和自驱动微纳米马达（ID71）、复杂网络的动力学研究（ID190）。量子物理和光学的研究领域各为一个，研究热点分别为量子关联（ID127）及阿秒脉冲探测和磁性薄膜的超快动力学研究（ID75）。

从上述热点研究主题和研究方向可以看出，目前物理学在理论深度、工程技术应用前景上都继续保持着日新月异的发展。对于两个标准模型（分别用于解释基本相互作用和宇宙学）的严格定量检验仍在不断进行；广义相对论在理论和实验方面发展日渐成熟；量子力学被日渐证明是一个数学精密、逻辑自洽和非常成功的理论；对量子理论的深刻理解正在给新一轮的计算革命带来曙光；粒子物理和凝聚态物理的迅猛发展为化学和材料科学等“上层”学科打下了新的坚实基础；横空出世的引力波天文学已经打开洞察宇宙中隐蔽区域和猛烈事件的新窗口。作为自然科学的前沿阵地，物理学必将在未来持续给人们带来新的惊喜①。

2. 主要演变流分析

从演变轨迹来看，粒子物理与宇宙学及凝聚态物理持续保持了很高的研究热度。

1）粒子物理与宇宙学领域的热点研究方向包括标准模型和希格斯玻色子研究、中微子研究、引力波探测以及暗能量的研究等。①标准模型和希格斯玻色子研究在连续五期科学结构中都是热点研究方向（图 3-5）。作为标准模型中最后一种被发现的粒子，希格斯玻色子对物理学研究的重要影响日益凸显。自欧洲核子研究中心（CERN）发现希格斯玻色子后，希格斯玻色子的性质和质量等问题成为研究热点。虽然标准模型取得了巨大的成功，但它还存在着许多问题，如在层次等级、自然性、暗物质等方面，这些问题预示着新物理研究领域的存在。希格斯粒子的发现对这些问题的解决带来了一些启示，因此针对这些问题的标准模型研究也变得活跃起来。②中微子振荡及中微子天文学研究从科学结构 2006~2011 的研究领域中微子振荡研究演变而来（图 3-6）。2012 年 3 月，我国大亚湾反应堆中微子实验证实了新的中微子振荡模式的存在，精确测量到中微子混合角θ_{13}，随后，韩国的 RENO 实验和法国的 Double-Chooz 实验也获得了类似的结果。此外，美国冰立方（IceCube）中微子天文台发现了高能天体物理中微子信号。基于这些结果而进一步开展的中微子研究更加活跃。2015 年 10 月，诺贝

① Wilczek F. 2016. Physics in 100 years. Physics Today. 69(4)，32-39.

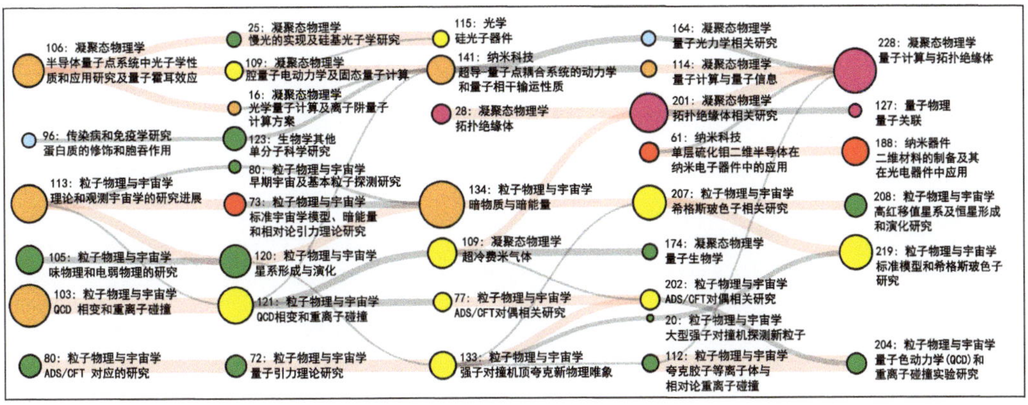

图 3-5　物理学相关研究的演变轨迹

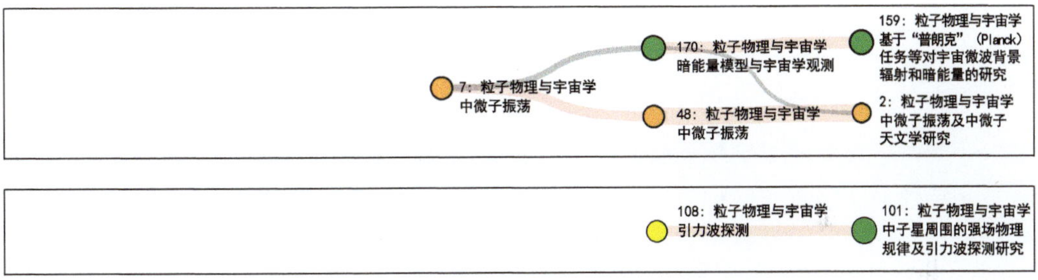

图 3-6　粒子物理与宇宙学相关研究的演变轨迹

尔物理学奖授予梶田隆章和阿瑟·麦克唐纳，以表彰他们发现中微子振荡的贡献。③科学结构 2008~2013 的引力波探测演变为本期的中子星周围的强场物理规律及引力波探测研究，论文规模有所扩大。中子星的性质和演化等一直是天文学的研究热点，目前，状态方程、质量半径关系等是其重点研究方向。此外，双中子星系统、黑洞 - 中子星双星系统等是引力波探测的重要波源，而随着激光干涉引力波天文台（LIGO）的升级，2016 年 2 月，引力波被直接探测到，引爆了全球科学家引力波探测研究的热情。④基于“普朗克”（Planck）任务等对宇宙微波背景辐射和暗能量的研究由前一期的暗能量模型与宇宙学观测演变而来，该研究领域的论文规模呈扩大趋势。宇宙微波背景辐射观测是暗能量研究的主要手段之一。2013 年 3 月，欧洲空间局（ESA）公布了根据“普朗克”（Planck）卫星数据绘制的迄今最高分辨率的宇宙微波背景辐射（CMB）图，刷新了包括暗能量比例（宇宙中暗能量的比例由 71.9% 降低到 68.3%）在内的多个宇宙学参数。此外，利用“普朗克”卫星和 X 射线多镜面 - 牛顿（XMM-Newton）、南极望远镜（SPT）、阿塔卡马宇宙望远镜（ACT）等任务的数据，科学家还检测了 CMB 的引力透镜效应、苏尼阿耶夫 - 泽尔多维奇效应（S-Z Effect）等，对于了解星系的形成过程、暗物质与重子物质在星系形成过程中的相互作用提供了观测上的支持。

2）凝聚态物理领域的热点研究方向包括量子计算与拓扑绝缘体、高温超导体及磁性斯格明子的研究等：①量子计算与拓扑绝缘体是本期物理学领域论文量最大的研究方向，它从科学结构2008~2013的拓扑绝缘体相关研究演变而来。量子计算研究的最终目标是实现真正意义上的量子计算机，因此，量子计算的物理实现一直是其热点研究方向。拓扑绝缘体等拓扑量子材料展现出一种新型的电子态，具有改进现有电子学和创造全新类型器件的潜力，可能用于未来的量子计算机中的组件及未来的信息处理等。2016年诺贝尔物理学奖授予了戴维·索利斯、邓肯·霍尔丹和迈克尔·科斯特利茨，以表彰他们对物质拓扑相及在拓扑相变方面做出的理论贡献。②从科学结构2006~2011开始，连续3期的科学结构中，高温超导体的研究一直是持续的热点。在科学结构2006~2011中，铁基超导体的出现掀起了研究热潮，核心论文数量较多，但在近两期科学结构中，高温超导体研究的核心论文数量呈下降趋势，研究内容逐步聚焦。在本期科学结构中，其研究内容聚焦于碱金属铁基超导体、铁砷超导体和钇钡铜氧化物超导体的研究。③磁性斯格明子的研究是连续两期科学结构图谱的热点研究，从前一期的“自旋电子学相关研究”演化而来，磁性斯格明子是一种受拓扑保护且具有粒子特性的新颖自旋结构，近年来在自旋电子学领域内引起了极大关注。理解斯格明子奇异的拓扑量子现象，寻找室温下的斯格明子，以及制备原型拓扑存储器件已成为凝聚态物理学的研究热点（图3-7）。

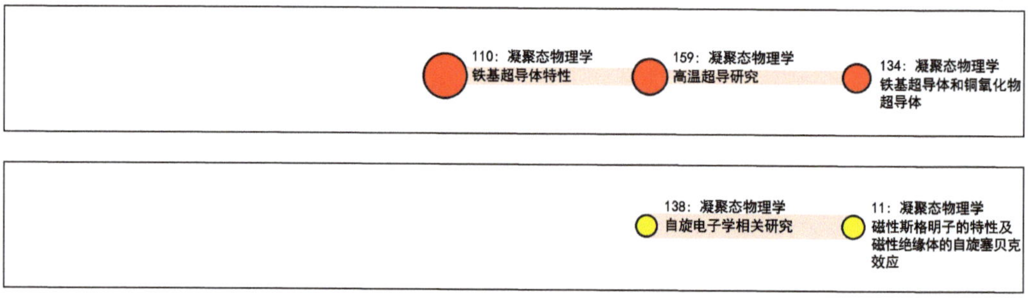

图3-7 凝聚态物理学相关研究的演变轨迹

3. 新研究热点分析

本期科学结构图谱新出现的研究热点主要包括：基于“斯隆数字巡天”（Sloan Digital Sky Survey，SDSS）等对星系结构和演化的研究，硅基光电子器件研究，阿秒脉冲探测和磁性薄膜的超快动力学研究，复杂网络动力学研究等，具体如下：①“斯隆数字巡天”从2000年开始实施探测计划，至今已完成三个阶段的巡天计划，获得了大量的恒星和星系测量数据。2015年，“斯隆数字巡天”发布了超过100TB的第12版数据，这些海量的数据将推动未来多年的星系结构和演化等研究。②近几年，硅基光电子集成技术已发展到了一个新的阶段，硅基光电子器件引起了产业界的广泛关注。

其中，硅光集成电路、锗激光器、硅纳米光子波导器件、硅光调制器等方面的研究取得了不错的进展，未来为实现硅基光电子集成器件的大规模生产的攻关研究将进一步展开。③阿秒光脉冲的实现打开了原子分子内部电子超快动力学研究的大门，获得更短脉宽的单个阿秒脉冲及提高生成阿秒脉冲的强度，是当前阿秒科学研究的核心问题。同时，随着激光技术的不断进步，激光辅助磁存储技术成为实现大容量和高速度存储器的新技术，磁性材料的超快动力学研究成为研制高速磁存储器的必要条件。④复杂网络研究是近年来统计物理学和社会科学等领域的热点研究方向。随着人们对真实网络结构特性的认识趋于完善，网络上的各种动力学行为，如演化博弈、疾病传播、同步现象等，受到了广泛的关注。复杂网络动力学研究可以深入地了解自然界和人类社会中的许多现象，如合作行为的产生和维持、交通和通信堵塞、传染病的传播等，并为这些实际问题的控制和解决提供借鉴。

表 3-3　物理学相关研究领域

分类	研究领域 ID	研究领域名称	研究领域特征词
粒子物理与宇宙学	2	中微子振荡及中微子天文学研究	中微子振荡，太阳中微子，中微子天文台，中微子混合，惰性中微子，中微子 CP 破坏
	45	基于“斯隆数字巡天”（SDSS）等对星系结构和演化的研究	银河系，星系，暗物质，活动星系核
	101	中子星周围的强场物理规律及引力波探测研究	中子星，双中子星，旋转中子星，中子皮，引力波，激光干涉引力波天文台（LIGO）
	159	基于“普朗克”（Planck）任务等对宇宙微波背景辐射和暗能量的研究	大爆炸理论，宇宙微波背景辐射，暗能量，哈勃常数，重子声学振荡，普朗克数据
	204	量子色动力学（QCD）和重离子碰撞实验研究	量子色动力学，弦理论，大型强子对撞机，量子场论，规范理论，标准模型
	208	高红移值星系及恒星形成和演化研究	恒星形成，暗物质晕，主序星，星系介质，高红移值星系，超深空成像
	219	标准模型和希格斯玻色子研究	希格斯玻色子，标准模型，暗物质，大型强子对撞机
空间科学	172	基于“开普勒”（Kepler）任务等对系外行星及其母恒星的探测研究	系外行星，巨行星，热木星，宜居区域，开普勒（Kepler）任务，凌星法，母恒星
凝聚态物理学	11	磁性斯格明子的特性及磁性绝缘体的自旋塞贝克效应	斯格明子，自旋霍尔效应，逆自旋霍尔效应，Rashba 效应，自旋转移力矩，自旋轨道力矩，自旋极化，磁性绝缘体，自旋塞贝克效应
	118	硅基光电子器件	锗锡合金，p 型金属－氧化物半导体场效应晶体管（pMOSFET），互补金属氧化物半导体（CMOS），硅光集成电路，锗激光器，硅纳米光子波导器件，硅光调制器，硅微环谐振器，InAs/GaAs 量子点激光器

续表

分类	研究领域 ID	研究领域名称	研究领域特征词
凝聚态物理学	134	铁基超导体和铜氧化物超导体	碱金属铁硒超导体，$A_xFe_{2-y}Se_2$，超导性，磁性，钇钡铜氧化物超导体，$YBa_2Cu_3O_{6+\delta}$，电荷密度波序，122 铁砷超导体，NaFeAs，电子各向异性，FeSe 超导体
	228	量子计算与拓扑绝缘体	量子计算物理实现，量子模拟器，外尔半金属，量子自旋液体，硅烯，三维拓扑绝缘体，分数量子霍尔态，量子反常霍尔效应，近藤拓扑绝缘体，拓扑晶体绝缘体，拓扑超导体，floquet 拓扑绝缘体
理论物理	71	自驱动粒子的集体运动、自驱动微纳米马达和自驱动催化微引擎	活性粒子，自驱动粒子，活性胶体悬浮液，集体运动，相行为，自驱动微米马达，自驱动纳米马达，自驱动催化微引擎，管状催化 f 微型机器人，自动力纳米机器人
	190	复杂网络的动力学研究	相互依存网络，多层网络，计算机病毒模型，延时模型，奇异态（chimera state），振子网络，社区发现，随机块模型，Kuramoto 振子，爆炸式同步
量子物理	127	量子关联	量子失协，非马尔科夫效应，量子退相干，非马尔科夫性，开放系统，量子演化，量子纠缠，量子度量学，量子速度限制
光学	75	阿秒脉冲探测和磁性薄膜的超快动力学	超快激光诱导退磁，超快退磁，超快光学操控，阿秒分子电离，高次谐波，极紫外高次谐波，阿秒脉冲，阿秒分子动力学，阿秒成像，成像超快分子动力学

粉红色底色代表新增研究领域，以下同

（二）化学

化学与纳米科技的研究领域位于科学结构图谱的中上部偏右。表 3-4 列出了化学相关的研究领域的名称、特征词及所属大类。

1. 总体发展趋势

科学结构 2010~2015 中化学领域可主要分为：有机化学合成 / 反应及化学材料两类，共包含 17 个研究热点。有机化学合成 / 反应方面的研究主要有碳氢键活化直接官能团化研究（ID34）、生物质的催化转化（ID41）、环化反应（ID46）、共聚反应（ID13）、柱芳烃的合成（ID220）等研究热点，而关于化学材料方面的研究主要出现了碱性燃料电池（ID192），金属玻璃性质研究（ID9）、高效有机发光二极管研究（ID19）、纸基微流体功能器件及纤维素纳米材料研究（ID124）等。

新一期的科学结构中合成与应用化学大类在一些具体的研究热点上与前一期科学结构中出现的热点保持了较高的一致性，如柱芳烃的合成和应用、金属催化的有机反应、密度泛函理论研究、碳氢键的活化研究、金属有机框架化合物的研究、单分子磁体研究等。突现的研究热点存在显著区别：①化学与医学和生命科学结合得越来越紧密，一些化学材料在医学领域的应用（ID74）成为该研究热点的主要内容；②与新能源相关的研究成为研究热点，如生物质的催化转化（ID41）、碱性燃料电池（新能源汽车的车载电源，ID192）。

2. 主要演变流分析

演变轨迹流图 3-8 是关于金属催化有机反应研究的演变。金属及其配合物在催化反应中一直起着举足轻重的作用，其获得性价比高、转换效率高。对环境副作用小的金属及其配合物是众多化学家一直追求的目标。随着制备和表征技术的发展，形貌可控、尺度更小，甚至原子级别的金属催化剂逐渐成为金属催化剂研究的热点，且这一热点可能会持续很长一段时间。而随着对多样性配体的不断合成和发现，金属配合物在化学合成和功能材料制备领域发挥着越来越多的作用。

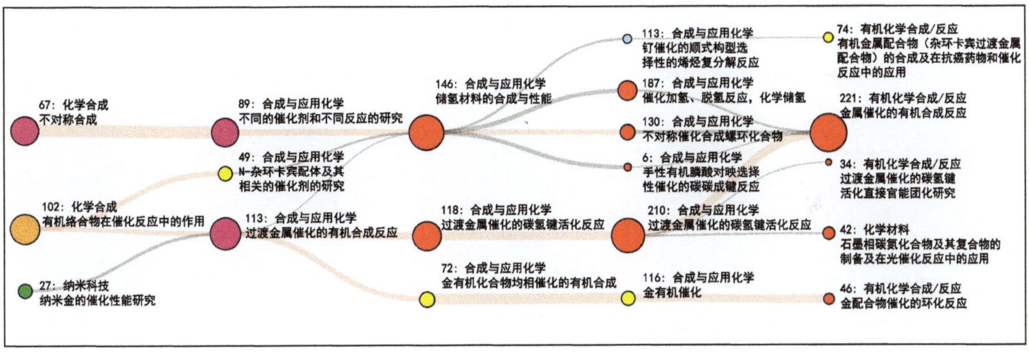

图 3-8　化学领域相关研究的演变轨迹流

从第一期科学结构 2002~2007 的有机络合物在催化反应中的作用（ID102）开始，金属有机配合物就成了该领域的研究热点。随后该热点分化成过渡金属催化的有机反应（ID113）和 N 杂环卡宾配体参与的催化反应（ID49）两个研究方向。而前者又在科学结构 2006~2011 分化成过渡金属催化的碳氢键活化反应和金催化的有机反应两个研究方向。过渡金属催化的碳氢键活化反应由于能够将一些反应的步骤缩短，产生废物少等优势，逐渐成为该领域的一个重要且持续的研究热点；另一个分化方向，即金催化的有机反应，由于金具有优越的催化性能，能催化包括糖化反应，碳氢键活化及加成反应等多种催化反应，且其储量相比于铂、铑等稀缺资源更为丰富，受到了化学家的广泛关注。所以从科学结构 2006~2011 开始，由金或者金配合物催化的有机反应持续成为该领域的研究热点，科学结构 2010~2015 中利用金配合物催化的环化反应成为该领域的一个研究热点。

3. 新研究热点分析

本期科学结构出现了 5 个新的研究热点：①金属玻璃性质研究（ID9），该类材料在国防、空天领域具有广阔的应用前景；② 二氧化碳与环氧化物的共聚反应及催化剂研究（ID13），反应生成的产物具有生物降解性能，不仅可以解决当前的塑料制品难降解而导致的白色污染问题，也可以减少二氧化碳的排放；③ 高效有机发光二极管研究（ID19）在可穿戴电子设备和智能显示技术领域的应用；④ 碱性燃料电池（ID192）是新能源汽车的重要车载电源形式；⑤ 包含嵌段共聚物的材料制备及其在生物医学领域的应用（ID194），利用嵌段共聚物各嵌段可更换和可调节的特性，有目的地加入针对性的官能团，制备出在生物医学领域有广泛应用的医学材料。以上所有这些出现的新热点与国防、能源、环境、生命健康等领域息息相关。本期化学相关研究领域见表 3-4。

表 3-4 化学相关研究领域

分类	研究领域 ID	研究领域名称	研究领域特征词
有机化学合成/反应	13	二氧化碳与环氧化物的共聚反应及催化剂研究	二氧化碳/环氧烷耦合，二氧化碳利用，直接羧化，过渡金属催化剂，二氧化碳/环氧烷共聚
	23	密度泛函理论与耦合簇方法研究及应用	密度泛函理论，耦合簇方法，范德华引力，电子/分子结构计算，分子间相互作用，距离间隙，相互作用能
	34	过渡金属催化的碳氢键活化直接官能团化研究	碳氢键官能团化，碳氢键活化，直接芳基化，吲唑合成，动力学同位素效应，钯催化，钌催化的碳氢键活化，铜催化
	41	生物质的催化转化	生物质，生物燃料，生物化学，催化转化，路易斯酸催化剂，沸石
	46	金配合物催化的环化反应	金（一价）催化，金卡宾，金配合物，分子间炔烃氧化，炔酰胺，亲核环化，环丙烷化，亚乙烯基金
	74	有机金属配合物（杂环卡宾过渡金属配合物）的合成及在抗癌药物和催化反应中的应用	有机金属配合物，抗癌药物，含钌药物，氮杂环卡宾金属配合物，催化剂，钯-氮卡宾配合物
	220	柱芳烃的合成、功能化及应用（超分子聚合物）、自治愈聚合物及超分子凝胶研究	柱芳烃，柱［5］芳烃，柱［6］芳烃，超分子凝胶，低分子量，芳烃，主客体化学，自愈合材料，聚多巴胺，超分子聚合物，超分子囊泡，可自治愈的超分子，糖修饰的两性柱［5］芳烃
	221	金属催化的有机合成反应	铜催化，直接氨基化，三氟甲基化，不对称氢化，铁催化，铑催化的碳氢键活化，钴催化的碳氢键酰胺化，金属催化剂，过渡金属催化，金属催化的碳氢键活化，铑催化的吲哚合成，钌催化的三组分合成，银催化的水合三氟甲基化，金催化制氢，铑催化的卡宾插入反应
化学材料	9	金属玻璃性质研究	金属玻璃，弹性，可塑性，延展性，块体金属玻璃
	19	高效有机发光二极管研究	有机发光二极管，延迟荧光，磷光有机发光二极管，蓝色磷光，外量子效率，给受体，激发复合体，单三重态分裂能
	42	石墨相碳氮化合物及其复合物的制备及在光催化反应中的应用	石墨相碳氮光催化剂，石墨相碳氮/二氧化钛复合光催化剂，光降解，制氢，石墨相碳氮化合物

续表

分类	研究领域ID	研究领域名称	研究领域特征词
化学材料	124	纸基微流体功能器件及纤维素纳米材料研究	纸基微流体装置，纸基传感器，诊断，微纤化纤维素，荧光成像，电子纸，纤维素纳米材料，纳米纤维素，纤维素纳米纤维
	160	金属有机框架材料	金属－有机框架材料，拓扑结构，多孔，电导率，吸附，双柱－双层金属有机框架，密度泛函理论
	175	单分子磁体的磁性研究	单分子磁体，单离子磁体，镧系元素，慢磁弛豫，各向异性，自旋
	192	碱性燃料电池（燃料电池）	碱性燃料电池，直接甲醇燃料电池，阴离子交换膜，聚合物电解质，电氧化，质子交换膜，嵌段共聚物，循环伏安
	194	包含嵌段共聚物的材料制备及其在生物医学领域的应用	嵌段共聚物自组装，可生物降解，多肽，生物医学应用，药物传递，基于嵌段共聚物的纳米结构，嵌段共聚物薄膜
	230	多孔框架材料制备的分子器件及其应用	沸石咪唑框架，超高交联的多孔有机聚合物，多孔有机分子晶体，共轭半导体聚合物，石墨碳纳米笼，上转换纳米材料，传感器，分离，吸附，荧光探针，荧光成像，生物成像，化学传感器，荧光硫化氢传感器，光电应用，荧光纳米温度计，二氧化碳捕获

（三）纳米科技

图 3-9 显示了纳米科技领域中的细分类。表 3-5 列出了纳米科技与化学相关的研究领域的名称、特征词及所属大类。

1. 总体发展趋势

本期纳米科技领域的热点研究主题主要集中在以下方面的研究：锂离子电池、太阳能电池、石墨烯及其复合材料的制备和应用、纳米器件、纳米材料的毒性和安全性研究、纳米材料在生物医药领域的应用等（图 3-9）。有关纳米能源的研究所占比重最大，38 个研究领域中与纳米能源相关的研究领域为 21 个，其中针对锂电池和太阳能电池的研究较为突出，还包括超级电容器（ID27、ID139、ID224）、燃料电池（ID7）等研究方向；石墨烯及其复合材料的应用相关研究领域在本期出现次数也较多（涉及 9 个领域），主要涉及石墨烯及大面积石墨烯的制备（ID26、ID136）、石墨烯基复合材料的性能研究（ID56、ID57、ID98）、石墨烯的电子学研究及在储能器件中的应用（ID191）、氧化石墨烯薄膜在吸附、分离领域的应用（ID200）等。

与科学结构 2008~2013 相比，科学结构 2010~2015 的显著变化主要表现在以下几个方面。

1）从科学结构分布上看，纳米科技与生物、医学结合得越来越紧密，出现独立的纳米生物群。科学结构 2008~2013 中，相关研究领域聚集在纳米科技大类的下部形

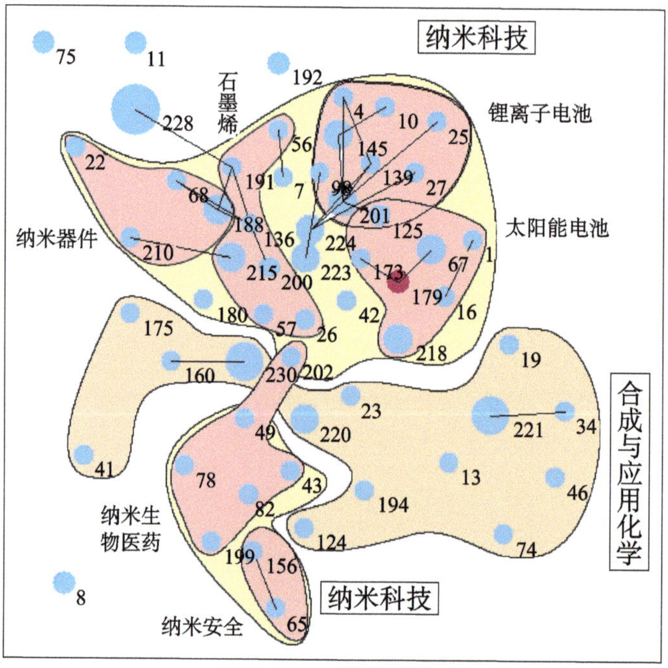

图 3-9　化学与纳米科技细分类图

成规模性研究，本期纳米科技大类被合成与应用化学大类拦腰截断，与生命科学结合的研究领域集中在下面的纳米生物类中。同时，纳米科技大类与合成和应用化学大类之间的交叉融合更为明显，两个大类之间的交叉更为深入。

2）纳米能源研究方向的热点明显增加，由前一期的 12 个增加为本期的 21 个，研究主题更为聚焦，且研究方向发生了变化。前一期科学结构中涉及能源器件的研究热点分散在超级电容、锂离子负极材料、太阳能电池、膜燃料电池、有机光伏电池等方向，本期则聚焦式转移到锂离子电池方向上（9 个研究领域），涉及锂硫电池和锂空电池技术等，且镁电池和钠电池的相关研究也初步显现。此外，太阳能电池相关研究依然保持较高的热度（7 个研究领域）。

3）针对石墨烯的相关研究保持持续的热度，但是研究的方向更为聚焦，且出现了新的研究热点。前一期科学结构中针对石墨烯的研究较为分散，如掺杂型石墨烯复合材料的应用、石墨烯光催化剂及其在太阳能电池中的应用等方向，本期针对石墨烯的研究方向更为具体，如石墨烯基纳米复合结构在锂离子电池正极材料中的应用（ID98）、单晶、多晶及大面积石墨烯的制备（ID136）等；本期针对石墨烯的研究首次涉及了环境领域，新出现了石墨烯氧化物及石墨烯基磁性纳米复合材料的制备及其在水处理领域的应用（ID57）、氧化石墨烯薄膜在吸附分离领域的应用；缺陷探测方法及力学性质研究（ID200）等研究热点。

4）纳米材料在生命科学领域的应用依然是本期科学结构的热点，研究的重点方向较前一期发生了一定的变化。前一期科学结构的研究热点多集中在纳米粒子在药物载体和运输方向，如聚合物胶束纳米药物递送系统，纳米颗粒作为抗肿瘤药物载体的相关研究等；本期较多研究领域涉及纳米粒子在生物医学成像领域的研究，如介孔二氧化硅纳米颗粒在可控药物释放和细胞成像中的应用（ID43）、纳米抗癌药物 / 细胞穿透肽作为药物载体和成像探针在医学领域的应用（ID199）等。

针对纳米材料的毒性和安全性评估的相关研究依然是本期科学结构的重要方向。纳米材料的环境行为（ID156）是本期科学结构新出现的研究热点，主要研究的是纳米材料对水及土壤环境的影响。

与此同时，也有一些研究热点保持了持续的研究热度，如量子点太阳能电池、锂空电池、石墨烯量子点、超级电容器、染料敏化太阳能电池、锂硫电池、二硫过渡金属化合物、超疏水材料等。

2. 主要演变流分析

图 3-10 列出了有关太阳能电池研究的发展脉络。针对聚合物太阳能电池、染料敏化电池的研究，从第二期科学结构开始一直是太阳能电池领域最热的研究方向。第二期关于聚合物太阳能电池的研究（ID131）融合了第一期研究领域金属及其化合物纳米粒子和离子液体研究（ID118）、有机场效应晶体管的性质和应用（ID115）及分子自组装及其应用（ID43）三个研究方向，尤其是 ID43 的发展对聚合物太阳能电池的发展起到了一定的促进作用。太阳能电池的新兴研究方向，如量子点电池、钙钛矿电池等在第四期、第五期科学结构中陆续出现。针对钙钛矿太阳能电池（ID67）的研究被《科学》评选为 2013 年十大科学突破之一，成为近年太阳能电池研究的新热点。

图 3-11 是与锂电池相关的演变轨迹流。具有“绿色电池”之称的锂离子电池由于能量高、寿命长、绿色环保、生产过程不消耗水等优点已成为各类先进便携电子产品的主要配套电源，且锂离子电池在电动汽车领域已初步显示了应用优势。而且，近些年，各国政府纷纷制定了发展智能电网、新能源汽车等战略目标，使得这些战略目标的核心技术——锂电池的研究成为各国竞相研究的热点。分析五期科学结构可以发现，锂电池研究成为热点方向始于第一期科学结构中的锂离子电池材料的制备和性质（ID45）。在科学结构 2006~2011 中，更多地研究利用了纳米材料在能源存储和转换领域的独特优势，使其成为该期纳米科技领域的研究热点方向［纳米结构电极材料应用于锂离子电池（ID59）］，随后，针对锂电池的研究在纳米科技领域分别以三个独立的研究方向［锂空电池技术（ID39）、锂硫电池技术（ID14）、硅和锗基碳复合纳米线锂离子电池负极材料（ID11）］强势出现，前两者在本期科学结构中依然保持较高的热度，研究方向由原来的简单制备转向对限制其发展的瓶颈问题的解决及性能提升上；后者演化为对其正极材料的制备及性能研究［锂离子电池、钠离子电池正极材料

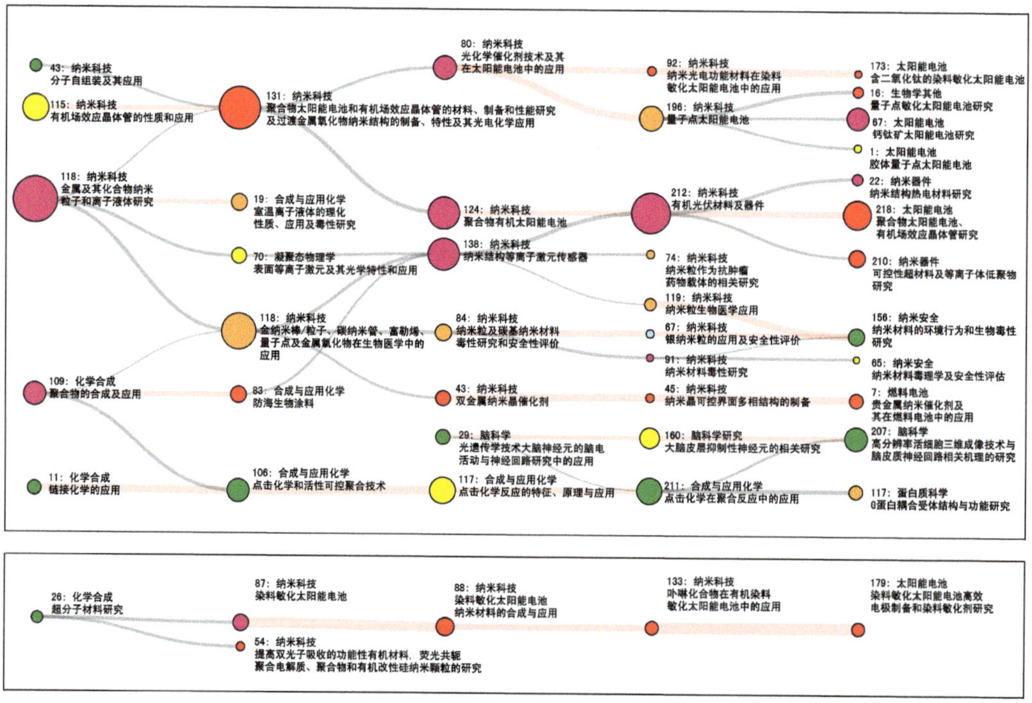

图 3-10　纳米科技领域太阳能电池相关的演变轨迹流

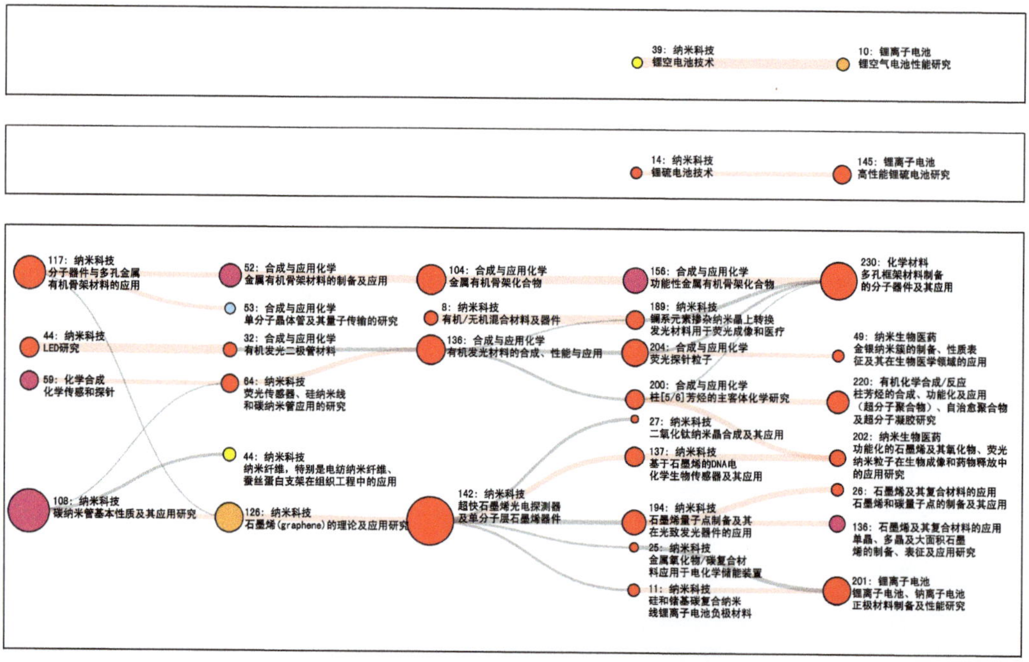

图 3-11　纳米科技领域锂电池相关的演变轨迹流

制备及性能研究（ID201）]，且与其他锂电池电极材料的相关研究［石墨烯基纳米复合结构在锂离子电池正极材料中的应用（ID98）、锂离子电池磷酸铁锂正极材料改性研究（ID4）、锂离子电池电极材料（ID25）]一起成为本期纳米能源研究的一大亮点。由于锂离子电池正极材料是锂电池中的关键材料，在锂离子电池中占的比重较大，决定了电池的安全性和能否实现大型化，且其成本约占整个锂离子电池成本的40%，直接决定了电池的整体价格，所以针对锂电池电极材料，尤其是锂电池正极材料的研究受到了科学家的额外关注，成为本期科学结构的一个显著特点。

3. 新研究热点分析

本领域新出现的研究热点主要有以下方面：①锂电池的相关研究，包括锂离子电池磷酸铁锂正极材料改性研究（ID4）、锂离子电池电极材料（ID25）、超级电容及锂离子电池材料（ID27）、锂离子电池金属氧化物负极材料（ID125）等；②石墨烯/复合物的制备及应用，包括石墨烯-金属纳米复合材料的合成及电催化性能和应用研究（ID56）、石墨烯氧化物及石墨烯基磁性纳米材料的制备及其在水处理中的应用（ID57）、石墨烯的电子学研究及其在储能器件中的应用（ID191）、氧化石墨烯薄膜在吸附、分离领域的应用/缺陷探测方法及力学性质研究（ID200）；③纳米材料与生物医学交叉领域，包括纳米孔对DNA性能的影响/DNA辅助生成的等离子体手性纳米结构研究（ID78）、纳米医药和影响导航的药物输送（ID82）。此外，二维材料电子器件（ID68）与压电/摩擦电纳米发电机及压力传感器技术研究（ID180）也是本期科学结构中新出现的研究热点。这些新出现的研究热点均与解决当前全球性的能源和环境危机、发展人类医疗健康息息相关，各国政府均加大了对这些领域研究的支持力度，这些新兴的研究热点将会持续较长时间。

表 3-5　纳米科技相关研究领域

分类	研究领域ID	研究领域名称	研究领域特征词
锂离子电池	4	锂离子电池磷酸铁锂正极材料改性研究	高功率锂离子电池，石墨烯改性磷酸铁锂正极材料，磷酸铁锂正极材料，多孔磷酸铁锂，电极材料表面形貌，微球结构，纳米复合物正极材料，控制合成
	10	锂空气电池性能研究	锂-空气电池，电解液，非水锂离子电池，高放电容量，烷基碳酸盐电解液，更高放电电压，锂离子电池正极，分层空气电极
	25	锂离子电池电极材料	锂离子电池，负极材料，钛酸锂，碳涂层，掺杂，纳米复合材料，复合电极，电化学性质
	27	超级电容器及锂离子电池材料	超级电容器，锂离子电池，染料敏化太阳能电池，多孔，电极，镍氧超薄片，壳核纳米带阵列，石墨烯量子点
	139	锂离子电池、超级电容器及镁电池	超级电容，氮负载的碳纳米片，不对称超级电容，循环特性，三维石墨烯，二硫化钼纳米结构，锂离子电池，镁充电电池
	145	高性能锂硫电池研究	锂硫电池，硫复合阴极，高能量密度，高载硫率，硫碳，中空碳纤维包裹的硫阴极，硫的氧化还原化学，高的理论电容

续表

分类	研究领域ID	研究领域名称	研究领域特征词
锂离子电池	201	锂离子电池、钠离子电池正极材料制备及性能研究	锂离子电池，钠离子电池，碳负极材料，石墨烯片，氧化石墨烯，四氧化三锰 / 氧化石墨烯复合物，锂硅纳米线，石墨烯纳米复合材料，锐钛矿，二氧化钛
	125	锂离子电池金属氧化物负极材料	锂离子电池，负极，二氧化钛，四氧化三钴 / 碳纳米管复合材料，核 - 壳结构，多孔，氧化锌，金属氧化物空心微球
锂离子电池 / 石墨烯	98	N 掺杂的碳基复合物催化的氧化还原反应、金属氧化物及硫化物 / 石墨烯基纳米复合结构在锂离子电池正极材料中的应用	石墨烯复合材料，氧化还原反应，锂离子电池，正极材料，四氧化三锰纳米粒子，硫化钴 / 石墨烯纳米复合物，石墨烯 / 碳纳米管复合纸，共价有机聚合物，四氧化三铁 / 石墨烯复合膜，含氮的还原氧化石墨烯
太阳能电池	1	胶体量子点太阳能电池	量子点，太阳能电池，胶体量子点薄膜，纳米晶，能量转换效率，光伏，无机纳米晶阵列
	16	量子点敏化太阳能电池研究	量子点敏化太阳能电池，半导体纳米晶，CdSe/CdS 量子点，$CuInS_2$ 量子点，$CuInS_2$/ZnS 量子点，II 型核壳结构量子点，水溶性量子点
	67	钙钛矿太阳能电池研究	钙钛矿太阳能电池，能源转换效率，异质结太阳能电池，介观太阳能电池，铅卤化物钙钛矿，无机 - 有机杂化钙钛矿，胶体有机卤化物钙钛矿，碘化铅钙钛矿敏化剂
	173	含二氧化钛的染料敏化太阳能电池	染料敏化太阳能电池，能源转换效率，二氧化钛纳米线阵列，分等级锐钛矿二氧化钛，量子点，石墨烯复合材料，石墨烯 / 二氧化钛光电极，纳米管太阳能电池，介孔二氧化钛微珠
	179	染料敏化太阳能电池高效电极制备和染料敏化剂研究	染料敏化太阳能电池，有机染料，对电极，石墨烯纳米片，光电转换效率，芳胺类有机染料，有机敏化剂，全色染料敏化太阳能电池
	218	聚合物太阳能电池、有机场效应晶体管研究	太阳能电池，聚合物太阳能电池，有机太阳能电池，能量转换效率，异质结太阳能电池，非富勒烯基有机太阳能电池，小分子有机光电电池，有机场效应晶体管，氧化石墨烯
石墨烯及其复合材料的应用	26	石墨烯和碳量子点的制备及其应用	石墨烯量子点，碳量子点，胶体石墨烯量子点，N 掺杂碳点，水溶性荧光碳纳米点，超高量子产率，氮掺杂石墨烯量子点，荧光成像，生物成像
	56	石墨烯 - 金属纳米复合材料的合成及电催化性能和应用研究	石墨烯，电催化，石墨烯纳米铂复合物，铂 / 银复合物催化剂，高催化性能，甲醇燃料电池，石墨烯负载的纳米铂 / 钯
	57	石墨烯氧化物及石墨烯基磁性纳米复合材料的制备及其在水处理领域的应用	石墨烯氧化物纳米片，还原的氧化石墨烯，水溶性，三维石墨烯基宏观结构，石墨烯氧化物 - 磁性纳米粒复合物，水净化，最大吸附容量，重金属离子吸附，高效染料吸附
	136	单晶、多晶及大面积石墨烯的制备、表征及应用研究	石墨烯，化学气相沉积，晶界，单晶单层石墨烯，石墨烯纳米带，高速石墨烯晶体管，大面积石墨烯，多晶石墨烯，拓扑缺陷
	191	石墨烯的电子学研究及其在储能器件中的应用	石墨烯，狄拉克费米子，拓扑相，超级电容，电子 - 电子相互作用，量子霍尔状态，狄拉克锥，电子运输，密度泛函理论，平均场理论，破缺对称性，能带

续表

分类	研究领域 ID	研究领域名称	研究领域特征词
石墨烯及其复合材料的应用	200	氧化石墨烯薄膜在吸附、分离领域的应用；缺陷探测方法及力学性质研究	分子筛，氧化石墨烯膜，水处理，接触角，气体运输，氧化石墨烯纸，超薄石墨烯氧化物，拉曼光谱，选择性气体运输通道
	215	等离子体纳米结构的光学性质及其应用研究	表面等离子体共振，等离子体银纳米结构，光催化活性，等离子体光催化剂，贵金属纳米粒子，栅极调谐的石墨烯等离子体，石墨烯等离子体波导，太阳能电池，等离子体增强
超级电容器	224	超级电容器纳米电极材料、超疏水 / 超亲水材料	高比电容，氧化石墨烯，电化学赝电容材料，石墨烯自组装水凝胶，碳纳米管，介孔复合电极，超级电容器阳极，超疏水表面，油水分离，超亲水膜
燃料电池	7	贵金属纳米催化剂及其在燃料电池中的应用	电催化反应，燃料电池，铂凹形纳米晶，氧化还原反应，铂 / 碳催化剂，双金属纳米粒，金 / 钯合金核壳纳米晶，超薄铂纳米线
纳米发电机	180	压电 / 摩擦电纳米发电机及压力传感器技术研究	摩擦电发电机，机械能收集，新能源技术，自供电的压力传感器，柔性压电纳米发电机，氧化锌纳米线阵列，透明导电纳米线网络，压电能源收集器，压力传感器，透明电极
纳米生物医药	43	介孔二氧化硅纳米粒在可控药物释放和细胞成像中的应用	介孔硅纳米粒，药物递送，磷酸盐覆盖硅纳米粒，中空纳米容器平台，生物相溶性，荧光，可控释放，癌症
	49	金银纳米簇的制备、性质表征及其在生物医学领域的应用	水溶性金银纳米簇，硫醇化金银纳米簇，生物医学应用，金 @ 硫醇壳核 - 纳米簇，银纳米粒子，硫醇稳定的金银纳米粒子，催化，荧光银纳米点，DNA 银纳米簇
	78	纳米孔对 DNA 性能的影响、DNA 辅助生成的等离子体手性纳米结构研究	DNA 折纸术，DNA 自组装纳米结构，单链 DNA，DNA 易位，DNA 单分子，纳米孔 DNA 测序，等离子体手性四聚体组装，手性等离子体纳米结构，手性金属纳米粒子
	82	纳米医药和影响导航的药物输送	药物输送，磁共振成像，药物释放，磁性纳米粒子，聚合物纳米粒子，PLGA 纳米粒子，药物输送，影响导航的药物输送，纳米药物，纳米诊断学
	199	纳米抗癌药物、细胞穿透肽作为药物载体和成像探针在医学领域的应用	细胞穿透肽，药物输送，荧光成像，肿瘤治疗，细胞穿透肽，肿瘤，多肽，纳米结构脂质载体
	202	功能化的石墨烯及其氧化物、荧光纳米粒子在生物成像和药物释放中的应用研究	荧光光谱法，功能化的氧化石墨烯，荧光纳米探针，细胞成像，电化学生物传感，基于染料的荧光纳米粒子，两亲荧光聚合物，石墨烯纳米筛，基因毒性，表面修饰的碳纳米管，药物输送
纳米安全	65	纳米材料毒理学及安全性评估	纳米毒理学，安全评估，吸入的纳米粒子，光毒性，金属氧化物纳米粒子，氧化亚钴纳米颗粒，氧化锌，石墨烯 / 二氧化钛纳米复合物，光毒性，急性毒性试验，氧化还原电位
	156	纳米材料的环境行为和生物毒性研究	蛋白质冠，纳米颗粒，银纳米粒子，氧化铈纳米颗粒，纳米氧化锌，血清蛋白吸附，工程化的纳米材料，毒性，环境分布，水环境，废水处理，自然土壤

续表

分类	研究领域ID	研究领域名称	研究领域特征词
纳米器件	22	纳米结构热电材料研究	热电材料，晶格热传导率，纳米结构，热电输运性质，多晶，半导体，高热电性能，黝铜矿，声子晶体
	68	二维材料电子器件	二碲化钼，二硫化铼，石墨烯，二硫化钼，场效应晶体管，结电阻，接触电阻，数字逆变器，光电探测器，热电子晶体管
	188	二维材料的制备及其在光电器件中应用	单层二硫化钼，三层二硫化钼片，纳米片气体光电探测器，单层硒化钨，锁模激光器，Q开关，拓扑绝缘体，石墨烯电子器件，黑磷纳米管，场效应晶体管，过渡金属二卤化物，直接带隙，扭曲的双层石墨烯，六方氮化硼，光响应记忆器件，二硫化钼场效应晶体管
	210	可控性超材料及等离子体低聚物研究	超材料，宽带声学隐身斗篷，等离子体纳米簇，超辐射等离子体共振，各向同性光学超材料，自组装等离子体纳米簇，手性纳米光波界面，太赫兹超材料，等离子体低聚物
纳米催化	223	纳米光电催化剂的制备及其在水氧化、水分解中的应用	水氧化，光电化学水氧化，光催化，电催化剂，生物水氧化，析氧，析氢，金属氧化物薄膜，分子光电化学电池

（四）地球科学

图 3-12 显示了地球科学的细分类。表 3-6 列出了地球科学相关的研究领域的名称、特征词及所属大类。

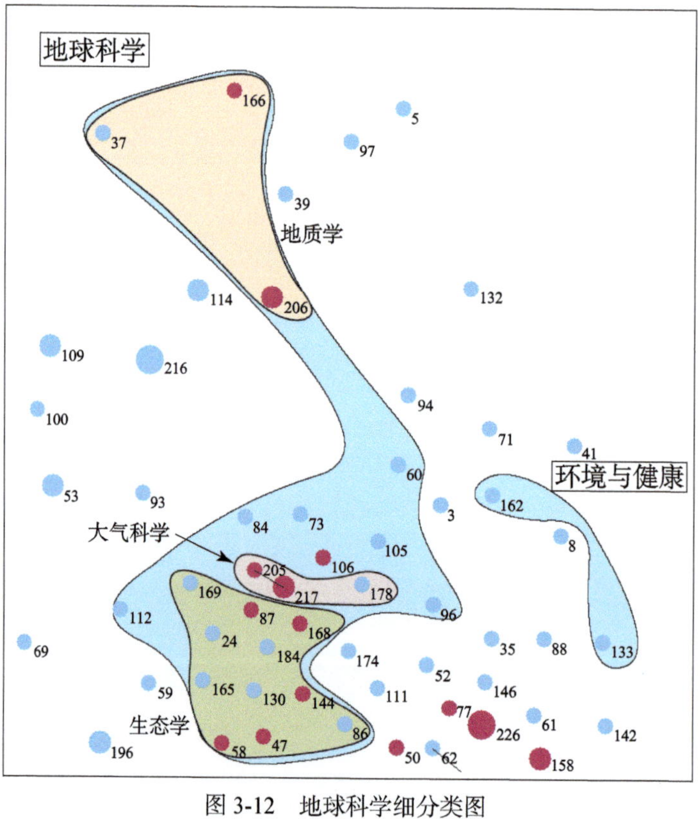

图 3-12　地球科学细分类图

1. 总体发展趋势

与科学结构 2008~2013 重点围绕“气候变化”这个核心研究主题不同，科学结构 2010~2015 的研究热点表现出更加多元、交叉的特点，主要体现在传统的研究领域出现了新的研究热点，不同领域之间的交叉渗透更加深入，乃至难以明确将其划分到某一个学科。与科学结构 2008~2013 相比，科学结构 2010~2015 的显著变化主要表现在以下几个方面。

1）生态学领域进一步扩大，传统的种群生态学、群落生态学等分支领域持续研究热点态势，与其他学科的交叉渗透更加广泛，尤其是农业生态学，出现了有关作物产量、土地利用、粮食安全等多个交叉研究热点。

2）地球科学中的地质学分支除了地震、克拉通化等传统研究方向保持热度，新出现了天体化学、早期海洋氧化事件等新的研究热点，大气科学研究分支相对稳定，在气候学、气象学、大气化学等方面依然保持热点研究态势。

3）环境科学领域逐渐发展成两个分支，一个分支与医学健康领域交叉融合，新出现城市污水、汞污染等与人类健康息息相关的研究热点，另一分支与生态学紧密结合，主要关注碳足迹、水足迹等宏观环境问题。

2. 主要演变流分析

图 3-13 是该大类中最主要的演变轨迹，从科学结构 2002~2007 的大气气溶胶研究，大气、海洋环流及其对环境的影响研究，以及气候变化对物种分布的影响研究开始，逐步演变到科学结构 2010~2015 的全球气候年代际变化的影响观测、模拟和预测研究，总体上形成了该领域演变轨迹流的一根主线，不同时间尺度、空间尺度的气候变化是整个地球科学领域最大的热点研究主题。通过观察科学结构连续五期轨迹流的演变，可以发现该研究主题经过多次交叉融合，直至科学结构 2008~2013，“气候变化”几乎成为每个研究热点均会涉及的关键词，成为整个研究领域的核心研究主题。到科学结构 2010~2015，气候变化依然是最大的一个研究热点，但热度和广度均呈现减弱趋势，前一时期的多个相关研究热点均汇集于全球气候年代际变化这一个主要研究热点，从更宏观的时间和空间尺度上对气候变化的影响进行观测、模拟和预测研究，体现出从“广度”向“深度”转变的研究趋势。

除了上述气候变化这个最大的研究热点所表现出的变化趋势，该领域主轨迹流中的动物行为研究、生物多样性、物种分化、极端干旱事件、物种分布、海洋酸化等其他主要研究热点均持续至今，此外还呈现出一些新的演变轨迹流，如前一期中新出现的地震机制研究热点，因为近年来中国汶川、东日本和智利等多个地区大地震频发，研究热度持续不减，形成了一条新的轨迹流；随着全球经济一体化和环境问题的突出，有关碳足迹、水足迹、生物入侵等方面的研究也形成了新的研究轨迹；全球水资源管理和利用方式对粮食安全的影响、生态系统服务的量化评估及市场化、生物炭对土壤生态系统的影响及利用等也均形成了新的研究轨迹。

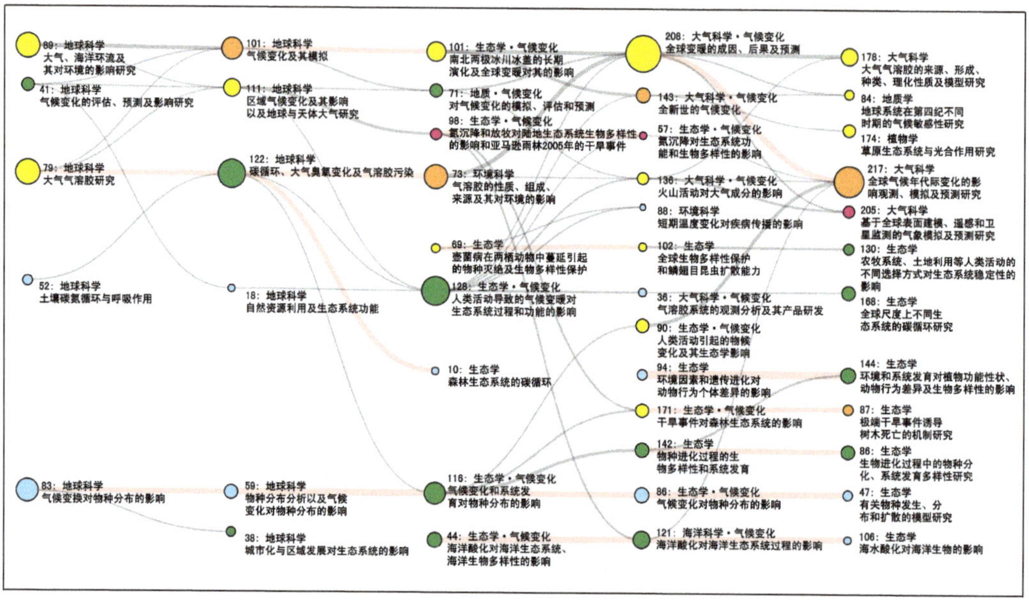

图 3-13　地球科学相关研究的演变轨迹

3. 新研究热点分析

科学结构 2010~2015 中本领域共涉及地质学、环境科学和生态学等学科领域，其中地质学新出现的研究热点主要有两个方面：①地球早期海洋氧化事件与动物进化的关系（ID96），是地质学与进化生态学的交叉研究；②月球和火星地质学及陨石研究（ID166），属于空间地质学，是地球科学和空间科学的交叉研究。环境科学中新出现的研究热点也包含两个：城市污水中的抗生素可能引发的人类健康和环境风险（ID133）和全球历史上人类活动对全球汞循环的影响（ID162）的环境风险，均涉及对人类健康的影响，属于环境科学与医学健康领域的交叉研究。生态学新增了三个研究热点，分别从作物产量（ID24）、土地利用（ID169）和水污染（ID105）等方面研究了人类活动引起的物候变化、土地覆盖变化及各种生态系统健康问题。这些新出现的研究热点均与当前存在的全球问题和引起世界关注的事件相契合，如非洲的粮食危机、亚马孙雨林干旱事件、中国的塑化剂事件、水生态系统的富营养化问题等。近年来，科学研究越来越重视与人类健康、可持续发展息息相关的研究方向，这些新兴的研究热点将在未来一段时间内持续受到科学界的关注。

表 3-6　地球科学研究领域

分类	研究领域 ID	研究领域名称	研究领域特征词
地质学	37	东日本及智利地震中同震滑动的研究	同震，2011 年东日本地震，滑动分布，断层滑动，海啸，智利大型逆冲区地震，震后滑动
	84	地球系统在第四纪不同时期的气候敏感性研究	上新世气候，地球气候敏感性，末次冰期气候变化，事件地层学，末次间冰期冰量，极地冰盖，北大西洋涛动，北极海冰历史，植物碳同位素分辨率

续表

分类	研究领域ID	研究领域名称	研究领域特征词
地质学	96	地球早期海洋氧化事件与动物进化的关系	古代海洋氧化，早期动物进化，埃迪卡拉期，大氧化事件，寒武纪，神经系统发育，基因组学分析，栉水母
	166	月球和火星地质学及陨石研究	熔融包裹体，同位素组成，大风陨石坑，月球玄武岩，水分含量，火星岩石，耶洛奈夫湾沉积岩，富水的月球磷灰石
	206	前寒武纪时期华北地区克拉通化	华北克拉通，前寒武纪地壳演化，板块俯冲，锆石年龄，元古代，哥伦比亚超大陆，增生型造山带
大气科学	178	大气气溶胶的来源、形成、种类、理化性质及模型研究	二次有机气溶胶，侵入式冰晶成核，有机气溶胶，大气颗粒物形成，大气气溶胶成核，有机气溶胶成分，社区大气模型，气溶胶形成，气溶胶质谱，大气化学
	217	全球气候年代际变化的影响观测、模拟及预测研究	全球变暖放缓，全球表面温度，北极海冰融化，土壤碳储量，全球气候模型，植被物候变化，海平面上升，南极冰架，年代际气候预测，对流层臭氧变化
	205	基于全球表面建模、遥感和卫星监测的气象模拟及预测研究	土壤水分反演，夏季风模拟，气候预测系统，陆面水文估计，全球能源流动，海平面温度观测，热浪，冷波，极端风暴，海洋盐度
生态学	24	气候变化对作物生长、产量的影响	气候变化，作物产量，作物生长模型，作物产量模拟，物候趋势，作物管理，粮食安全，非洲农业，欧洲农业
	47	有关物种发生、分布和扩散的模型研究	物种分布，物种分布模型，生态位模型，物种扩散率，种间关系，生态位分化，生物多样性，生态位重叠，Maxent 模型，泊松点过程模型
	58	物种入侵对本地物种、群落、生态系统的生态影响	生物入侵，入侵种，本地种，外来种，入侵性，入侵生态影响，入侵物种性状，入侵生态学，生物地理格局，物种丰富度
	60	生物炭对土壤有机质、微生物群落、功能性状的影响及生物炭的利用	生物炭，生物炭利用，生物炭修复，生物炭稳定性，土壤有机质，土壤微生物，土壤呼吸，温室气体排放，土壤修复，土壤肥力
	86	生物进化过程中的物种分化、系统发育多样性研究	系统发育多样性，物种多样性，自适应进化，物种分化，生物多样性，亲缘地理格局，系统发育分析，植物进化，哺乳动物多样性
	87	极端干旱事件诱导树木死亡的机制研究	干旱事件，亚马孙干旱，干旱胁迫，木质部栓塞，夏季极端干旱，树木死亡率，干旱影响，碳饥饿，亚马孙热带雨林
	105	人类活动和气候变化引起的水生态系统健康问题研究	有毒蓝藻水华，海洋酸化，赤潮，湖泊富营养化，饮用水危机，饮用水处理，浮游生物，消毒副产物，气候变化，致病微生物，生态系统健康
	106	海水酸化对海洋生物的影响	海洋酸化，海洋钙化浮游生物，碳富集机制，海洋浮游植物，海洋无脊椎动物，海洋气候变化，海洋生物适应性进化，海洋生物多样性
	130	农牧系统、土地利用等人类活动的不同选择方式对生态系统稳定性的影响	物种多样性，生物多样性保护，物种灭绝，生态系统稳定性，生态网络，食物网，生态系统服务，集约化种植系统，农牧混合系统，土地利用
	144	环境和系统发育对植物功能性状、动物行为差异及生物多样性的影响	种间社会网络，生物多样性，种内变异，群落生态学，行为可塑性，系统发育多样性，功能多样性，物种丰富度，系统发育相似性，动物行为变异

续表

分类	研究领域ID	研究领域名称	研究领域特征词
生态学	165	全球生态系统服务的量化、评估、支付及市场化	生态系统服务，生态系统服务市场，生态系统服务评估，生态系统服务功能，土地利用变化，生态系统服务评价，环境政策，全球变化，生态系统服务供应与支付
	168	全球尺度上不同生态系统的碳循环研究	二氧化碳排放，碳循环，叶绿素荧光遥感，全球海洋碳汇，凋落物分解，土地利用效应，生态系统净碳交换，生态系统二氧化碳通量，陆地碳库，森林碳汇
	169	利用陆地卫星数据评估全球土地覆盖变化	全球土地覆盖，陆地卫星数据，森林滥伐，陆地卫星的时间序列，陆地全球变化
	184	气候变化背景下全球水资源对粮食安全、生物多样性和农业可持续发展的影响	水资源管理，地下水枯竭，地表水，作物产量，全球粮食安全，生物多样性，农业集约化，陆地水平衡，水通量，水文模型
环境科学	73	可持续生物能源发展与土地利用的关系及其影响	沼气能源，沼气利用，生物能源，可持续能源，土地利用变化，集约化生产，土地覆盖变化，生物甲烷转化技术，温室气体排放
	112	全球经济一体化对碳足迹、水足迹和潜在温室气体排放的影响	温室气体排放，二氧化碳排放，碳排放，碳足迹，碳贸易，全球贸易分析，跨区域投入产出分析，水足迹，虚拟水贸易，土地利用
	133	城市污水中的抗生素可能引发的人类健康和环境风险	废水分析，非法药物使用，污水处理，城市污水，抗生素耐药菌，抗生素耐药性，人类健康风险，污水灌溉，环境风险评估，制药废水
	162	全球历史上人类活动对全球汞循环的影响	汞排放，汞沉积，晚二叠世煤矿，生物质燃料，粉煤灰，初级热解产物，污染沉积物，工业污染源，燃煤，生物质燃烧
环境卫生	76	邻苯二甲酸酯、双酚类似物等有毒化学品的发生分布、生物监测、膳食暴露以及对公共健康的影响	双酚A，邻苯二甲酸酯，尿双酚A浓度，生物监测，内分泌干扰物，母婴健康，儿童疾病，肥胖患病率，心血管疾病，膳食暴露

（五）生物学

图3-14显示了生物学的细分类。表3-7列出了生物学相关的研究领域的名称、特征词及所属大类。如前所述，由于科学结构中热点研究领域在子学科数量的不均衡，本部分从不同角度对各研究领域予以大类划分，一种是从不同层次研究生命现象进行的划分，如基因组学、蛋白质科学、细胞生物学；另一种是从研究对象角度进行划分，如动植物学、生物能源等。

1. 总体发展趋势

本期科学结构生物学领域划分为基因组学、蛋白质科学、细胞生物学、动植物学、生物能源等研究大类（表3-7）。动植物科学、基因组学和蛋白质科学等是生物学领域的热点，其核心论文数量和研究领域数量均较多。其中，基因组学囊括了4个热点研究领域，是生物学主要热点区域。动植物学的研究热点主要集中在植物生长发育分子调控机制，尤其是植物激素信号转导通路（ID226）等方面（图3-14）。

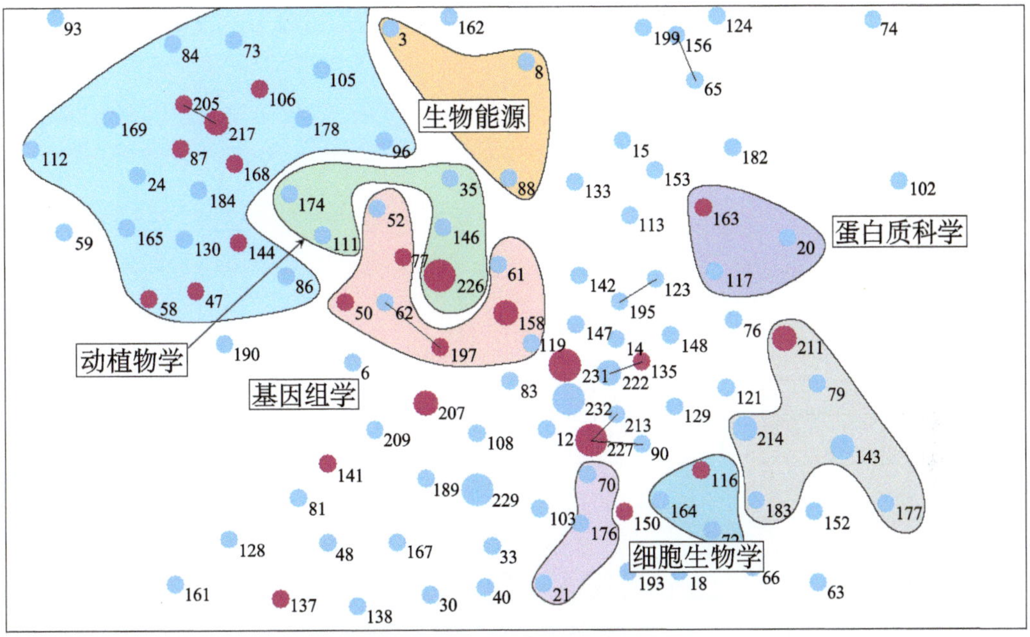

图 3-14　生物学细分类图

与前一期科学结构 2008~2013 相比，本期生物学结构表现出以下特点：①动植物科学与基因组学彼此交叉融汇，是当代生命科学发展的特征和总趋势。小 RNA 鉴定与功能、遗传图谱构建、基因组测序以及基因组编辑等技术和手段在动植物科学研究中的应用越来越广泛，并且逐渐成为该学科的重要热点研究领域。②研究大类中的研究方向不断发生变化。尽管一些研究领域大类命名没有变化，但是其所囊括的下属研究领域并非一成不变。在基因组学大类中，非编码 RNA 和基因组编辑等研究热点依然持续，而生物学数据库、多动症等疾病遗传学研究已经消失；在动植物学领域，植物信号通路等研究仍然持续，但植物重金属代谢、次级代谢等研究消失，蜜蜂健康等研究主题首次出现。③新的研究领域不断涌现，如器官芯片及组织工程（ID15）、微生物产电机制研究（ID8）等。

2. 主要演变流分析

在本期科学结构图谱中，植物激素信号转导通路（ID226）的核心论文数量最多，是生物领域近期最热的研究领域。该研究领域涉及了茉莉酸、生长素、乙烯、水杨酸、脱落酸等多个信号转导途径及其复杂网络互作的研究。从科学结构演化路径来看，ID226 最初是来源于植物基因调控和信号转导研究（ID107），然后在融合植物激素分子机理研究（ID74）的基础上，成长为科学结构 2006~2011 中的研究热点，并且其研究热度一直持续至今（图 3-15）。

基因组编辑技术（ID158）是仅次于 ID226 的热点研究领域。本期生物科学结构中的基因组编辑技术包括 TALENs 和 CRISPR/Cas 两种。其中，TALENs 技术于 2012 年被《科学》评为世界十大科学进展之一，CRISPR/Cas9 技术则分别于 2013 年和 2015 年两次入围《科学》年度世界十大科学进展；2014 年，《自然 - 方法》将基因组编辑技术评为近十年中对生物学研究最有影响力的方法之一。近年来基因组编辑技术作为一项重要的新兴前沿技术发展迅猛，已在生命科学基础理论研究、经济物种的遗传改良及人类健康等领域掀起了一场颠覆性的革命。目前，基因组编辑技术已经在模式植物或作物的基础研究中得到广泛应用，一些利用这些技术研发的作物品种已获得商业化许可，预计未来几年基因组编辑作物品种将在全球范围内快速发展。

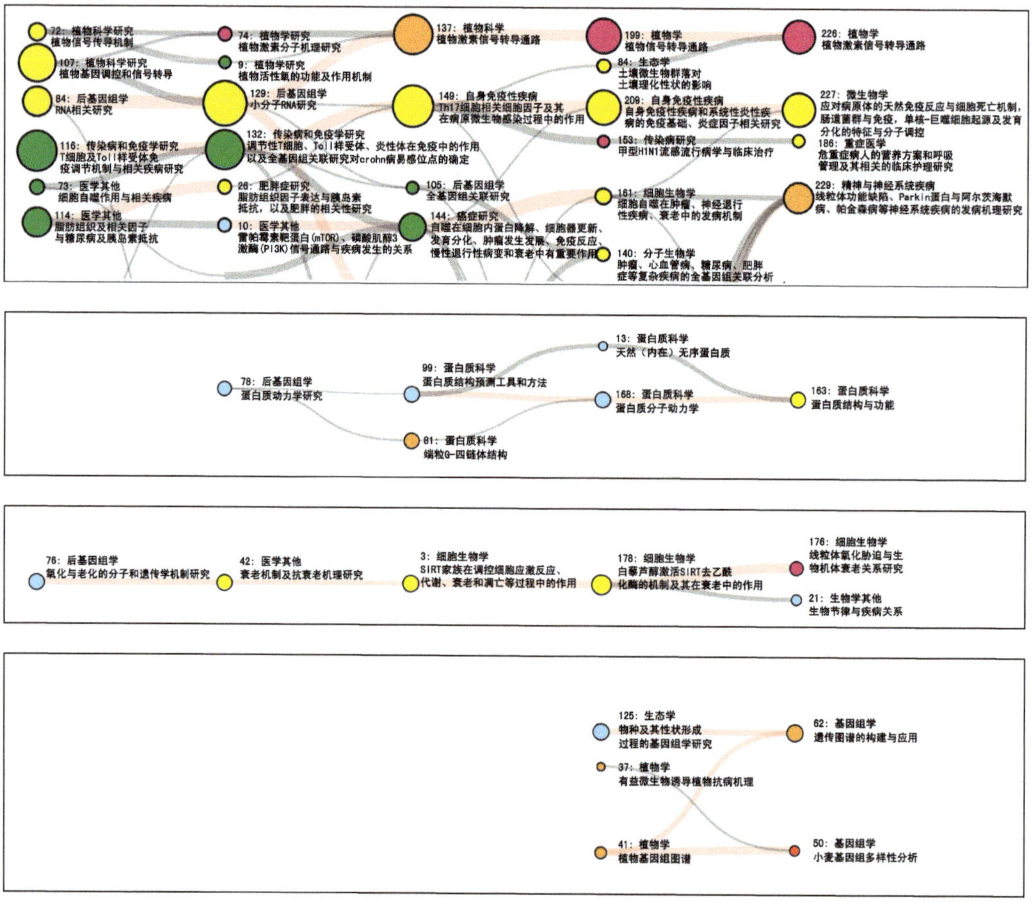

图 3-15　生物科学领域演变轨迹

从研究演变轨迹来看，生物学的热点研究领域交替频繁，只有 ID226、ID163、ID176 等领域的研究热度持续时间较长。例如，在 ID163 的演变流中，研究人员最初注重蛋白质结构预测方法和工具，后来侧重蛋白质分子动力学研究，目前则聚焦探究蛋白质结构和功能，以发展和建立行之有效的药物设计方法。在 ID176 的演变轨迹中，生物机体衰老机制研究逐步深入，研究人员从关注最初的氧化与衰老的分子遗传学研究，渐渐聚焦到线粒体与 SIRT1 蛋白在衰老机制中的分子机制。此外，植物基因组相关的研究演化过程也体现了学科融合、分化的特点。其中，遗传图谱构建（ID62）由植物学和生态学中基因组相关研究融合而来；同时，科学结构 2008~2013 中的植物基因组图谱（ID41）则进一步分化为两个研究领域：小麦基因组多样性分析（ID50）和遗传图谱的构建与应用研究（ID62）。

3. 新研究热点分析

本期生物科学结构中共出现了 12 个新的研究领域，涉及基因组学、蛋白质科学、动植物学、生物能源等学科领域。其中，基因组学新出现的研究热点较多，涉及纳米孔等新一代基因组测序技术（ID61）、小 RNA 的鉴定与功能研究（ID77）、微生物群落多样性研究（ID52）等方面，这些研究领域目前已经成为生物学的前沿领域。蛋白质科学中蛋白质互作网络（ID83）成为新研究热点，在蛋白水平上探讨互作网络对于深入了解疾病发生机理具有重要意义，绘制大规模蛋白互作网路的重要性已经成为共识。动植物学的新热点研究涉及蜜蜂健康影响研究（ID111）、植物生长调控分子机制（ID146）等方面。同时，本期出现了多个微生物相关的新研究热点，如微生物产电机制研究（ID8）、细菌生物膜与感染研究（ID153），这些研究开拓了微生物学的新领域，有助于开发具有前景的绿色可再生能源和建立新的疾病治疗策略。另外，本期还出现两个学科交叉产生的新主题：①现代人起源研究（ID6）。这是学术界一直争论的热点话题，分子生物学的发展使分子人类学应运而生，也使其在推断人类起源和进化历史中发挥着越来越重要的作用。②基于分子动力学的生物分子结构研究（ID182）。分子动力学模拟作为计算生物学的一个分支，为研究蛋白质动力学行为、蛋白质动态互作提供了新视角、新途径，可以从分子水平上研究药物靶点蛋白的结构和其他各种性质，实现高效准确的虚拟筛选。

表 3-7　生物学研究领域

分类	研究领域 ID	研究领域名称	研究领域特征词
蛋白质科学	20	蛋白质结构与功能预测	伪氨基酸组成，预测，机器学习方法，亚细胞定位，PseAAC，结构，伪三核苷酸组成，巯基亚硝基化位点
	83	蛋白互作网络研究	大分子互作数据库，蛋白质互作数据，蛋白质互作网络，异质网络，神经网络，三维重构，GeneMANIA 预测服务器，蛋白质 - 蛋白质对接
	117	G 蛋白耦合受体结构与功能研究	晶体结构，G 蛋白偶联受体，毒蕈碱型乙酰胆碱受体，P2Y12 受体，B 类 G 蛋白偶联受体，药物发现，配体，全内角反射荧光成像
	163	蛋白质结构与功能	蛋白质结构，蛋白质折叠，结构动力学，药物设计，分子动力学模拟，中间状态，内在无序蛋白质，溶液结构
基因组学	61	基因组测序技术	基因组，纳米孔测序，基因组组装，单细胞基因组测序，参考基因组，宏基因组数据，高通量测序，下一代测序方法，长片段技术
	62	遗传图谱的构建与应用	遗传图谱，遗传标记，SNP 标记，遗传位点，SSR 标记，基因分型，基因组作图，基因组差异

续表

分类	研究领域ID	研究领域名称	研究领域特征词
基因组学	77	小RNA的鉴定与功能研究	微小RNA，小RNA，RNA干扰，miRNA靶点，小RNAs调节，病毒源的小RNA，深度测序，干旱胁迫
	119	长链非编码RNA的鉴定与功能研究	长链非编码RNA，MALAT1，细胞周期调控，抑制肿瘤，Hottip/Hoxa13，转录沉默，系统鉴定，lncRNAdb数据库
	158	TALEN、CRISPR/Cas等基因组编辑技术	基因工程，CRISPR/Cas9，FokI核酸酶，基因组编辑，TALEN，基因修饰，基因敲除，脱靶效应
	197	全基因组选择育种	基因组育种值，参照群体，基因组的关系矩阵，基因组预测，基因选择，SNP，基因组育种值估计，基因组BLUP模型
	50	小麦基因组多样性分析	小麦，小麦基因组，条锈病，小麦D基因组，四倍体小麦，多倍体小麦基因组，小麦基因组多样性，小麦A基因组，SNP
	52	微生物群落多样性研究	细菌多样性，微生物，宏基因组，微生物景观，土壤细菌多样性，微生物多样性，微生物高通量测序，葡萄微生物群落，比较基因
动植物学	35	细胞壁生物合成调控机制	细胞壁，次生细胞壁，木质素生物合成，纤维素酶，细胞壁生物合成，NAC转录，木质素生物合成基因，柳枝稷，下游转录因子
	111	蜜蜂健康影响研究	蜜蜂，烟碱类杀虫剂，效果，风险评估，蜜蜂健康，农药，病毒，蜜蜂肠道微生物
	146	植物生长调控分子机制	多胺，非生物胁迫，抗逆性，根毛发育，受精，分子基础，植物损伤相关分子模式，植物免疫信号，植物防御基因的诱导
	174	草原生态系统与光合作用研究	光合作用，二氧化碳，C4碳固定，Rubisco，热带大草原，生态系统，光呼吸，C3碳固定，C4草原
	226	植物激素信号转导通路	茉莉酸反应，生长素信号转导，乙烯信号转导，ABA诱导，生物钟调节，营养信号，水杨酸信号互作，激素互作
细胞生物学	21	生物节律与疾病关系	生物钟，食物摄入量，昼夜节律调节，昼夜节律，哺乳动物昼夜定时系统，睡眠障碍，睡眠剥夺，糖尿病
	70	T细胞命运调控分子机制	T细胞命运，T细胞记忆，效应T细胞功能，T细胞的分化，mTORC1，mTORC2，mTOR信号，代谢信号
	176	线粒体氧化胁迫与生物机体衰老关系研究	SIRT1，氧化应激，线粒体低毒兴奋效应（mitohormesis），白藜芦醇，线粒体超氧信号，保守的长寿机理，寿命，琥珀酰基化
生物能源	3	微藻水热液化处理制备生物燃料	水热液化，生物燃料，生物柴油制备，藻类生物质制备，废水处理，微藻油脂，生命周期，厌氧消化，生物质
	8	微生物产电机制研究	微生物纳米导线，地杆菌，厌氧微生物，电子转移，铁还原菌，细胞表面细胞色素，电活性微生物，微生物燃料电池
	88	微生物代谢工程制备生物燃料及橡胶、药物等化学品	脂肪酸制备，异戊二烯制备，1-丁醇制备，基因组规模代谢重建，代谢工程，蓝藻，产油酵母，大肠杆菌
生物学其他	6	现代人的起源研究	法国旧石器时代前期，现代人类，古人类基因组，祖先群体，大规模的迁移，尼安德特人基因组，早期穴居人，现代人类基因组

续表

分类	研究领域ID	研究领域名称	研究领域特征词
生物学其他	15	器官芯片及组织工程	器官芯片，仿生，3D 细胞培养，3D 组织，3D 微流体模型，血管网络，3D 生物打印，组织工程
	142	癌症相关的信号转导通路	肿瘤，信号转导，Ras，K-ras，Hippo 途径，YAP/TAZ 调控，癌症治疗，hippo-YAP 途径
	153	细菌生物膜与感染研究	细菌生物被膜，感染，临床效果，治疗，生物膜成熟，葡萄球菌感染，生物膜形成，乳房感染
	182	基于分子动力学的生物分子结构研究	力场，力场拓扑结构：分子动力学模拟，药物设计，晶体结构，自由能，分子建模

（六）医学

表 3-8 列出了医学相关研究领域的名称、特征词及所属大类。图 3-16 显示了医学的细分类别。

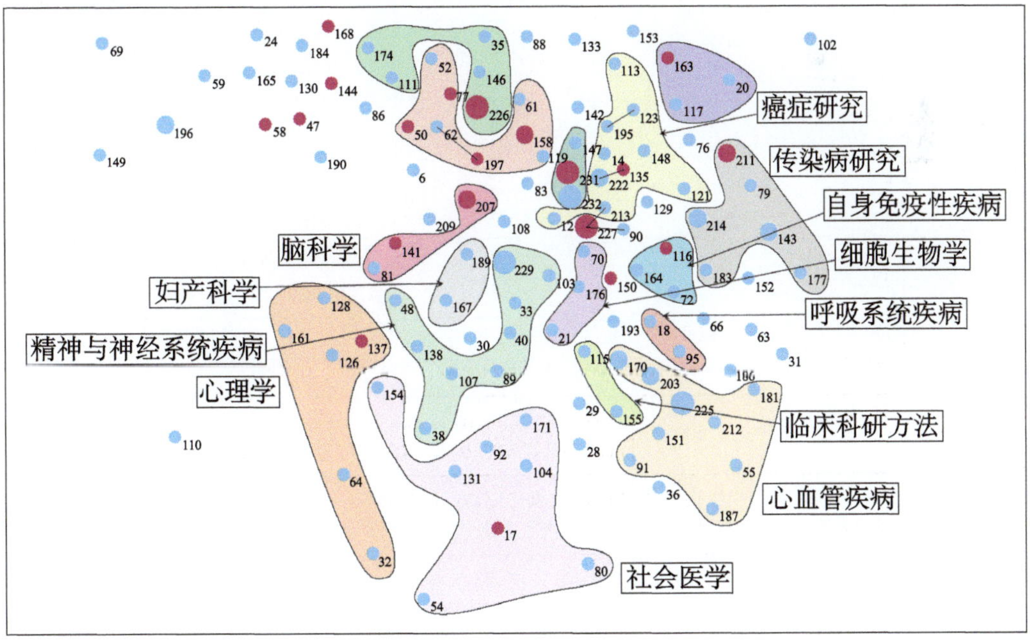

图 3-16　医学细分类图

1. 总体发展趋势

在科学结构 2010~2015 中，医学领域最显著的发展趋势是分子医学与临床诊疗的整合，在基础研究与临床诊疗领域，“精准医学”成为最显著的研究热点。表 3-8 中，整个癌症研究的大部分研究领域都涉及基于患者基因组信息的精准诊疗（ID12、ID14、ID29、ID135、ID222 等），此外还有疾病生物标志物研究（ID123、ID195、

ID232、ID152）、疾病–基因关联研究（ID103、ID229）等，涉及的疾病包括肿瘤、白血病、感染性疾病、神经系统疾病等。

在生物医药领域，肿瘤免疫治疗成为新药研发与临床研究的热点（ID222）。相对于传统肿瘤治疗药物仍存在降低机体免疫力、仅对小群体患者有效、复发率高等问题，"免疫疗法"运用具有更强抗瘤活性的激活的免疫细胞来治疗癌症，具有很多优势。另一个热点是人体微生物组学研究（ID227、ID90），它与多种疾病的发生发展均有密切关系，通过调节肠道微生物组有望为肿瘤、心血管疾病、糖尿病、精神疾病等防治提供新的手段，催生巨大的市场需求。

在医疗器械领域，高新技术的快速汇聚促进高性能医疗器械推陈出新。新一代功能化生物医用材料将赋予材料生物结构和生物功能，充分调动人体自我康复的能力。这些技术进步有望实现受损组织或器官的永久康复。随着新技术、新工艺、新材料的不断出现与发展进步，医疗器械产品加速更新换代，并向数字化、网络化及轻巧化方向发展，各种医用机器人、新型手术工具、高分辨率医学图像采集和处理设备、智能轮椅及健康辅助器具等的研发正成为热点。

2. 主要演变流分析

癌症、传染病、心血管疾病、神经系统疾病、精神疾病等仍然是持续性的热点研究领域，这些也是国际上疾病负担高的几种重大疾病。根据《柳叶刀》（*Lancet*）期刊2015年发布的《全球疾病负担研究2013》①，中国、日本、美国、英国四国中导致死亡的前十位原因中有七个相同，涉及脑卒中、缺血性心脏病、肺癌、肝癌、胃癌、慢阻肺、下呼吸道感染。从研究领域的演变来看，干细胞与再生医学研究一直是前四期的热点研究领域，但未进入2010～2015年的热点研究领域，但干细胞诱导分化与大规模制备等理论和技术不断取得突破，临床应用呈加速趋势。干细胞移植在治疗神经、血液及自身免疫性疾病等方面已经取得了一系列进展，一批干细胞相关产品已经进入临床实验，甚至已经上市，但是，规模化的干细胞转化应用在临床上尚未实现。因此，系统化的干细胞基础研究、研究成果的产业化和临床转化研究亟待加强。

脑科学与认知科学的分化也比较明显，研究领域越来越细。其中，深脑刺激治疗帕金森病、阿尔茨海默病等重大神经系统疾病（ID48）成为最近三期科学结构的持续性研究热点。"行为抑制的认知神经基础研究"分化为两个领域：一是双语与认知发展的关系研究，二是大脑视觉皮质、前馈与反馈通路、脑连接与视区、前岛叶皮质与情感意识相关的研究。认知科学、脑科学的深入发展将引发新一轮医疗变革（ID81、ID207、ID126、ID128、ID161、ID138）。认知科学与神经科学交叉形成的认知神经科

① Naghavl M，Wang H，Lozano R，et al. 2015. Global，regional，and national age-sex specific all-cause and cause-specific mortality for 240 causes of death，1990-2013: A systematic analysis for the global burden of disease study 2013. Lancet，385(9963): 117-171.

学是近年来十分热门的前沿研究领域之一。认知神经科学与医学、信息科学等交叉融合，可深入探察正常大脑认知活动的机制，对揭示人类大脑的功能特别是寻找预防、诊断和矫治各类认知及精神障碍的对策具有重要意义。人类认知组计划通过阐明人类大脑所有联络方式，将理解人类心智的结构与功能，最终揭示人类心智的奥秘，被认为是继人类基因组计划后的又一伟大科学计划。

传染病领域的 HIV 感染（艾滋病）是持续性研究热点，当时流行的新发突发传染病也会迅速成为研究对象，例如，2010～2015 年，H7N9、H5N1、H1N1 流感的流行病学与防控策略研究及 HIV-1 包膜三聚体的结构与免疫识别（ID214）成为新的研究热点，研究规模呈明显增长趋势（图 3-17）。

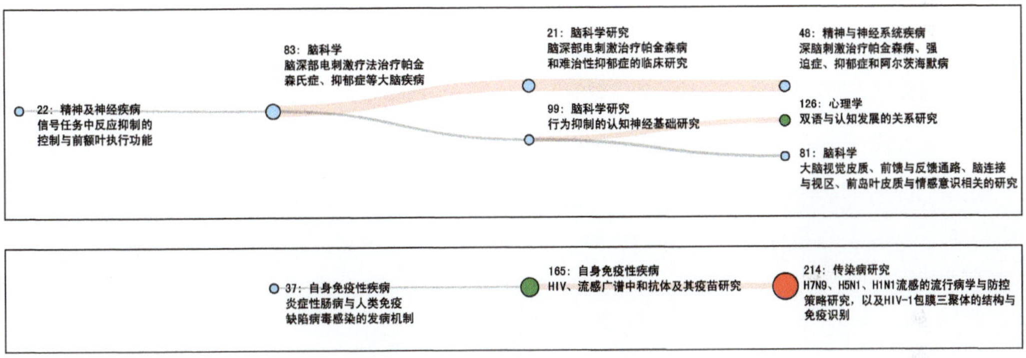

图 3-17　医学领域两个演变轨迹

3. 要点分析

科学结构 2010~2015 中，医学领域最突出、涉及内容最多的研究主题就是精准医学。自 2015 年初美国启动“精准医学计划”（Precision Medicine Initiative）以来，世界范围内掀起关注精准医学的热潮。从国家政策角度，对精准医学的关注不仅有望提高患者治疗与疾病预防水平，而且有望解决医疗上的两个重大问题——医疗费用越来越高，新药研发越来越慢。

美国 2016 年共拨付 2.15 亿美元用于资助精准医学科学研究与创新发展：①资助国立卫生研究院（NIH）共 2 亿美元，其中 1.3 亿美元用于“百万人基因组计划”，做好队列及对照，建立与临床有关的大型生物样本库；7000 万美元用于资助国家癌症研究所（NCI）继续“癌症基因组研究计划”，寻找引发癌症的遗传因素。②资助食品药品监督管理局（FDA）1000 万美元用于建立监管机制，包括基因检测技术研发、知识产权保护及满足精准医学科技创新对监管政策的新需求。③资助国家医疗信息技术协调办公室（ONC）500 万美元用于制定一系列的标准和政策，以保护隐私和跨系统数据交换安全。美国在 2017 年重点发展针对癌症、精准医疗和脑科学研究的三大计划。《21 世纪治愈法案》（*21st Century Cures Act*）提出未来 10 年投入 48 亿美元，立法保证精准医疗共计投入 14 亿美元，每年 1.4 亿美元；“抗癌登月计划”投入 18 亿美元，“脑研究计划”投入 16 亿美元。

英国政府也将基因诊断测序与靶向药物研发作为发展重点。2012 年发起该国大型测序研究项目——“10 万基因组计划”，首期 2012～2017 年，共资助 3 亿英镑，由卫生部资助的 Genomics England 公司运行。目前全英范围内共建立 11 个基因组医学中心，旨在对英国国民医疗保健制度（NHS）记录中的 10 万名病人的完整基因组进行测序，其目标是根据基因组学和临床数据研发个性化的癌症和罕见疾病疗法，发展重点是测序技术、数据管理、数据安全、患者受益（转化）。在支持企业方面，作为英国“科学与创新战略 2015～2021”（投入 59 亿英镑）的重要举措，2015 年英国政府启动精准医疗孵化器（Precision Medicine Catapult），即英国精准医学创新中心，作为“创新英国”的 8 个孵化器之一，旨在建立国家制剂中心（National Formulation Centre），支持新兴的制药公司开展使用范围较窄、投入高且投资回报高度不确定的靶向药物开发。

法国政府于 2016 年 6 月宣布投资 6.7 亿欧元，启动“基因组医疗计划 2025”，以提高国家医疗诊断和疾病预防能力为整体目标，预计在全国范围内建立 12 个基因测序平台、2 个国家数据中心。未来 10 年，法国政府希望达到三个目标：一是将法国打造成世界基因组医疗领先国家；二是将基因组医疗整合至患者常规检测流程，每年检测 23.5 万个基因组；三是建立国家基因组医疗产业，从而推动国家创新和经济增长。法国政府将建立一个由总理领导的部长级内阁战略委员会领导该项目。项目初期聚焦癌症、糖尿病和罕见病，2020 年后将逐步延伸至其他疾病。

韩国政府在 2015 年 11 月宣布以蔚山国家科学技术研究所（UNIST）为依托，启动万人基因组计划。该计划的合作者还包括蔚山市、蔚山大学、蔚山大学医院及哈佛医学院等。预计至 2019 年，该计划将获得 2500 万美元的资助。该计划主要目标：一是绘制韩国人基因组图谱；二是建立韩国标准化基因数据库；三是发现罕见遗传疾病的突变位点；四是为韩国快速增长的基因组产业提供全面的基因组信息。该计划也是对 2013 年韩国政府宣布的其后 8 年投资 5 亿美元的人类、农业和医药基因组计划的一项补充。

我国政府也随之启动相关的规划部署和科学研究。科学技术部（简称科技部）组织成立了国家精准医疗战略专家委员会，决定在 2030 年之前投资 600 亿元。国家卫生和计划生育委员会和科技部组织召开了精准医学专家研讨会，研讨精准医学研究计划的实施原则、目标及重点内容。2016 年，我国迅速部署了国家重点研发计划精准医学研究重点专项，从预研、发布指南、申请到评审，现已部署 61 个项目。精准医学关键技术也纳入了国家“十三五”科技创新规划，提出要重点发展的十大人口健康关键技术。

目前，基因测序技术与靶向药物研发及其相关的监管政策与数据标准问题成为精准医学的部署重点，但我国精准医学发展存在的问题主要包括：美欧日含基因信息的上市药物发展迅速，我国基于药物基因组学的新药创制发展滞后；国际上药物基因组学的临床实践尚不乐观，生物标记物检测与患者预后的关联性证据研究仍需加强等。

4. 新研究热点分析

医学科技前沿领域的多点突破正在形成新热点，主要包括以下几个领域。

一是基因组与基因编辑技术（ID158，生物学领域）将开辟疾病防治新路径。基因组学技术的兴起、分子诊断和基因检测技术的提升为疾病精准诊治带来了新手段，也为精准医学发展提供了技术支撑。以 CRISPR/Cas9 为代表的第三代基因编辑技术的发展，将使得对人类基因组进行插入、敲除等修饰易如反掌。人们在遵守伦理道德的前提下，可根据需要纠正有害的基因突变，这将为罕见遗传病、肿瘤等疾病的基因治疗提供新的手段。

二是肠道微生物学组学研究（ID90），主要涉及肠道微生物群落与炎症性肠病的关系研究，特别是粪菌移植治疗难辨梭状芽孢杆菌感染和炎症性肠病的相关研究。2007 年，美国国立卫生研究院发起了“人类微生物组计划”，研究计划长达 10 年。2012～2014 年，美国国立卫生研究院在 19 个研究所和科研中心总计投入 4.91 亿美元，用于研究糖尿病、肥胖、心血管疾病、自闭症、哮喘、癌症、早产、大脑发育及行为等与人体微生物的关系。2016 年，美国又启动新的“国家微生物组计划”（NMI），目前公布的研究方向覆盖全面，从肠道微生物到营养学，从微生物与神经性疾病到与癌症、糖尿病等疾病的关系等。

三是在环境卫生领域，空气污染与心肺疾病及对新生儿健康的影响研究（ID108）。2010～2015 年，在发展中国家特别是中国和印度，空气污染严重，有关空气污染（主要是 $PM_{2.5}$）与健康的相关研究迅速成为研究热点，涉及的疾病主要包括缺血性心脏病、脑血管病、肺癌和慢性阻塞性肺病等。

四是心理学领域的网络欺凌和校园欺凌的相关研究（ID32）。网络欺凌是网络时代的伴生现象，是指利用互联网对个人或群体进行恶意伤害的行为。这一现象在青少年中多有发生，且危害较大，由于侮辱性的信息极易散布，所以常常对青少年造成巨大的心理伤害，影响其健康成长。随着社交媒体的盛行，利用互联网对个人和群体进行的恶意伤害已经成为全球性的社会问题。近年来，美国、日本、法国等国家已将预防与治理网络欺凌现象纳入法律轨道，并制定了严格的网络行为规范。

五是社会医学领域有关烟草使用对健康的影响及相关的控制措施（如无烟立法）的效果评估（ID17、ID92）。其中，电子烟能否帮助戒烟及其对健康影响的相关研究成为研究热点之一，尚未有科学证据证明吸烟者使用电子烟达到了戒烟目的，也没有权威机构对电子烟的戒烟效果进行评估。电子烟同样会排放可吸入的液体细微颗粒、超细微颗粒和尼古丁等物质，并不能完全消除二手烟对不吸烟者的健康影响。

表 3-8　医学研究领域

分类	研究领域 ID	研究领域名称	研究领域特征词
癌症研究	12	多发性骨髓瘤药物联合治疗及基于患者基因组信息的精准治疗	多发性骨髓瘤，沙利度胺，来那度胺，硼替佐米，临床试验，基因组测序，遗传异质性
	14	肿瘤中端粒酶逆转录酶（TERT）启动子的突变及其对预后的影响、胰腺神经内分泌肿瘤的基因突变与药物治疗	TERT 启动子突变，黑色素瘤，神经胶质瘤，甲状腺癌，预后，胰腺神经内分泌肿瘤，依维莫司，治疗，突变
	29	浸润性宫颈癌患者人乳头瘤病毒基因分型及 HPV 两价疫苗（HPV 16 和 HPV18）和四价疫苗（HPV 6、HPV11、HPV16、HPV18）的效果评估研究	人乳头瘤病毒基因型归因，侵袭性宫颈癌，人乳头瘤病毒接种，临床试验
	113	循环肿瘤细胞在临床上的重要性及其捕获分离微型仪器的研究	循环肿瘤细胞，隔离，捕获循环肿瘤细胞，预后意义，临床意义
	121	肿瘤细胞自噬、凋亡与炎症反应的分子机制	凋亡，自噬，炎症反应，癌细胞，PI3k/AKT/mTOR 通路，Alisertib
	123	肿瘤干细胞标志物 ALDH1 在乳腺癌、前列腺癌、膀胱癌等癌症中的表达及其临床意义	乙醛脱氢酶 1- 阳性癌干细胞，乳腺癌，前列腺癌，膀胱癌，表达水平，临床结果
	135	ALK 阳性非小细胞肺癌靶向药物治疗的临床研究	alectinib，克里唑蒂尼，ALK 阳性非小细胞肺癌
	148	多种药物治疗激素受体阳性乳腺癌或人类表皮生长因子受体 2 阳性乳腺癌的相关研究	人表皮生长因子受体 2 阳性乳腺癌，激素受体阳性乳腺癌，转移性乳腺癌，晚期乳腺癌，雌激素受体阳性乳腺癌
	195	肠道干细胞标志物 Lgr5 及其与肿瘤的相关性	肠道干细胞，Lgr5，肿瘤干细胞，肿瘤学
	213	肿瘤细胞免疫原性死亡和自噬在肿瘤治疗或肿瘤生长中的作用	免疫原性细胞死亡，癌症治疗，自噬，肿瘤生长
	222	肿瘤的基因突变与精准治疗研究	突变，转移性结肠直肠癌，转移性去势抵抗性前列腺癌，晚期黑色素瘤，结肠直肠癌，非小细胞肺癌，免疫治疗
传染病研究	79	多重耐药肺结核的药物治疗及 HIV/AIDS 合并结核病的快速诊断	多重耐药结核病，delamanid，治疗，快速检测，艾滋病毒 / 艾滋病，联合感染
	143	多种丙型肝炎治疗药物单独使用或联用的效果及其相关基因的研究	丙型肝炎感染，丙型肝炎治疗，核苷酸聚合酶抑制剂，药物相互作用，遗传变异
	177	非酒精性脂肪性肝病与特殊基因片段及门静脉高压关系的研究	非酒精性脂肪肝疾病，包含 patatin 样磷脂酶结构域 3 基因（pnpla3），跨膜 6 超家族成员 2 基因，遗传变异，门静脉高血压
	183	第二代整合酶链转移抑制剂 dolutegravir	第二代整合酶链转移抑制剂 dolutegravir，抗逆转录病毒药，HIV-1 整合酶抑制剂，艾滋病，蛋白酶抑制剂，HIV-1 RNA 水平，HIV-1 耐药性，非核苷逆转录酶

续表

分类	研究领域ID	研究领域名称	研究领域特征词
传染病研究	209	轮状病毒疫苗接种效果评价，土壤传播的蠕虫感染、血吸虫病的流行病学与防控研究	轮状病毒疫苗，严重轮状病毒胃肠炎，土壤传播的蠕虫感染，血吸虫病，公共卫生
	211	关于碳青霉烯酶的全球传播及其引起的疾病的检测和治疗方案的研究	碳青霉烯酶，碳青霉烯酶的进化和扩散，联合治疗，产生碳青霉烯酶的肠杆菌科，检测和治疗
	214	H7N9、H5N1、H1N1 流感的流行病学与防控策略研究，以及 HIV-1 包膜三聚体的结构与免疫识别	流感大流行，H7N9，H5N1，H1N1，HIV-1 感染，HIV-1 包膜三聚体，晶体结构
代谢组学研究	129	环境与疾病间的关系及代谢组学相关的促进人类健康的研究	环境因素，代谢组学，中药，人类健康，营养代谢组学
	150	白色脂肪组织、棕色脂肪组织和淋巴样细胞作用机制的相关研究	白色脂肪组织，棕色脂肪组织，淋巴样细胞，产热，能量消耗，固有淋巴细胞
分子生物学与遗传学	147	单细胞测序技术及其在癌症研究及免疫学研究中的应用	单细胞 RNA 测序，单细胞转录组学，基因表达异质性，肿瘤细胞，免疫细胞，树突状细胞
	231	淋巴细胞白血病的基因突变与精准治疗研究	淋巴细胞白血病，突变，位点突变，精准治疗
	232	微小 RNA 和特殊基因序列作为诊断的标志物及其与疾病关系的研究	微粒，循环微粒，新型生物标志物，检测，预测，预后
妇产科学	167	母体及婴儿营养改善方案及儿童早期发育的影响因素的研究	母婴营养，儿童营养，改善，儿童发展，风险因素
	189	孕妇产前检查的基因测序方法及子痫前期检测的生物标识物的研究	母亲血浆 DNA 测序，21 三体，13 三体，18 三体，先兆子痫生化标记，产前护理
呼吸系统疾病	18	抗 IL-5 单抗 1 类药物治疗嗜酸性粒细胞性哮喘的临床研究	嗜酸性粒细胞性哮喘，抗白细胞介素 5 受体 α 单克隆抗体，临床试验
	95	新型药物治疗慢性阻塞性肺病的临床研究	慢性阻塞性肺病，噻托溴铵，qva149，沙美特罗
精神与神经系统疾病	33	渐进性多发性硬化症的发病机制与治疗研究及重度抑郁症的神经生物学和药物作用机制研究	进行性多发性硬化病，病理机制，治疗，重症抑郁障碍，调控因子，血清白细胞介素 6，C 反应蛋白
	38	双极性抑郁症的药物治疗	双相性抑郁症，双相性精神障碍，lurasidone，喹硫平，帕罗西汀，锂治疗
	40	产前感染对子女大脑发育与行为的影响及致精神分裂症、自闭症的流行病学与抗精神病药物治疗研究	产前感染，脑发育和行为，精神分裂症自闭症抗精神病治疗
	48	深脑刺激治疗帕金森病、强迫症、抑郁症和阿尔茨海默病	深脑刺激，帕金森病，抑制强迫症，抑郁症，阿尔茨海默病
	89	双相情感障碍、重度抑郁症患者血清细胞因子研究	细胞因子，双相性精神障碍重症抑郁障碍
	103	阿尔茨海默病有关的基因突变位点的发现	阿尔茨海默病，变体，TREM2

续表

分类	研究领域ID	研究领域名称	研究领域特征词
精神与神经系统疾病	107	NMDA（N-甲基-D-天冬氨酸）受体拮抗剂特别是氯胺酮抗抑郁效果的临床研究	抗抑郁作用，N-甲基-D-天冬氨酸受体拮抗剂，氯胺酮
	138	多动症的脑结构影像学研究及其诊断与治疗及与未来发生交通事故的关系	注意缺陷多动障碍，诊断和治疗，脑系统，系统神经科学，道路交通
	229	线粒体功能缺陷、Parkin蛋白与阿尔茨海默病、帕金森病等神经系统疾病的发病机理研究	阿尔茨海默病，帕金森病，突变，帕金线粒体帕金
临床流行病学	115	关于提高生物医学实验价值、减少浪费及实验数据共享的研究	临床意义，数据共享，增加价值，减少浪费，生物医学研究
	155	循证医学GRADE证据质量分级和推荐强度系统及患者报告结局（patient-reported outcomes）在临床实践中的应用	GRADE指南，开发临床实践指南，患者报告结果，临床实践
泌尿系统疾病	31	慢性肾脏疾病与急性肾脏损伤两者互为危险因素、心脏手术后急性肾损伤新型标记物及其在早期诊断与治疗中的作用	慢性肾病，急性肾损伤，生物标志物，心脏手术
	63	癌症晚期病人护理方案的效果的研究及临终地点的影响	姑息治疗，终身护理，晚期癌症，死亡地点，临终关怀讨论
	181	心脏骤停或危重症病人的治疗手段及液体治疗管理方法的研究	心脏骤停，危重病人，流体治疗，液体复苏，胸部按压，流体相关的医疗干预
	193	非典型溶血性尿毒症、肾小球病和膜性肾病等肾病的遗传学研究及其抗体治疗	非典型溶血性尿毒综合征，肾小球病，基因，遗传变异，膜性肾病，抗体
脑科学	81	大脑视觉皮质、前馈与反馈通路、脑连接与视区、前岛叶皮质与情感意识相关的研究	视觉皮层，前岛叶皮层，情感意识
	141	脑机接口及康复机器人研究与应用	脑机接口，机器人康复，神经控制机器人臂，行程
	207	高分辨率活细胞三维成像技术与脑皮质神经回路相关机理的研究	超分辨成像，活细胞，三维成像，脑，皮质神经回路
心理学	32	网络欺凌、校园欺凌及自杀倾向的相关研究及其预防与处理策略	网络欺凌研究，传统欺凌，学校欺凌，自杀，预防
	64	人格特质、老龄化、主观幸福感、积极行为和自尊等变量与身心健康的关系研究	大五人格，尽责性，情感体验，积极效应，老龄化，元分析，主观幸福感，生活满意度，感恩，自尊，抑郁
	126	双语与认知发展的关系研究	认知，双语，认知控制，认知优势
	128	语义记忆的神经生物学研究	神经生物学语义记忆，脑机制，抽象符号语义
	137	成瘾障碍和行为决策与延迟折扣的关系、相关神经机制与认知矫正策略研究	延迟折扣，奖赏，跨期选择，成瘾，物质滥用障碍，病理性赌博，认知偏差矫治，情节式未来思考，工作记忆，注意缺陷多动障碍，欺骗，自我耗竭，自控力，创造力，意志力，主观价值，决策，道德领导，强化学习，计算精神病学，前扣带回，重复经颅磁刺激，元分析，前额叶，功能磁共振，认知控制

续表

分类	研究领域ID	研究领域名称	研究领域特征词
心理学	161	影响人类听力和阅读理解能力发展的日常训练的研究	音乐训练，听觉，读，阅读能力，阅读困难治疗，发展
心血管疾病	28	代谢正常的超重和肥胖与心血管疾病和Ⅱ型糖尿病的关系及其对身体质量指数（BMI）的挑战	代谢健康的肥胖症，心血管疾病，Ⅱ型糖尿病，体重指数
	55	急性缺血性卒中的溶栓治疗与血管内介入治疗	急性缺血性中风，血管内治疗，静脉溶栓，临床试验
	91	去肾脏交感神经支配术治疗顽固性高血压临床研究	肾交感神经去神经，耐药性高血压，临床试验
	151	与心肾病相关的纤维母细胞生长因子和维生素D对心血管作用的研究	成纤维细胞生长因子23，肾脏疾病，慢性肾病，心血管疾病，维生素D
	170	血液中胆固醇过高相关疾病的单克隆抗体药物及其他降低胆固醇药物的研究	高胆固醇血症单克隆抗体，单克隆抗体pcsk9，脂质治疗，动脉粥样硬化，HDL胆固醇，心血管事件
	187	二尖瓣、主动脉瓣经导管置换术和传统手术置换治疗效果的对比	经导管主动脉瓣植入，外科主动脉瓣置换术，主动脉瓣狭窄，基于导管的二尖瓣瓣叶修复，mitraclip疗法，高危患者
	203	多种类型药物治疗Ⅱ型糖尿病效果的比对及其安全性和有效性	Ⅱ型糖尿病，安全性和有效性，治疗，单药治疗，sitagliptin，saxagliptin，alogliptin
	212	心力衰竭和肺动脉高压的治疗药物研究及其手术治疗	心脏衰竭，治疗急性心力衰竭，治疗，肺动脉高压，手术管理，
	225	心血管疾病的精准介入治疗和精准药物治疗研究	心肌梗死，动脉粥样硬化，中风，支架，精准医学
自身免疫性疾病	72	抗TNF-α单克隆抗体治疗溃疡性结肠炎、克罗恩病等炎症性肠病、风湿病关节炎的临床研究	TNF-α，治疗，人单克隆抗体，溃疡性结肠炎，克罗恩病，炎性肠病，类风湿关节炎
	116	乳糜泻的流行病学、诊断与治疗	乳糜泻，诊断和管理，指南，麸质相关病症，麸质敏感性
	164	炎症类疾病中针对白介素17A的抗体治疗及其相关细胞研究	白介素-17A，抗白细胞介素-17单克隆抗体，白细胞介素-17免疫，银屑病，类风湿关节炎
社会医学研究	17	电子烟的使用及其效果	电子尼古丁输送系统，电子烟，戒烟，尼古丁的吸收，电子烟的用户，传统的烟草卷烟，无源电子烟，减少吸烟量的研究，尼古丁依赖
	54	不同的性取向导致的自杀倾向和健康问题及其相关的社会心理因素研究	性取向，双性恋，自杀意念，心理健康问题，精神卫生保健
	80	循证医学与公共卫生服务实施研究	实施战略，电子健康档案，卫生服务研究，循证实践实施，复杂的实施干预，健康计划的可持续性，干预实施活动，公共健康研究
	92	二手烟对健康的影响及无烟立法的效果	无烟立法，戒烟，烟草控制政策，二手烟，控制政策评估，被动吸烟，健康影响，烟草控制措施

续表

分类	研究领域ID	研究领域名称	研究领域特征词
社会医学研究	104	成年人久坐引起的一系列健康问题及死亡率的相关研究	久坐时间，久坐行为，健康结果，电视观看时间，全因死亡率
	131	饮食环境、建筑环境、身体锻炼行为及其与健康、营养的关系	食品环境，建设环境，体力活动，健康
	154	社交媒体及其对健康交流的促进	社交媒体，健康行为改变，在线社交网络，促进健康，健康传播，基于互联网的干预措施，推特，脸谱，社交网络分析
	171	囚徒健康、父母入狱对儿童心理和行为健康的影响、抑郁症与心血管疾病的相关性研究	囚犯健康，产妇监禁，父亲监禁，儿童行为问题，抑郁症，心血管疾病
感染性疾病	152	危重症的临床治疗方案及其相关诊断生物标志物在临床治疗上的应用	危重病重症监护病房，生物标志物，诊断标记，治疗，药物浓度
老年医学	36	老年人肌减少症、认知衰退的诊断评估与营养干预	认知虚弱，肌肉减少症肌原纤维蛋白合成，摄入量，死亡风险，诊断，介入
微生物学	227	应对病原体的天然免疫反应与细胞死亡机制，肠道菌群与免疫，单核－巨噬细胞起源及发育分化的特征与分子调控	免疫系统，肠道微生物群，益生菌
肠道微生物	90	粪菌移植治疗难辨梭状芽孢杆菌感染和炎症性肠病及肠道微生物群落与炎症性肠病关系研究	艰难梭菌感染，粪便微生物群移植，炎症性肠病
运动医学与脑科学	30	运动相关脑震荡的评价与处理指南及创伤性脑损伤标志物的研究	运动脑震荡共识声明，指南创伤性脑损伤，生物标志物
重症医学	186	危重症病人的营养方案和呼吸管理及其相关的临床护理研究	危重病人，营养，喂养，体外膜氧合，临床实践指南
环境卫生	108	长期接受空气污染与心肺疾病、新生儿健康的关系研究	长期空气污染暴露，心脏呼吸死亡率，肺癌风险，儿童肺炎，出生体重，出生结果，空气污染

（七）其他学科

图 3-18 是工程、计算机、数学领域的细分类图。表 3-9 列出了其他学科的研究领域的名称、特征词及所属的学科领域。

五期科学结构中，无线网络技术、智能优化算法、图像识别、纳米流体、系统控制方法、智能电网、力学中非线性数值计算方法、不动点定理、微分方程等方面的研究一直是持续的热点研究方向。本期科学结构中，一个显著的特点是工程科学、计算机科学的热点研究领域显著增加，从前一期的 9 个研究领域发展到本期的 17 个研究领域。

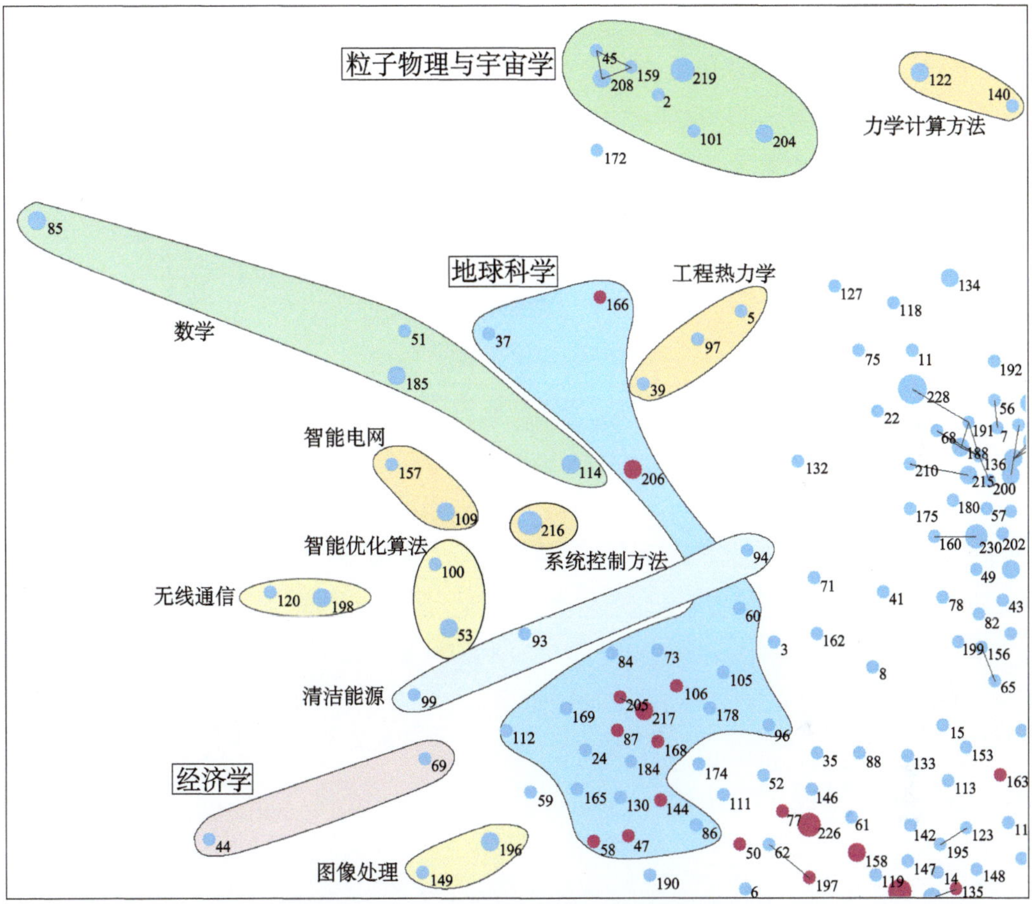

图 3-18　工程、计算机、数学领域细分类图

工程科学新出现的热点研究领域多个与清洁能源有关，如低碳供应链的设计、管理、优化及评价（ID93），生物燃料的燃烧性能、排放特性及其化学动力学研究（ID94），绿色屋顶、节能建筑等城市环境舒适性设计方案研究（ID99），可持续生物能源发展与土地利用的关系及其影响（ID73）等。这些热点分别从供应链管理、生物燃料制法、城市建筑设计、土地生产利用等不同角度探讨了有关绿色、低碳、节能、环保的可持续发展问题。近年来，随着经济发展和社会进步，能源危机和环保意识的不断提高，人们对生存环境和生活质量的关注加强，全球各国纷纷制定发布了低碳发展路线图，各行各业均强调绿色发展理念，本期科学结构新出现的研究热点无疑印证了当前世界工程领域的发展形势。

计算机科学领域中，本期研究热点中首次出现了关于第五代移动通信技术（5G）的研究，涵盖了 5G 技术中的几个重要研究方向，如 5G 蜂窝网络、异构蜂窝网络、大规模 MIMO 系统、D2D 通信、M2M 通信等。5G 是新一代宽带移动通信发展的主要方向，不仅仅是通信技术的升级换代，更是制胜信息革命的关键，可以说谁掌握了下一代通信标准的话语权，谁就掌握了未来的主动权。近年来欧洲、美国、日本、韩国等国家和地区纷纷开展5G研发，爱立信、诺基亚、英特尔、三星等国际电信业巨头均积极开展5G的研发、试验和预商用。

在图像识别与检索方面，基于神经网络的深度学习的兴起，为图像处理的研究注入了新的活力。前一期有关图像处理的研究热点多是方法模型的研究，本期研究中，图像处理与实际应用相结合，用于图像检索、分类和面部识别等方向。同时研究重点也从2D图像处理发展到3D对象识别与动作捕捉。

社会科学领域中大部分热点研究是与医学融合的研究，被归入社会医学中。另一个特点是与环境科学的交叉研究，应对气候变化的适应能力与区域经济产业弹性和可持续发展（ID59）涉及气候变化与区域经济的可持续发展方面的研究。

表 3-9　其他学科的研究领域

分类	研究领域ID	研究领域名称	研究领域特征词
清洁能源	93	低碳供应链的设计、管理、优化及评价	可持续供应链管理，绿色供应链管理，生物燃料供应链优化，闭环供应链网络设计，碳足迹，碳排放，可持续发展，供应链优化，环境绩效评价
	94	生物燃料的燃烧性能、排放特性及其化学动力学研究	正丁醇，生物燃料，燃烧性能，燃烧化学，化学动力学机制，燃烧和排放特性，化学动力学模型，混合燃料发动机，生物柴油
	99	绿色屋顶、节能建筑等城市环境舒适性设计方案研究	屋顶绿化，建筑节能，城市热岛效应，建筑能耗评估，生命周期能量分析，净零能源建筑，建筑性能优化，城市冷却，城市舒适度
工程热力学	5	纳米流体	纳米流体，二氧化钛/水纳米流体，太阳能纳米流体，碳化硅纳米流体，碳化硅/去离子水纳米流体，纳米流体传热，纳米流体冷却剂，水基纳米流体，纳米流体容积式吸热器，纳米流体对流热，纳米流体冷热散热器
	39	有机朗肯循环	热力学，温度，能源，换热器，有机朗肯循环，废热回收，工质，超临界朗肯循环，太阳能朗肯循环，再生有机朗肯，MW级有机朗肯，双有机朗肯循环，超临界有机朗肯
	97	纳米流体强化传热	纳米流体流动，cu-水纳米流体传热，对流传热，流体动力学，热力学，流体力学，无量纲数，努塞尔特数，纳米粒子体积分数，布朗运动，有限元法，晶格玻尔兹曼方法，哈特曼数增加，Brinkman模型，偏微分方程
智能电网	109	智能电网与微电网	微网能量管理，智能电网，配电，发电，电力输送，分布式发电，电动车，优化运行管理，下垂控制，可再生能源，最优控制问题，能量储存系统，随机优化算法，点估计法
	157	最大功率点跟踪	功率点跟踪，光伏最大功率点跟踪方法，点追踪技术，光伏阵列最大功率点，最大功率点，太阳能光伏发电系统，光伏模块，太阳能电池，光伏阵列，太阳能跟踪器，太阳能，光伏模拟器，粒子群优化

续表

分类	研究领域ID	研究领域名称	研究领域特征词
智能电网	132	电阻式随机存取记忆体RRAM	双极RRAM设备，记忆电阻，计算机内存，集成电路，神经网络，计算机数据存储，随机存取存储器，可编程模拟电路，电阻开关，硅忆阻器装置
	216	系统控制方法	多智能体系统，复杂网络，跳变神经网络，递归神经网络，忆阻器神经网络，细胞神经网络，最优控制，李雅普诺夫稳定性，自触发控制，模糊离散时间系统
力学计算算法	140	剪切变形理论	剪切变形理论，偶应力理论，功能梯度材料，应变梯度弹性，高阶剪切，变形梁理论，偏微分方程，微分方程，横向剪切，梯度弹性理论，应变梯度理论
	122	流固耦合问题及其求解	流固耦合建模，有限元法，边界元法，数值微分方程，偏微分方程，伽辽金法，等几何分析，等几何边界元，壳体等几何分析，非均匀有理b样条，等几何有限元，壳体有限元，有限元法
图像处理	149	图像检索与图像分类	三维对象检索，基于标签的图像检索，基于内容的图像检索，图像分类，图像聚类，人脸识别，人体动作识别，图像分割算法
	196	高维稀疏矩阵处理算法研究及其在图像处理和信号重构等方面的应用	交替方向法，凸优化，稀疏重构，图像重建，压缩感知，矩阵完整化，奇异值分解，总变差，近端梯度算法
智能优化算法	53	犹豫模糊集理论及其在决策中的应用	模糊决策理论，模糊语言语境，糊聚集算子，模糊几何Bonferroni，犹豫模糊Choquet，直觉模糊Choquet，直觉模糊Dempster-Shafer，犹豫模糊集
	100	几种仿生优化算法的研究与应用	粒子群优化算法，遗传算法，演化算法，蚁群优化算法，ABC算法，搜索算法，萤火虫算法，元启发式优化算法，射线优化算法，布谷鸟搜索算法，免疫算法，引力搜索算法
无线通信	120	认知无线电网络	认知无线电，合作认知无线电系统，认知中继网络，衰落信道下认识无线电信道，中继网络，AF-MIMO中继网络，双向AF中继网络
	198	第五代移动通信技术（5G）	5G蜂窝网络，异构蜂窝网络，无线信息与电力传输，大规模MIMO系统，D2D通信，M2M网络，空间调制，网络编码，MIMO合作网络
数学	51	几类分数阶微分方程解的研究	分数阶微分方程，分数阶扩散方程，分数微分对流-弥散方程，分数阶扩散-波动方程，分数积分微分方程，有限元法，边值问题，初值问题
	114	几类偏微分方程解的适定性研究	趋化模型，全局存在，爆破，拟线性抛物-抛物Keller-Segel模型，拟线性抛物-椭圆形趋化系统，椭圆形方程，Kirchhoff型方程，变分方法，正解，多解
	185	几类分数微分方程边值问题	分数阶微分方程，分数边界值，非线性分数微分，分数演化方程，正解，分数积分微分方程，分数滑模，分数偏微分方程，边值问题，初值问题，稳定理论，导数

续表

分类	研究领域ID	研究领域名称	研究领域特征词
数学	85	度量空间中的不动点定理	耦合不动点理论，公共不动点理论，重合点理论，耦合叠合点理论，压缩映像，相容映像，完备度量空间，G- 度量空间，偏序度量空间
食品科学	102	高附加值产品的提取方法与技术	食品加工，提取，膳食纤维，食品技术，超声波，喷雾干燥技术，黄酮类物质，食品废弃物，高附加值成分
	66	植物多酚与人类健康	饮食中的黄酮类化合物，生物活性，神经变性疾病，癌症，心血管疾病，茶多酚，富含类黄酮的可可，阿尔茨海默病
社会科学	59	应对气候变化的适应能力与区域经济产业弹性和可持续发展	气候变化，区域经济活力，适应能力，转型适应，当地的经济活力，气候变化的脆弱性，社会经济关系的韧性，全球环境变化，增量适应决策，区域研究
	110	性别差异在认知、管理、决策方面的表现	性别差异，女中派有代表，性选择，心理性别差异，女性董事会成员，数学能力性别差距，社会性别平等，创新激励奖励
经济学	44	主权信用风险等金融危机与政府经济刺激政策	主权债务危机，政府支出，财政政策，货币政策，主权信用利差，财政政策的刺激，政府采购，税制改革，高政府债务，主权信用风险
	69	油价、非能源商品价格、能源消费、污染物排放、股票收益、经济增长等因素之间的因果关系	能源消耗，经济增长，成品油价格，不可再生能源的消耗，股票收益，碳排放量，可再生能源的消耗，市场股票价格，大宗商品市场，未来石油供应

第四章 研究领域的学科交叉性

本章通过分析研究领域与14个学科之间的关系，确定学科交叉研究领域与非学科交叉研究领域，形象地展示它们在科学结构图谱上的分布。在此基础上，引入第三代学科多样性指标，度量研究领域的学科交叉度，考察研究领域所涉学科的多样性程度。

科学结构图谱中学科交叉融汇的范围越来越广，尤其在纳米科技领域表现最为突出。分析五个时期的图谱发现，前三期图谱中学科交叉的研究领域主要分布在纳米科技、生物学及医学中，从第四期开始新涌现的环境、生态方面的研究领域具有明显的高学科交叉性，学科交叉覆盖密集度高于生命科学。

从学科交叉度分析，高学科交叉度的研究领域大多是与人类健康、可持续能源方面的研究相结合：环境科学与健康结合的研究、纳米科技与生命科学融合而成的纳米生物方面的研究、工程科学中关于可持续生物能源方面的研究及生物工程方面的研究等。

一、在科学结构图谱中观察学科交叉性

由于ESI的22个学科中生命科学相关学科较多，为了弱化生命学科内部交叉，体现学科交叉的均衡性，本书将22个学科归并为14个学科，如表4-1所示。

表 4-1 ESI 的 22 个学科与 14 个学科映射表

ID	14 个学科	ESI 的 22 个学科
1	农业科学	农业科学
2	生物科学	生物与生物化学
		微生物学
		分子生物学与遗传学
		植物学与动物学
3	化学	化学
4	计算机科学	计算机科学
5	经济与商业	经济与商业
6	工程科学	工程科学
7	地球科学与环境	环境 / 生态学
		地球科学
8	材料科学	材料科学
9	数学	数学
10	医学	临床医学
		免疫学
		神经科学与行为科学
		药理学与毒理学
		精神病学 / 心理学
11	交叉学科	跨学科科学
12	物理学	物理学
13	社会科学	社会科学
14	空间科学	空间科学

研究领域的学科交叉性判断：研究领域中只要有一个学科的核心论文比例大于 60%，该研究领域就属于该学科，否则，属于交叉学科。

按照研究领域的学科交叉性判断标准，计算出每个研究领域所属的学科领域，然后在五个时期的科学结构图谱上绘制各个研究领域所属 14 个学科的分布情况，如图 4-1 所示。可以看出，科学结构图谱中属于交叉学科的热点研究领域量越来越多，尤其在纳米科技、环境 / 生态学中的表现明显。从五期科学结构图谱来看，前三期科学结构图谱中学科交叉的研究领域主要分布在纳米科技、生物学及医学中，从第四期开始地球科学的交叉领域逐步增多，其覆盖密集度高于生命科学。

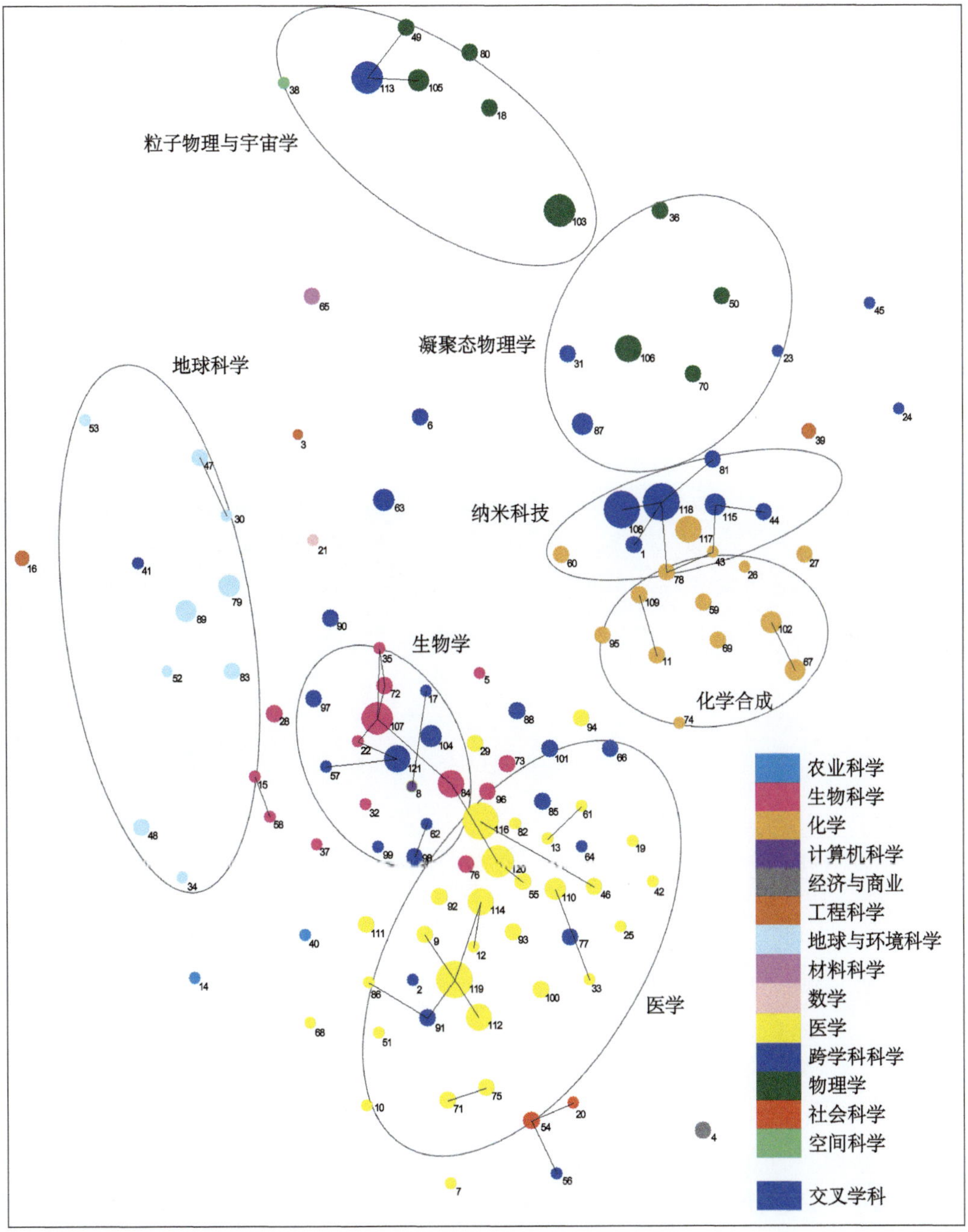

(a) 2002~2007年

图 4-1 五个时期研究领域所属学科的科学结构图谱

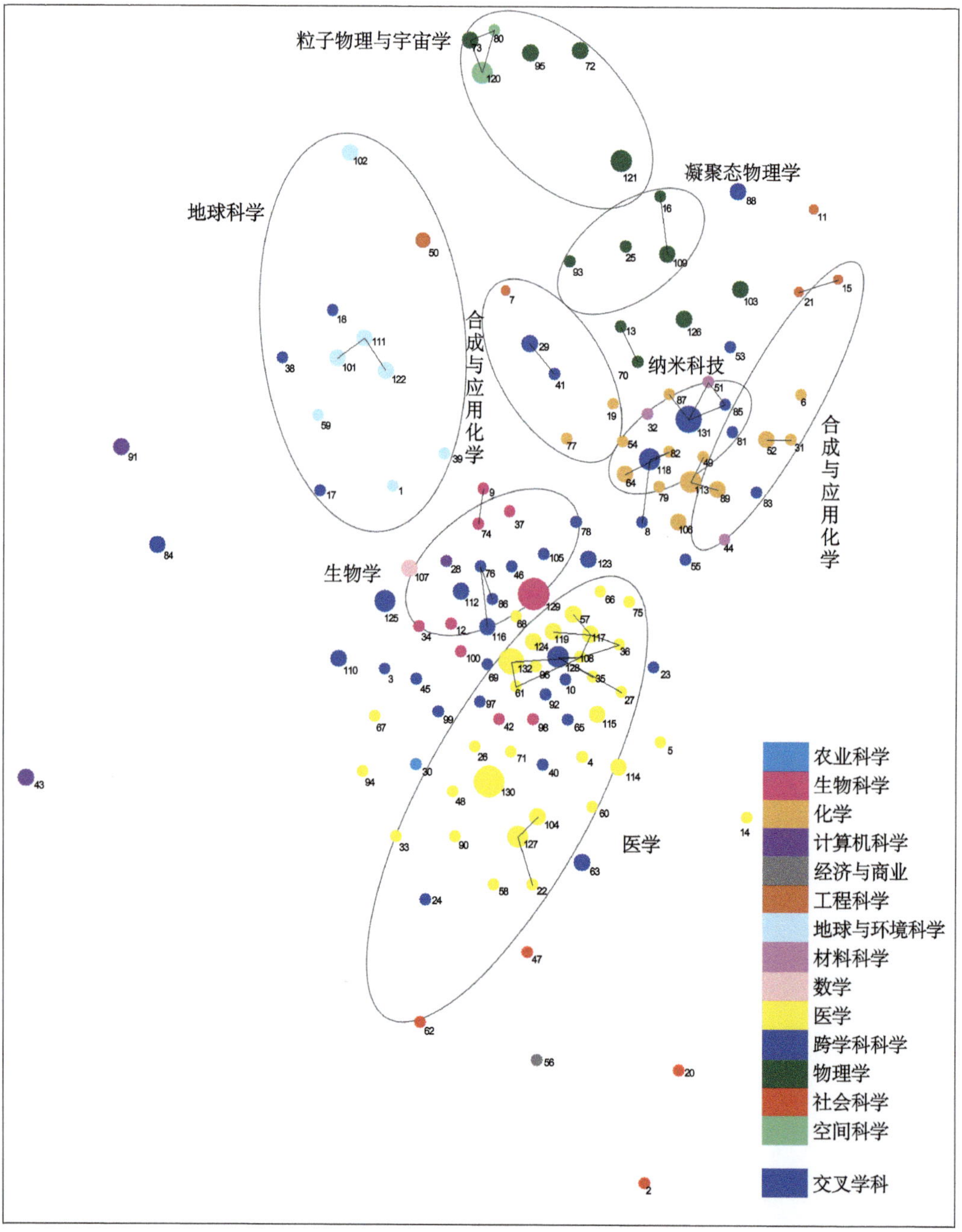

（b）2004~2009年

图 4-1　五个时期研究领域所属学科的科学结构图谱（续）

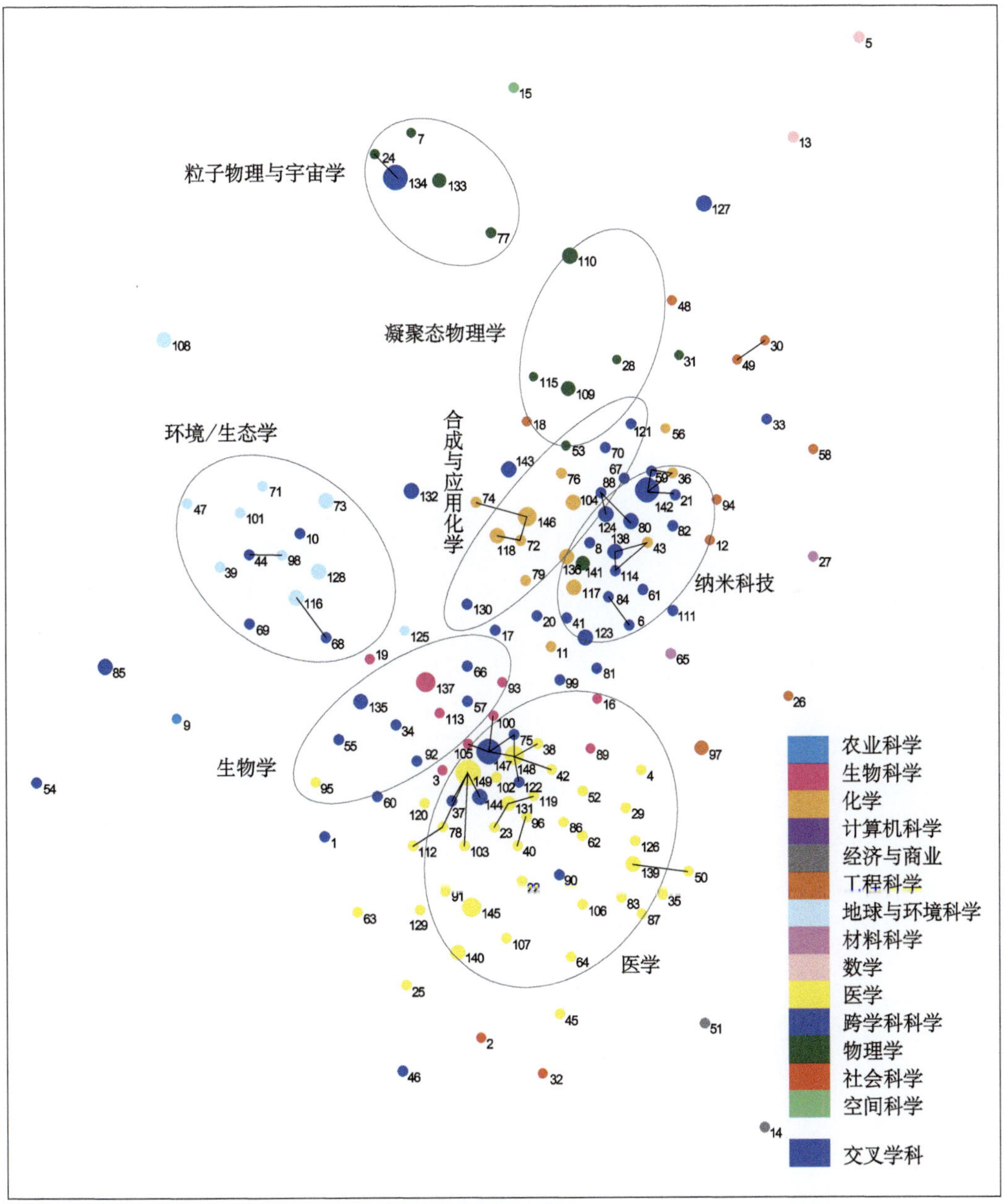

（c）2006~2011年

图 4-1　五个时期研究领域所属学科的科学结构图谱（续）

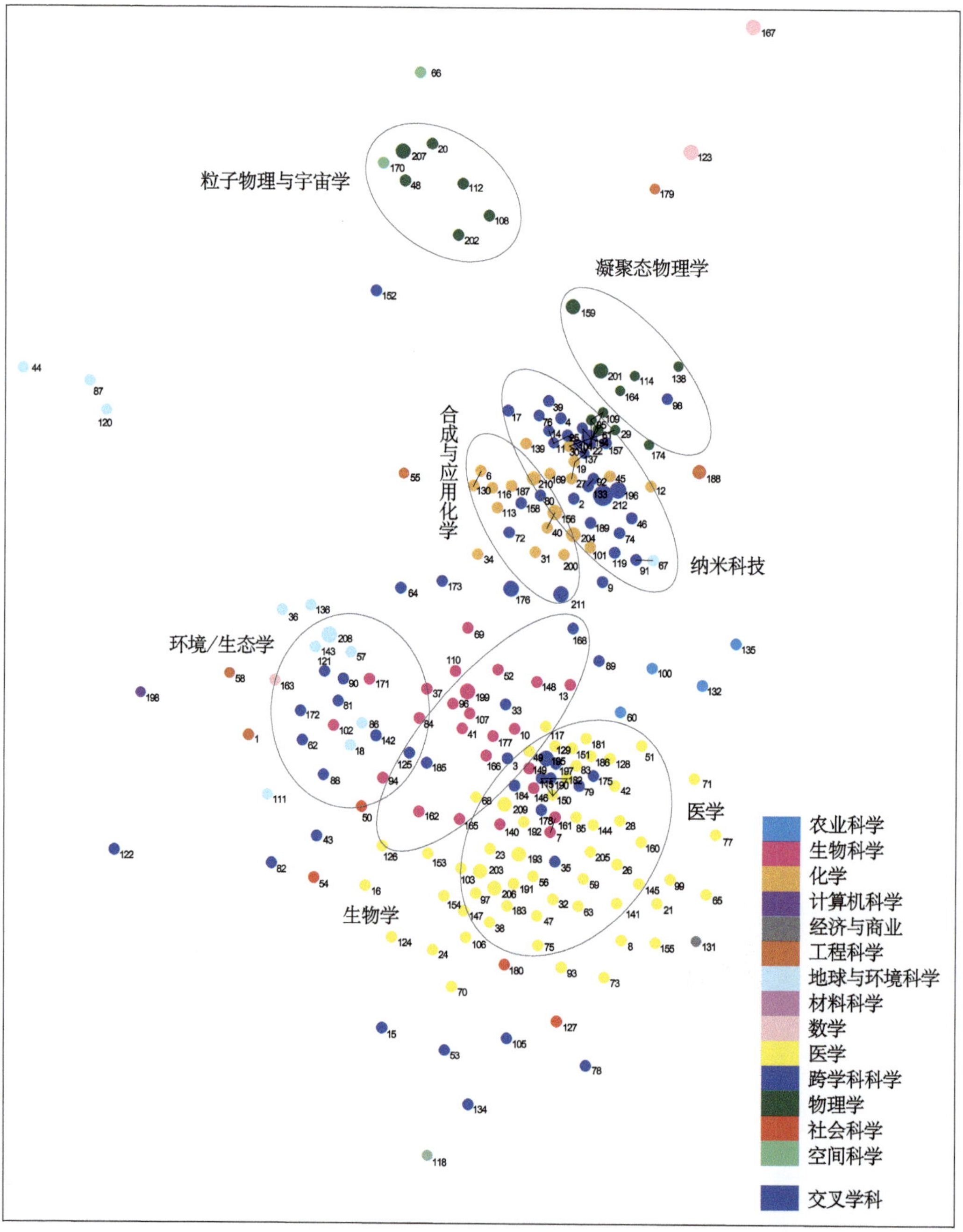

(d) 2008~2013年

图 4-1　五个时期研究领域所属学科的科学结构图谱（续）

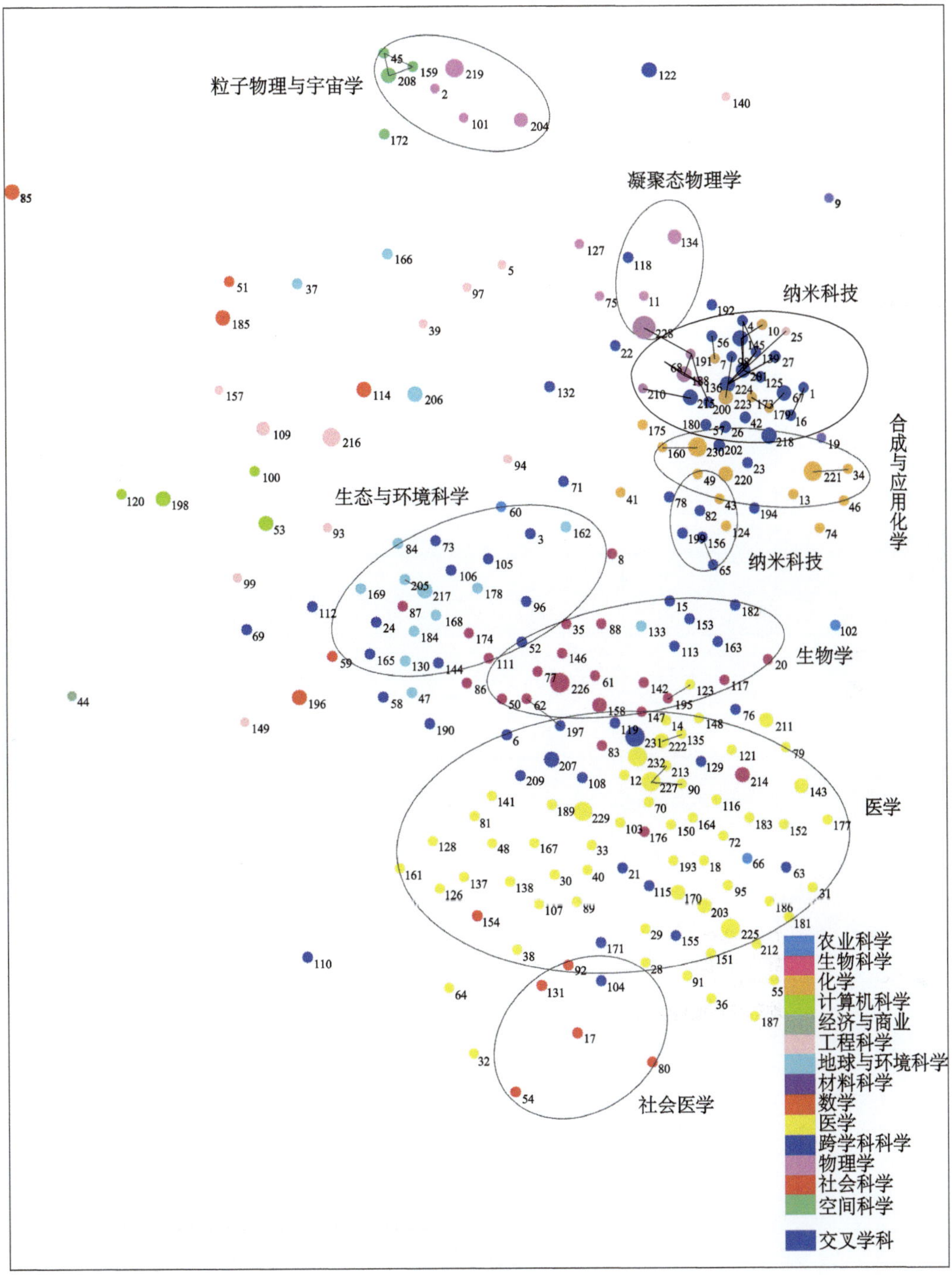

(e) 2010~2015年

图 4-1　五个时期研究领域所属学科的科学结构图谱（续）

表 4-2 显示了五个时期相应研究领域在 ESI 的 14 个学科中的分布情况。在 232 个研究领域中，有 68 个研究领域属于交叉学科，占全部研究领域的 29.3%；医学研究领域最多，有 59 个；其次是生物科学，有 22 个，生命科学的研究领域占比高达 35%。从五期数据看，交叉学科的研究领域占全部热点研究领域的比例前三期逐步上升，从 2008～2013 期开始逐期微弱下降；生命科学、地球科学的研究领域占比变化不大；化学的研究领域占比下降，物理学的研究领域微弱下降，这两个学科中的一些研究领域融入交叉性强的纳米科学；工程科学、数学、计算机科学的研究领域占比有所提高。

表 4-2　五个时期研究领域学科分布情况对比

14 个学科领域	2002～2007 年	2004～2009 年	2006～2011 年	2008～2013 年	2010～2015 年
交叉学科	33	38	50	63	68
医学	30	32	37	56	59
生物科学	14	9	9	24	22
化学	14	14	13	20	18
地球科学与环境	9	7	10	12	14
物理学	9	12	11	16	13
工程科学	3	5	9	5	12
社会科学	2	4	2	4	7
数学	1	1	2	3	5
计算机科学	2	3	0	1	4
空间科学	1	2	1	2	4
农业科学	2	1	1	4	3
材料科学	0	3	2	0	2
经济与商业	1	1	2	2	1
总计	121	132	149	212	232

二、学科交叉度

本小节利用第三代学科多样性描述研究领域的学科交叉程度。表 4-3 列出了属于交叉学科的研究领域名称及其学科交叉度。全部研究领域的学科交叉度参见附录 2。

68 个交叉学科研究领域中，纳米科技的研究领域最多，有 26 个；其次是医学（11 个）、生物学（10 个）、地球科学（9 个）；化学有 4 个，物理学、工程科学各有 3 个。交叉学科的研究领域占比有微弱下降，这可能和论文的学科按期刊所属学科计算有关。实际上，当前科学交叉融汇的程度越来越高，学科知识之间的界限越来越模糊，这在人工判读时尤为明显，很多研究领域具有明显的学科交叉特性，越来越难以归入某一学科领域，尤其是与人类健康融合的研究越来越多（表 4-3）。从学科交叉度分析，高学科交叉度的研究领域大多是与人类健康、可持续能源方面的研究相结合：环境科学与健康结合的研究、纳米科技与生命科学融合而成的纳米生物方面的研究、工程科学中关于可持续生物能源方面的研究及生物工程方面的研究等。

表 4-3　属于交叉学科研究领域的学科交叉度

研究大类	研究领域 ID	研究领域名称	学科交叉度
医学	209	轮状病毒疫苗接种效果评价，土壤传播的蠕虫感染、血吸虫病的流行病学与防控研究	4.05
环境科学	112	全球经济一体化对碳足迹、水足迹和潜在温室气体排放的影响	3.48
环境科学	73	可持续生物能源发展与土地利用的关系及其影响	3.41
生物学	6	现代人的起源研究	3.39
医学	129	环境与疾病间的关系及代谢组学相关的促进人类健康的研究	3.38
纳米科技	65	纳米材料毒理学及安全性评估	3.31
环境科学	76	邻苯二甲酸酯、双酚类似物等有毒化学品的发生分布、生物监测、膳食暴露及对公共健康的影响	3.29
纳米科技	156	纳米材料的环境行为和生物毒性研究	3.26
生物学	153	细菌生物膜与感染研究	3.06
社会科学	110	性别差异在认知、管理、决策方面的表现	3.06
医学	108	长期接受空气污染与心肺疾病间及与新生儿健康的关系的研究	2.96
生物学	15	器官芯片及组织工程	2.93
	3	微藻水热液化处理制备生物燃料	2.90
生物学	52	微生物群落多样性研究	2.86
纳米科技	82	纳米医药和影响导航的药物输送	2.78
经济学	69	油价、非能源商品价格、能源消费、污染物排放、股票收益、经济增长等因素之间的因果关系	2.77
生态学	24	气候变化对作物生长、产量的影响	2.70
纳米科技	199	纳米抗癌药物、细胞穿透肽作为药物载体和成像探针在医学领域的应用	2.63
生态学	165	全球生态系统服务的量化、评估、支付及市场化	2.63
工程科学	132	电阻式随机存取记忆体 RRAM	2.55
生物学	197	全基因组选择育种	2.53
地质学	96	地球早期海洋氧化事件与动物进化的关系	2.50
理论物理	190	复杂网络的动力学研究	2.43
生态学	105	人类活动和气候变化引起的水生态系统健康问题研究	2.42
生物学	21	生物节律与疾病关系	2.33

续表

研究大类	研究领域ID	研究领域名称	学科交叉度
生物学	182	基于分子动力学的生物分子结构研究	2.31
纳米科技	78	纳米孔对DNA性能的影响、DNA辅助生成的等离子体手性纳米结构研究	2.30
医学	171	囚徒健康、父母入狱对儿童心理和行为健康的影响、抑郁症与心血管疾病的相关性研究	2.30
纳米科技	57	石墨烯氧化物及石墨烯基磁性纳米复合材料的制备及其在水处理领域的应用	2.28
工程科学	122	流固耦合问题及其求解	2.20
生态学	106	海水酸化对海洋生物的影响	2.18
医学	113	循环肿瘤细胞在临床上的重要性及其捕获分离微型仪器的研究	2.17
生物学	163	蛋白质结构与功能	2.11
医学	115	关于提高生物医学实验价值、减少浪费及实验数据共享的研究	2.09
医学	207	高分辨率活细胞三维成像技术与脑皮质神经回路相关机理的研究	2.05
理论物理	71	自驱动粒子的集体运动、自驱动微纳米马达和自驱动催化微引擎	2.02
生态学	144	环境和系统发育对植物功能性状、动物行为差异及生物多样性的影响	1.98
纳米科技	180	压电 / 摩擦电纳米发电机及压力传感器技术研究	1.96
合成与应用化学	194	包含嵌段共聚物的材料制备及其在生物医学领域的应用	1.88
纳米科技	202	功能化的石墨烯及其氧化物、荧光纳米粒子在生物成像和药物释放中的应用研究	1.79
纳米科技	4	锂离子电池磷酸铁锂正极材料改性研究	1.79
医学	231	淋巴细胞白血病的基因突变与精准治疗研究	1.78
纳米科技	139	锂离子电池、超级电容器及镁电池	1.77
纳米科技	224	超级电容器纳米电极材料、超疏水 / 超亲水材料	1.77
纳米科技	145	高性能锂硫电池研究	1.74
医学	155	循证医学GRADE证据质量分级和推荐强度系统以及患者报告结局（Patient-Reported Outcomes）在临床实践中的应用	1.71
纳米科技	200	氧化石墨烯薄膜在吸附、分离领域的应用；缺陷探测方法及力学性质研究	1.70
纳米科技	67	钙钛矿太阳能电池研究	1.70
纳米科技	201	锂离子电池、钠离子电池正极材料制备及性能研究	1.70
生物学	119	长链非编码RNA的鉴定与功能研究	1.69
医学	104	成年人久坐所引起的一系列健康问题及死亡率的相关研究	1.69
纳米科技	27	超级电容器及锂离子电池材料	1.68

续表

研究大类	研究领域 ID	研究领域名称	学科交叉度
纳米科技	1	胶体量子点太阳能电池	1.68
纳米科技	56	石墨烯－金属纳米复合材料的合成及电催化性能和应用研究	1.66
纳米科技	215	等离子体纳米结构的光学性质及其应用研究	1.66
纳米科技	16	量子点敏化太阳能电池研究	1.64
纳米科技	218	聚合物太阳能电池、有机场效应晶体管研究	1.62
纳米科技	98	N 掺杂的碳基复合物催化的氧化还原反应、金属氧化物及硫化物 / 石墨烯基纳米复合结构在锂离子电池正极材料中的应用	1.62
纳米科技	22	纳米结构热电材料研究	1.62
纳米科技	26	石墨烯和碳量子点的制备及其应用	1.61
纳米科技	125	锂离子电池金属氧化物负极材料	1.61
医学	63	癌症晚期病人护理方案的效果的研究及临终地点的影响	1.60
纳米科技	68	二维材料电子器件	1.60
合成与应用化学	192	碱性燃料电池（燃料电池）	1.58
合成与应用化学	42	石墨相碳氮化合物及其复合物的制备及在光催化反应中的应用	1.55
凝聚态物理	118	硅基光电子器件	1.48
合成与应用化学	23	密度泛函理论与耦合簇方法研究及应用	1.45
生态学	58	物种入侵对本地物种、群落、生态系统的生态影响	1.36

第五章 中国及代表性国家科学研究活跃度

本书选取中国及发达国家和发展中国家中有代表性的 11 个国家（包括美国、英国、德国、法国、日本、澳大利亚、韩国、俄罗斯、印度、巴西、南非）作为主要研究对象，采用核心论文和施引论文份额分析这些国家的研究活跃程度。

与前四期科学结构图谱相同，本书选取分数计数法作为国家论文份额计算的方法。

观察中国：

中国在世界热点研究领域中的科研发展迅猛。纵观五期科学结构图谱，中国核心论文总量已由世界第五位，上升并连续三期维持在世界第二位，中国核心论文份额从 4.0% 上升到 14.2%，且每一期均有 30% 以上的增幅，2015 年，中国的核心论文份额达到德国的 2.6 倍。中国的 TOP10% 施引论文份额（16.6%）比核心论文份额高，世界排名也是第二，依然有着较强的上升后劲。而同期传统科技强国整体核心论文份额普遍呈下降趋势，日本的核心论文份额下降最大，世界排名降出前六名，美国次之，降幅接近 13 个百分点。

中国的研究领域覆盖率五期保持世界排名第四，覆盖率呈现显著上升趋势，从 69.4% 上升到 84.5%，与德国（85.8%）接近，相比美国（100.0%）、英国（91.0%）有不小的差距。核心论文份额高于 12% 的研究领域覆盖率持续高速增长，从 5.8% 增长到 30.2%，远高于英国、德国。无发文的研究领域持续减少，从 30.6% 降到 15.2%。新增研究领域的覆盖率也有明显增加，从 57.1% 增到 83.1%。但中国还有 1/3 的研究领域的核心论文份额不足 1%。同期，发达国家的研究领域覆盖率小幅下降，日本降幅最大，覆盖率从 83.3% 连续下降到了 63.8%。

中国在各个学科的研究水平依然严重不均。中国多数核心论文分布在纳米科技、合成与应用化学、凝聚态物理学、地球与环境领域，而生物学、医学相对较少。近三个时期科学结构图谱中，中国在生物学、医学领域表现出了增长的势头，暖色区域份额增多。相比之下，科技发达国家在各个学科的研究比较均衡。

一、中国及代表性国家整体科研活跃度时序发展

（一）核心论文份额分析

图 5-1 显示了过去五个时期，世界排名前 30 位的国家和地区在全部研究领域中的核心论文份额变化情况。结合中国及代表性国家核心论文份额在五个时期的变化及排名分析（表 5-1、图 5-2），美国的核心论文份额依旧以绝对优势位居世界第一位，但是呈现明显下降趋势，在世界的核心论文份额累计下降近 13 个百分点。美国在前几期的降幅均在 4 个百分点左右，但在本期科学结构图谱降幅明显减小，只有 0.26 个百分点。中国的核心论文份额呈持续快速上升趋势，较第一时期增长 10 个百分点，且每一期均有 30% 以上的增幅，第三期（2006～2011）超过欧洲、日本等发达国家或地区，跃居世界排名第二后，一直处于稳步增长状态，且与美国的差距逐步减小。英国、德国、法国的核心论文的份额相对稳定，世界排名一直是前六名。其中英国与德国的发展水平相当，核心论文份额保持在 6%～8%，德国的世界排名始终是第三名，英国则下降 2 名，从世界第二下降为第四名；法国的核心论文份额稳定在 3%～4%，尽管本期微弱下降 0.2 个百分点，但由于日本的大幅度下降而排名世界第五名。日本的核心论文份额表现出持续下降的趋势，在前四期虽持续小幅下降，仍维持在 3%～5%。但本期的核心论文份额出现了近 1 个百分点的较大降幅（从 3.72% 下降到了 2.79%），同时，世界排名也从第五位下降到第七位。澳大利亚和韩国的核心论文份额总体呈现增长趋势，其中澳大利亚的增长速度较快，达到 72.6%，排名上升 4 位，位居世界第八位；尽管韩国在世界的排名一直维持在第 13 位，但其份额持续上升，增长率达 41.5%。作为金砖五国的成员国，与其余代表性国家相比，印度、巴西、俄罗斯、南非四个国家的核心论文份额均处于相对较低的水平，排名也相对靠后。其中，印度的核心论文份额前三期持续增长，达到一个相对高点后，近两期出现了持续下滑，但其世界排名始终保持在前 20 位以内；巴西的核心论文份额基本持平，五个时期均进入世界前 30 位行列；俄罗斯的核心论文份额持续下降，且下降幅度较大，达 48.7%，世界

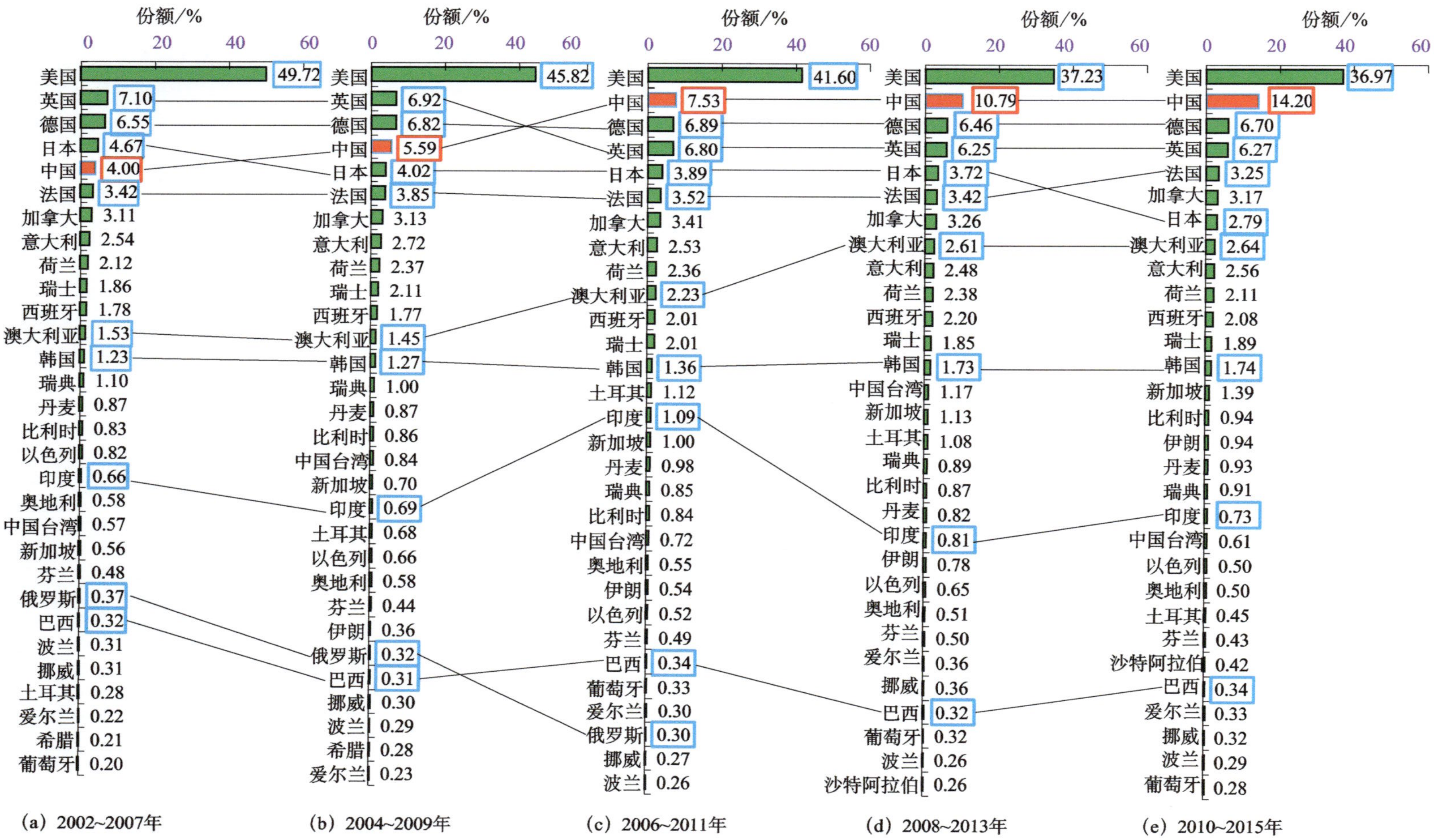

图 5-1 五个时期在全研究领域中国家及地区核心论文份额（前 30 位）

排名也下降了12位，在近三期的排名均跌出前30位；南非在五个时期均未进入世界前30位行列，但其核心论文份额持续显著增长，增长率达到122.2%。

表5-1 中国及代表性国家核心论文份额增长率及排名变化（五个时期）

时期	美国	中国	德国	英国	日本	法国	澳大利亚	韩国	印度	巴西	俄罗斯	南非
增长率/%（同上一期比较）	-0.70	31.60	3.72	0.32	-25.00	-4.97	1.15	0.58	-9.88	6.25	-5.00	5.26
增长率/%（同第一期比较）	-25.64	255.00	2.29	-11.69	-40.26	-4.97	72.55	41.46	10.61	6.25	-48.65	122.22
排名变化	0	↑3	0	↓2	↓3	↑1	↑4	0	↓1	↓2	↓12	↑2

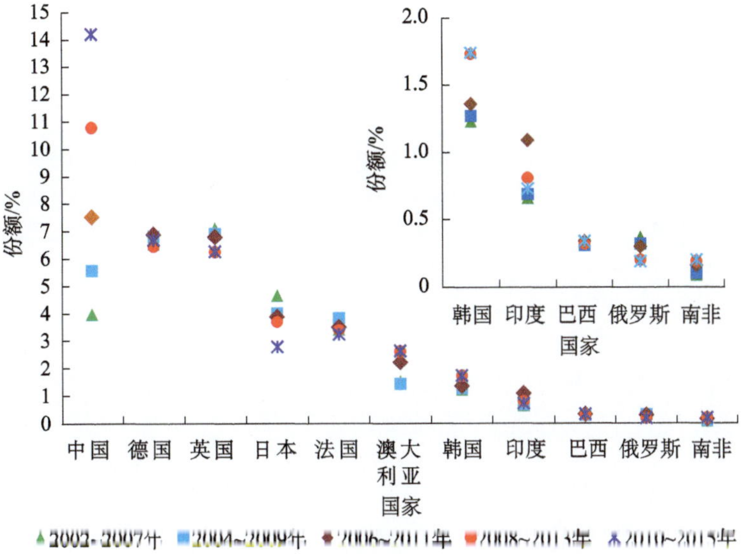

图5-2 中国及代表性国家核心论文份额五个时期的变化

美国的份额远超其他国家，图中略去美国的数据。为便于对比分析，国家排序沿用前一期科学结构图谱中的国家顺序，以下图、表相同

综上发现，发达国家的核心论文份额整体呈现下降趋势，其中，日本的核心论文份额下降幅度最大，世界排名降出前六名；美国次之；欧盟15国（包括英国）的核心论文份额总体上略有下降。中国的核心论文份额上升降幅度最大，增长率达255.0%；南非次之，增长率为122.2%；澳大利亚、韩国的核心论文份额也有较大幅度的增长。

图5-3显示了中国及10个代表性国家在各个时期内核心论文份额的年度变化情况。在每个时期内，美国的核心论文份额均呈现下降趋势，但仍远高于其他国家，稳居世界首位。

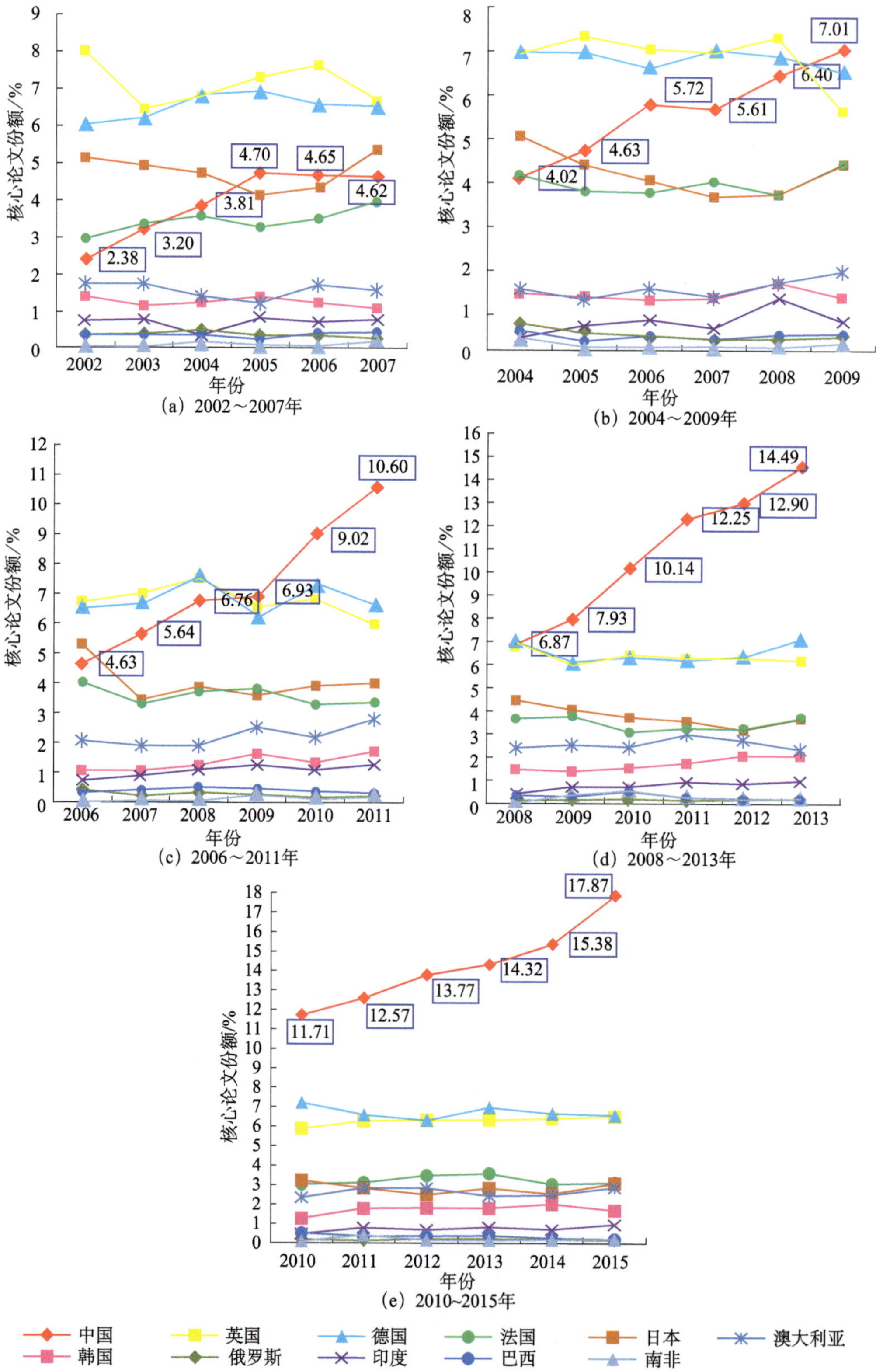

图 5-3 每个时期内中国及代表性国家的核心论文份额变化趋势

美国的份额远超其他国家，图中略去美国的数据

中国科研发展迅猛，在本期科学结构中，每个年度的核心论文份额都远超出德国、英国。五个时期内的年平均增长率分别为 14.98%、12.08%、18.37%、16.34%、8.90%。在 2002～2005 年，中国核心论文份额从 2002 年的第 6 位上升到 2005 年的第 4 位，位于英国、德国之后。而仅仅过了 4 年，到 2009 年中国已经超越英国、德国，位列第二位，仅次于美国。到 2012 年，中国核心论文份额已经是英国和德国的 2 倍左右，2015 年，中国的核心论文份额达到德国的 2.6 倍。

德国、英国总体发展水平稳定，每个时期内的总趋势基本一致；日本、法国核心论文份额有所下降，与其他代表性国家的差距越来越小；日本下降明显，但在 2015 年有微弱上升；其他国家总体呈上升趋势，但仅占据世界较小份额。

（二）施引论文份额分析

本书中，核心论文是研究领域中的高被引论文，引用这些核心论文的施引论文是这个研究领域的跟进研究或前沿研究，TOP10% 施引论文是施引论文中相对的高质量论文，也反映了在前沿研究中的实力。这三种论文份额在各自的角度反映国家在某个研究领域专业化水平的程度。

表 5-2 显示了中国及 11 个代表性国家在五个时期的施引论文份额对比，图 5-4 显示了中国及 10 个代表性国家在各个时期内的施引论文份额变化趋势（不含美国）。对比图 5-3 和图 5-4，各个国家施引论文份额的变化趋势与核心论文份额的变化趋势基本一致。在每个时期，中国的施引论文份额始终处于快速增长状态，但总增长率较核心论文略低。德国、英国、日本、法国等发达国家整体表现为下降趋势，且下降幅度超

表 5-2　施引论文中中国及代表性国家施引论文份额对比（五个时期）

（a）全部施引论文份额　　单位：%

时期	美国	中国	德国	英国	日本	法国	澳大利亚	韩国	印度	巴西	俄罗斯	南非
2002～2007 年	36.42	6.41	6.83	6.62	6.51	4.1	2.01	2.01	1.19	0.75	0.73	0.17
2004～2009 年	34.18	8.26	6.88	6.57	5.65	4.18	2.07	2.04	1.28	0.83	0.64	0.2
2006～2011 年	31.54	10.34	6.54	6.19	5.1	4.08	2.28	2.45	1.63	0.96	0.65	0.21
2008～2013 年	29.05	13.51	6.16	5.6	4.81	3.76	2.58	2.62	1.8	0.95	0.65	0.27
2010～2015 年	26.96	17.09	5.91	5.36	4.07	3.54	2.71	2.69	2.09	1.01	0.68	0.31
增长率 /%（同上一期比较）	−7.2	26.5	-4.1	-4.3	-15.4	-5.9	5.0	2.7	16.1	6.3	4.6	14.8
增长率 /%（同第一期比较）	-26.0	166.6	-13.5	-19.0	-37.5	-13.7	34.8	33.8	75.6	34.7	−6.8	82.4

（b）TOP10% 施引论文份额　　单位：%

国家	美国	中国	德国	英国	日本	法国	澳大利亚	韩国	印度	巴西	俄罗斯	南非
2010～2015 年	31.88	16.57	6.24	6.00	3.40	3.44	2.81	2.35	1.40	0.51	0.30	0.23
世界排名	1	2	3	4	6	5	9	10	14	23	32	36

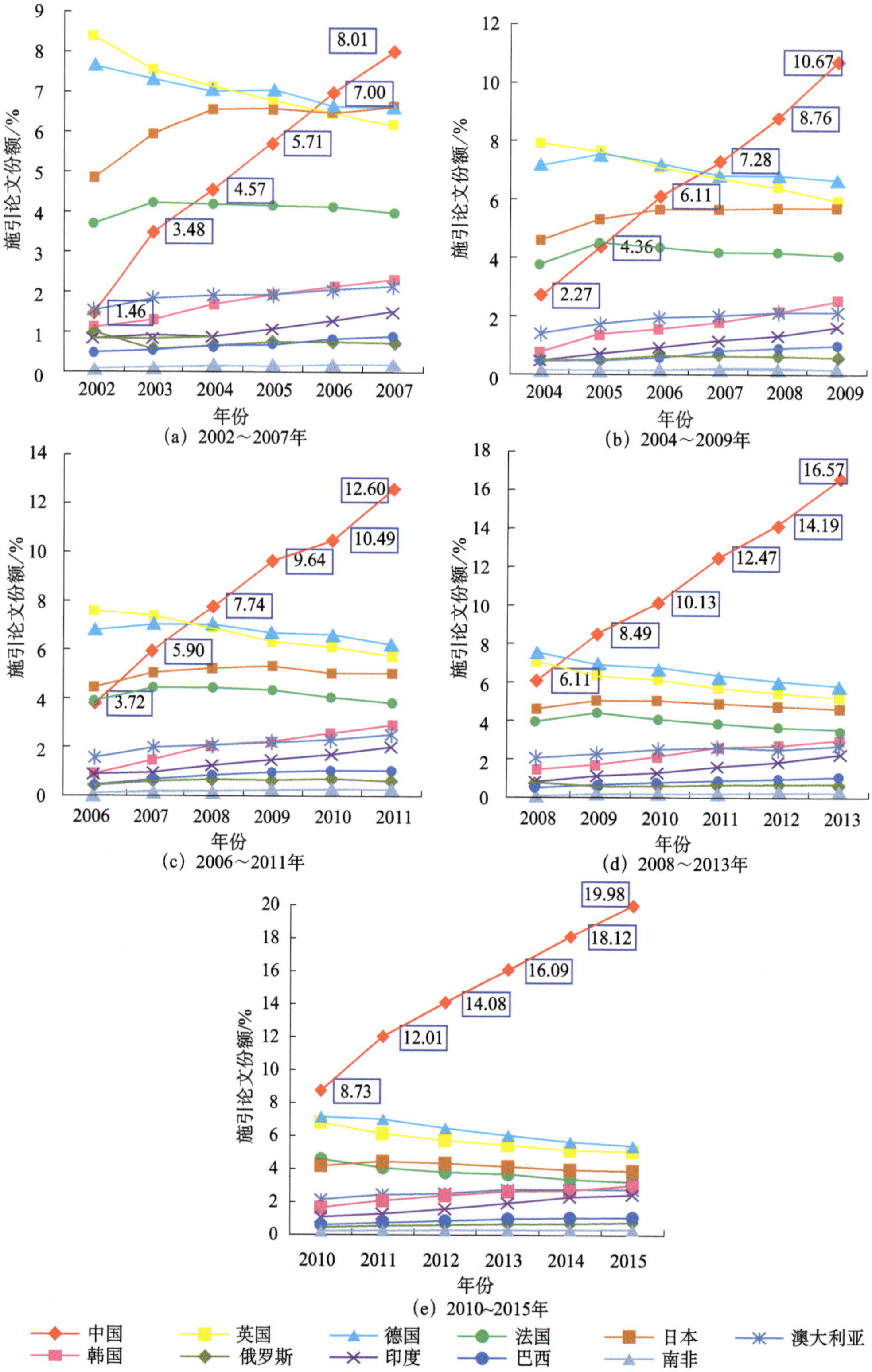

图 5-4　每个时期内中国及代表性国家的施引论文中份额变化趋势

美国的份额远超其他国家，图中略去美国的数据

过核心论文份额，与除美国、中国外的其他代表性国家相比，优势越来越不明显；东盟及金砖国家虽仅占相对较小的份额，但总体上呈上升趋势，且印度、南非的施引论文份额增长幅度较大。

TOP10% 施引论文份额中，中国依然是世界第二名，比核心论文份额高，比全部施引论文份额略低，说明中国依然有着较强的上升后劲。只有美国、德国、英国、澳大利亚的 TOP10% 施引论文份额高于施引论文份额，其研究实力不容忽视。其他国家的核心论文份额、TOP10% 施引论文份额、施引论文份额是逐步升高的。除美国、德国、英国的 TOP10% 施引论文份额低于核心论文份额外，其他国家的 TOP10% 施引论文份额都高于核心论文份额。韩国、印度、巴西、俄罗斯、南非的全部及 TOP10% 施引论文份额比核心论文份额的世界排名靠前。

二、中国及代表性国家在各个研究领域的活跃度时序发展

（一）中国及代表性国家科研覆盖及份额分布

表 5-3 统计了中国及代表性国家在五个时期有核心论文的研究领域。图 5-5 分别显示了中国及代表性国家在五个时期核心论文份额的整体分布情况。通过对比可以看出，美国覆盖科学结构图谱全部的研究领域，核心论文份额 12% 以上的研究领域占比很高，但是呈明显下降趋势，从 96.7% 降到 87.5%，累计下降近 10 个百分点。

中国的研究领域覆盖率五期保持世界排名第四，但覆盖率呈现显著上升趋势，从 69.4% 上升到 84.5%，核心论文份额高于 12% 的覆盖率持续高速增长，从 2002～2007 年的 5.8% 增长到 2010～2015 年的 30.2%，增长了 4.2 倍，无发文的研究领域持续减少，从 30.6% 降到 15.2%。新增研究领域（与前一期研究领域没有重叠论文）的覆盖率也有明显增加，从 57.1% 增长到 83.1%。中国还有 1/3 的研究领域核心论文份额不足 1%。

德国、英国在前三期科学结构图谱中覆盖 90% 以上的研究领域，第四期的覆盖率降到接近 90%，第五期的覆盖率德国持续小幅下降，英国则出现了小幅回升，这两个国家大部分核心论文份额集中在 3%～7% 与 7%～12% 两个区间。法国、日本的覆盖率总体呈现下降趋势，其中法国的覆盖率降幅较小，始终保持在 80% 以上，但日本的覆盖率降幅较大，从 2002～2007 年的 80.2% 下降到 2010～2015 年的 63.8%；这两个国家的大部分核心论文份额集中在 1%～3% 与 3%～7% 两个区间，日本核心论文份额 12% 以上的研究领域比例呈现明显下降趋势，前四期日本的比例始终高于法国，本期日本已低于法国。

表 5-3　中国及代表性国家科研覆盖的研究领域统计

（a）五个时期各个国家覆盖的研究领域

分类	时期 / 年（总量）		美国	中国	德国	英国	日本	法国	澳大利亚	韩国	印度	巴西	俄罗斯	南非
发文研究领域	2002～2007（121）	领域数	121	84	113	118	97	107	88	68	55	46	44	25
		占比 /%	100.0	69.4	93.4	97.5	80.2	88.4	72.7	56.2	45.5	38.0	36.4	20.7
	2004～2009（132）	领域数	130	98	120	128	110	113	94	76	42	51	41	29
		占比 /%	98.5	74.2	90.9	97.0	83.3	85.6	71.2	57.6	31.8	38.6	31.1	22.0
	2006～2011（149）	领域数	148	114	137	139	117	131	115	81	68	66	54	35
		占比 /%	99.3	76.5	92.0	93.3	78.5	87.9	77.2	54.4	45.6	44.3	36.2	23.5
	2008～2013（212）	领域数	211	167	186	189	148	174	165	122	78	73	65	49
		占比 /%	99.5	78.8	87.7	89.2	69.8	82.1	77.8	57.6	36.8	34.4	30.7	23.1
	2010～2015（232）	领域数	232	196	199	211	148	190	183	136	105	82	72	64
		占比 /%	100.0	84.5	85.8	91.0	63.8	81.9	78.9	58.6	45.3	35.3	31.0	27.6
新增研究领域中无发文研究领域	2004～2009（21）	领域数	0	9	3	2	7	7	11	10	16	14	19	20
		占比 /%	0	42.9	14.3	9.5	33.3	33.3	52.4	47.6	76.2	66.7	90.5	95.2
	2006～2011 (39)	领域数	0	13	2	4	12	8	14	22	25	24	26	31
		占比 /%	0	33.3	5.1	10.3	30.8	20.5	35.9	56.4	64.1	61.5	66.7	79.5
	2008～2013 (48)	领域数	0	13	9	6	19	11	9	27	35	33	38	39
		占比 /%	0	27.1	18.8	12.5	39.6	22.9	18.8	56.3	72.9	68.8	79.2	81.3
	2010～2015 (77)	领域数	0	13	14	9	34	18	21	42	48	53	62	57
		占比 /%	0	16.9	18.2	11.7	44.2	23.4	27.3	54.5	62.3	68.8	80.5	74.0

（b）2010～2015 年各国覆盖的研究领域

分类	时期 / 年（总量）	美国	中国	德国	英国	日本	法国	澳大利亚	韩国	印度	巴西	俄罗斯	南非
核心论文	发文领域数	232	196	199	211	148	190	183	136	105	82	72	64
	占比 /%	100	84.5	85.8	91.0	63.8	81.9	78.9	58.6	45.3	35.3	31.0	27.6
施引论文 TOP 10%	发文领域数	232	230	230	232	225	229	231	219	219	204	171	176
	占比 /%	100	99.1	99.1	100.0	97.0	98.7	99.6	94.4	94.4	87.9	73.7	75.9
施引论文	发文领域数	232	232	231	232	231	232	232	230	232	231	223	224
	占比 /%	100	100	99.6	100.0	99.6	100	100	99.1	100	99.6	96.1	96.6

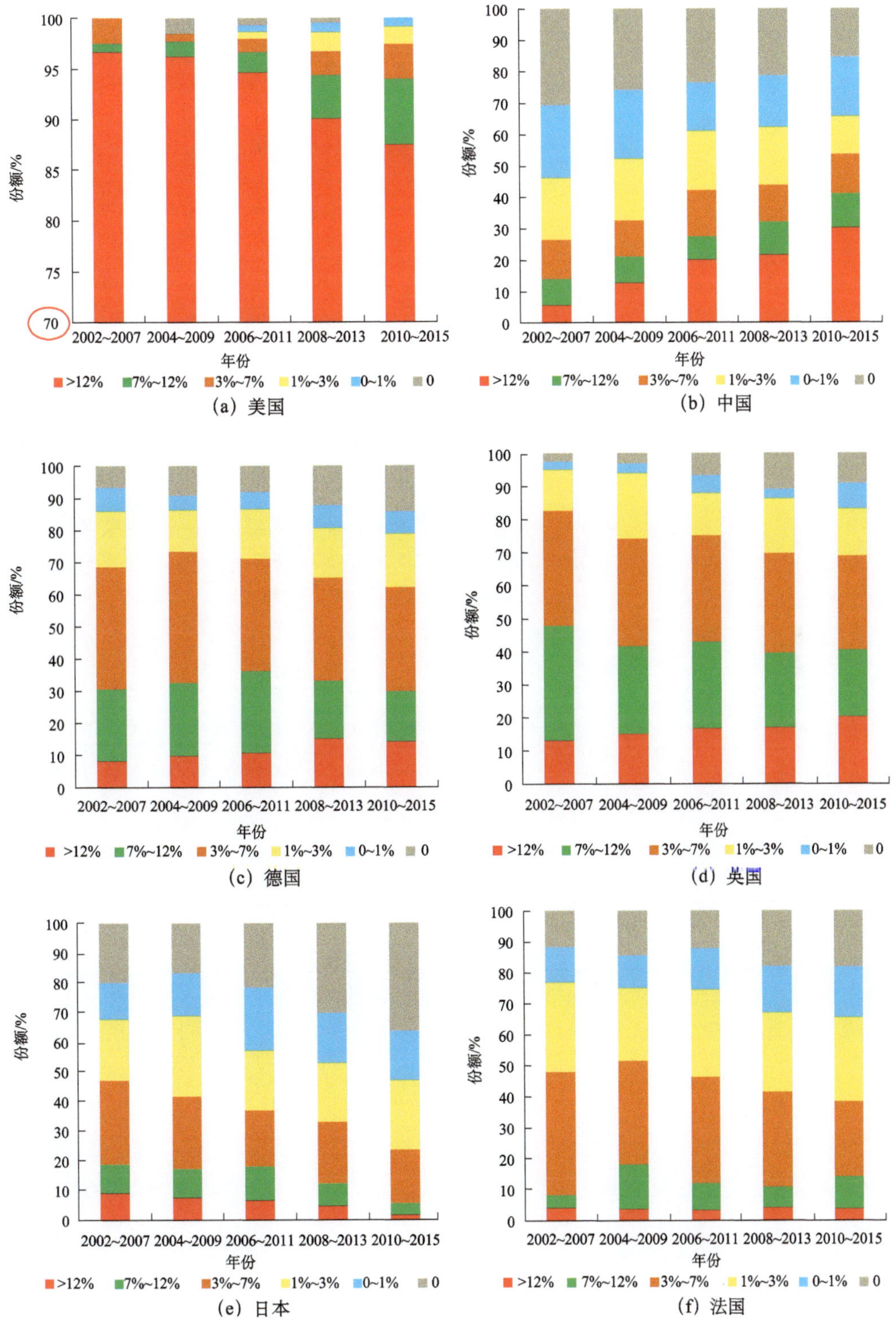

图 5-5 中国及代表性国家核心论文份额分布情况（五个时期）

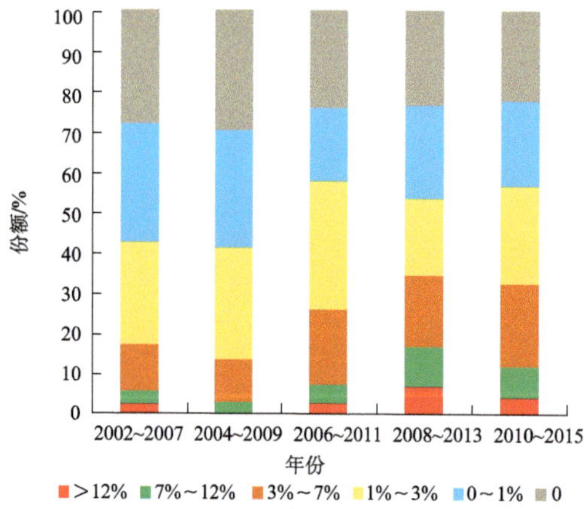

（g）澳大利亚

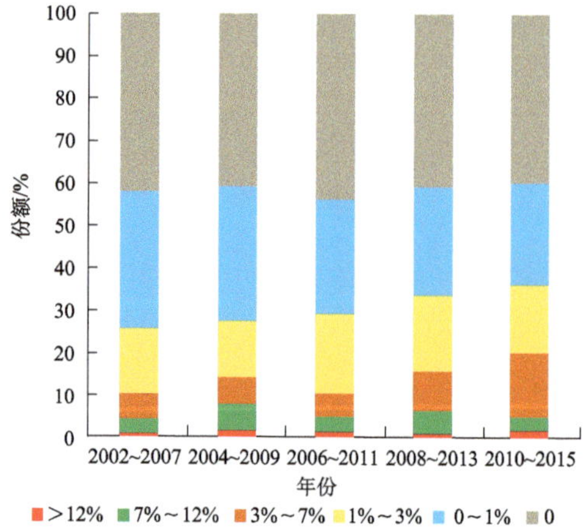

（h）韩国

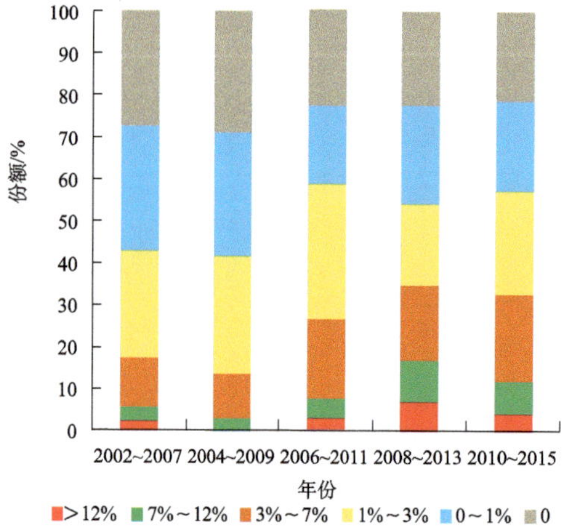

（i）巴西

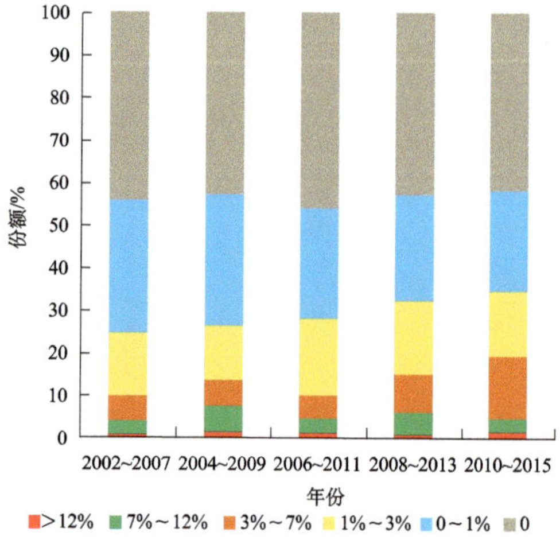

（j）印度

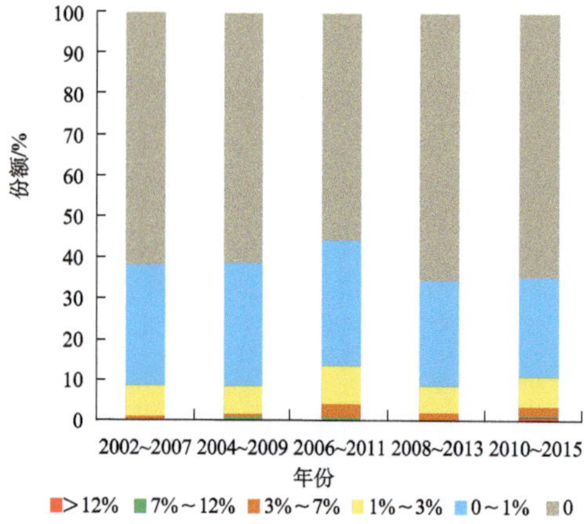

（k）俄罗斯

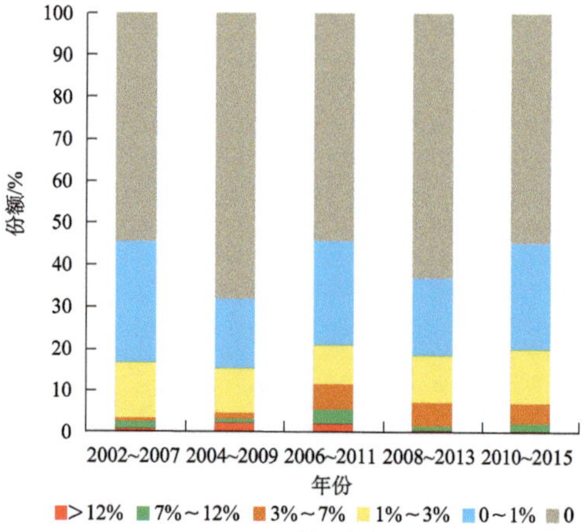

（l）南非

图 5-5　中国及代表性国家核心论文份额分布情况（五个时期）（续）

澳大利亚的覆盖率呈现小幅上涨态势，总体维持在 70% 以上，核心论文份额主要处于 3%～7% 的区间内。韩国的覆盖率相对稳定在 55% 左右，核心论文份额大部分处于 1%～3% 区间内。俄罗斯、印度、巴西、南非所占份额均比较小，有核心论文发表的研究领域大部分处于 0～1%。新增领域中各国发文领域占比普遍低于在全部领域中的占比。

在施引论文覆盖的研究领域上，各国表现都比较良好，有很大的发展潜力。中国及代表性国家的施引论文覆盖的研究领域比例都在 96% 以上。在 TOP10% 施引论文覆盖的研究领域比例中，中国、德国、英国、日本、法国、澳大利亚超过了 97%，韩国、印度超过了 94%，巴西、南非、俄罗斯也都超过了 70%。

（二）中国在科学结构图谱中各研究领域的科研活跃度

图 5-6 显示了中国在五个时期的科学结构图谱中核心论文份额的分布变化情况。份额在 5% 以下的区域为青色，5%～7.5% 的区域为绿色，7.5%～10% 的区域为黄色，11%～15% 的区域为红色，15% 以上的区域为深红色。颜色越暖的区域份额越高（图 5-7～图 5-13）。

中国的核心论文呈现出覆盖面扩大及覆盖强度明显增长的趋势，颜色暖的区域越来越广，尤其是红色、橙色区域，份额高于 12% 的研究领域占比也明显增长，由 5.8% 上升至 30.2%，增加了 4.2 倍。本期中，一个显著的特征是中国在数学、工程科学与计算机领域的研究快速增长，关于算法、图像处理、系统控制等方面高被引产出较多。同时，纳米科技、合成与应用化学依旧是增长最快的领域。近三个时期科学结构图谱中，凝聚态物理学、地球科学的份额比较高，增长趋势也比较明显。在生物学与医学领域中国也表现出了增长的势头，暖色区域份额增多。

中国份额相对较高的研究领域均集中在纳米科技、合成与应用化学两个大类，较多研究领域呈现深红色。相比较而言，中国在医学、生物学、粒子物理与宇宙学三个大类中所占份额相对较少。

表 5-4 列出了在科学结构图谱 2010~2015 中，中国核心论文份额排名前 20 的研究领域。可以看出，中国科研活跃度高的研究领域主要集中在纳米科技、合成与应用化学大类，20 个研究领域中有 12 个属于纳米科技，3 个属于合成与应用化学。中国在工程科学大类中也很活跃，有 3 个研究领域的核心论文份额较高。地球科学、生物学各有一个研究领域的核心论文份额较高。

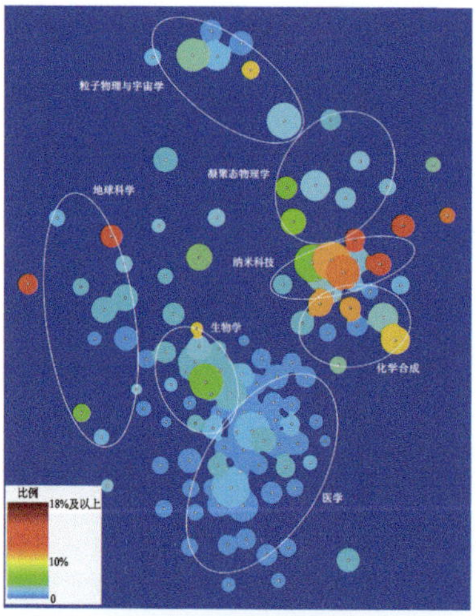

（a）2002~2007年

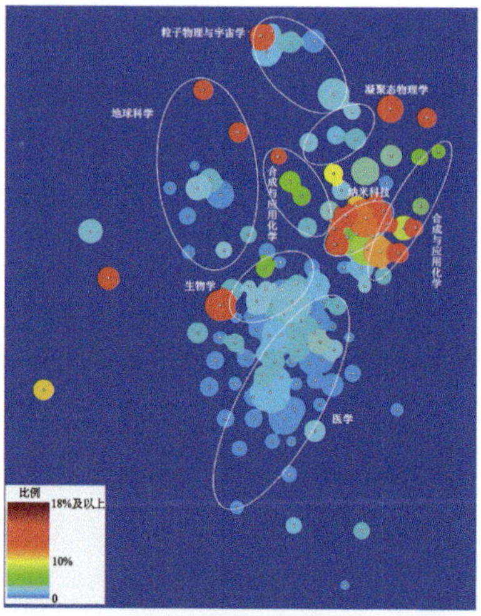

（b）2004~2009年

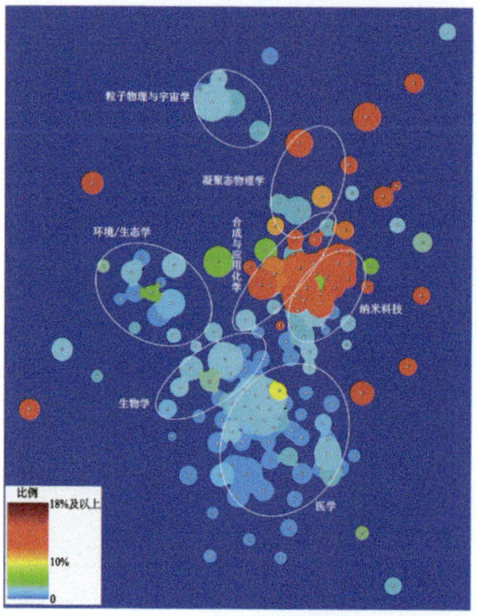

（c）2006~2011年

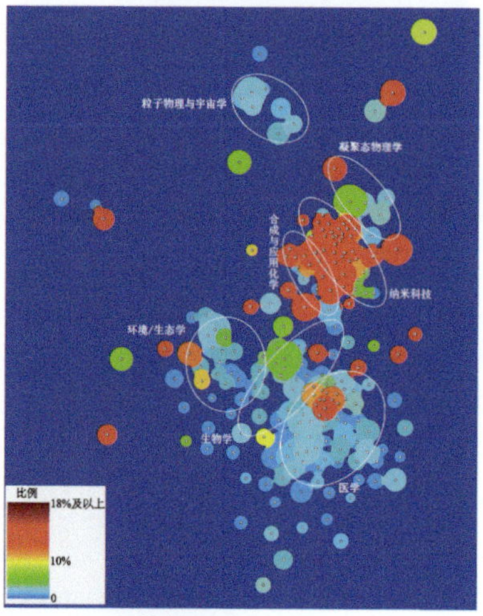

（d）2008~2013年

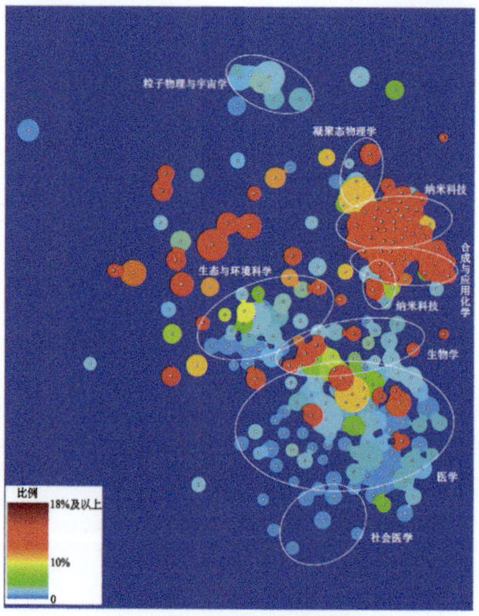

（e）2010~2015年

图 5-6　中国核心论文份额分布图（五个时期）

表 5-4　中国科研活跃度排名前 20 的研究领域

研究大类	研究领域 ID	研究领域名称	研究领域特征词	中国份额 /%	中国核心论文数 / 篇	研究领域核心论文数 / 篇	平均年
纳米科技	57	石墨烯氧化物及石墨烯基磁性纳米复合材料的制备和在水处理领域的应用	石墨烯氧化物纳米片，水溶性，三维石墨烯基宏观结构，石墨烯氧化物 - 磁性纳米粒复合物，水净化，最大吸附容量，重金属离子吸附，高效染料吸附	81.8	53.17	65	2011.8
纳米科技	25	锂离子电池电极材料	锂离子电池，负极材料，钛酸锂，碳涂层，掺杂，纳米复合材料，复合电极，电化学性质	78.3	18.02	23	2012.9
合成与应用化学	42	石墨相碳氮化合物及其复合物的制备及在光催化反应中的应用	石墨相碳氮光催化剂，石墨相碳氮 / 二氧化钛复合光催化剂，光降解，制氢，石墨相碳氮化合物	75.6	43.08	57	2013.3
纳米科技	173	含二氧化钛的染料敏化太阳能电池	染料敏化太阳能电池，能源转换效率，二氧化钛纳米线阵列，分等级锐钛矿二氧化钛，量子点，石墨烯复合材料，石墨烯 / 二氧化钛光电极，纳米管太阳能电池，介孔二氧化钛微珠	68.9	12.40	18	2011.1
工程科学	216	系统控制方法	多智能体系统，复杂网络，跳变神经网络，递归神经网络，忆阻器神经网络，细胞神经网络，最优控制，李雅普诺夫稳定性，自触发控制，模糊离散时间系统	67.8	306.28	452	2012.5
纳米科技	26	石墨烯和碳量子点的制备及其应用	石墨烯量子点，碳量子点，胶体石墨烯量子点，N 掺杂碳点，水溶性荧光碳纳米点，超高量子产率，氮掺杂石墨烯量子点，荧光成像，生物成像	66.9	36.10	54	2012.5
纳米科技	202	功能化的石墨烯及其氧化物、荧光纳米粒子在生物成像和药物释放中的应用研究	荧光光谱法，功能化得氧化石墨烯，荧光纳米探针，细胞成像，电化学生物传感，基于染料的荧光纳米粒子，两亲荧光聚合物，石墨烯纳米筛，基因毒性，表面修饰的碳纳米管，药物输送	66.0	63.98	97	2012.0
工程科学	53	犹豫模糊集理论及其在决策中的应用	模糊决策理论，模糊语言语境，糊聚集算子，模糊几何 Bonferroni，犹豫模糊 Choquet，直觉模糊 Choquet，直觉模糊 Dempster-Shafer，犹豫模糊集	60.1	96.82	161	2012.4
纳米科技	125	锂离子电池金属氧化物负极材料	锂离子电池，负极，二氧化钛，四氧化三钴 / 碳纳米管复合材料，核 - 壳结构，多孔，氧化锌，金属氧化物空心微球	59.0	18.87	32	2013.4
纳米科技	179	染料敏化太阳能电池高效电极制备和染料敏化剂研究	染料敏化太阳能电池，有机染料，对电极，石墨烯纳米片，光电转换效率，芳胺类有机染料，有机敏化剂，全色染料敏化太阳能电池	56.5	35.00	62	2012.3

续表

研究大类	研究领域ID	研究领域名称	研究领域特征词	中国份额/%	中国核心论文数/篇	研究领域核心论文数/篇	平均年
纳米科技	224	超级电容器纳米电极材料、超疏水/超亲水材料	高比电容，氧化石墨烯，电化学赝电容材料，石墨烯自组装水凝胶，碳纳米管，介孔复合电极，超级电容器阳极，超疏水表面，油水分离，超亲水膜	56.4	126.82	225	2012.4
纳米科技	56	石墨烯-金属纳米复合材料的合成及电催化性能和应用研究	石墨烯，电催化，石墨烯纳米铂复合物，铂/银复合物催化剂，高催化性能，甲醇燃料电池，石墨烯负载的纳米铂/钯	55.8	12.83	23	2013.6
工程科学	149	图像检索与图像分类	三维对象检索，基于标签的图像检索，基于内容的图像检索，图像分类，图像聚类，人脸识别，人体动作识别，图像分割算法	52.8	46.99	89	2012.4
地球科学	206	前寒武纪时期华北地区克拉通化	华北克拉通，前寒武纪地壳演化，板块俯冲，锆石年龄，元古代，哥伦比亚超大陆，增生型造山带	52.7	105.95	201	2012.4
纳米科技	139	锂离子电池、超级电容器及镁电池	超级电容器，氮负载的碳纳米片，不对称超级电容，循环特性，三维石墨烯，二硫化钼纳米结构，锂离子电池，镁充电电池	51.9	47.74	92	2013.0
生物学	20	蛋白质结构与功能预测	伪氨基酸组成，预测，机器学习方法，亚细胞定位，PseAAC，结构，伪三核苷酸组成，巯基亚硝基化位点	43.1	14.23	33	2013.4
纳米科技	27	超级电容器及锂离子电池材料	超级电容器，锂离子电池，染料敏化太阳能电池，多孔，电极，镍氧超薄片，壳核纳米带阵列，石墨烯量子点	41.8	10.02	24	2014.6
合成与应用化学	220	柱芳烃的合成、功能化及应用（超分子聚合物）、自治愈聚合物及超分子凝胶研究	柱芳烃，柱［5］芳烃，柱［6］芳烃，超分子凝胶，低分子量，芳烃，主客体化学，自愈合材料，聚多巴胺，超分子聚合物，超分子囊泡，可自治愈的超分子，糖修饰的两性柱［5］芳烃	41.7	74.56	179	2012.8
纳米科技	43	介孔二氧化硅纳米粒在可控药物释放和细胞成像中的应用	介孔硅纳米粒，药物递送，磷酸盐覆盖硅纳米粒，中空纳米容器平台，生物相溶性，荧光，可控释放，癌症	38.6	12.75	33	2011.0
合成与应用化学	192	碱性燃料电池（燃料电池）	碱性燃料电池，直接甲醇燃料电池，阴离子交换膜，聚合物电解质，电氧化，质子交换膜，嵌段共聚物，循环伏安	38.4	15.34	40	2011.4

（三）主要国家在科学结构图谱中各研究领域的科研活跃度

基于五个时期的科学结构图谱，叠加主要国家在不同研究领域中核心论文份额，观察这些国家在不同研究领域的分布变化，如图 5-7～图 5-13 所示。由于美国核心论

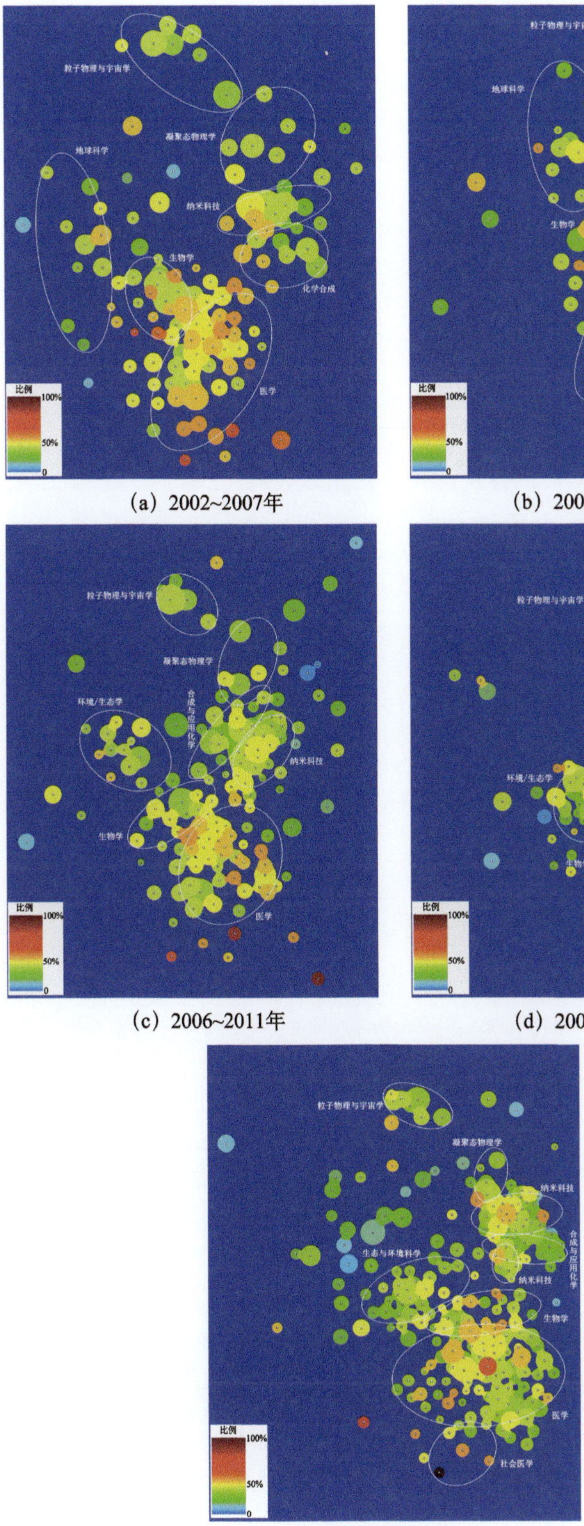

(a) 2002~2007年

(b) 2004~2009年

(c) 2006~2011年

(d) 2008~2013年

(e) 2010~2015年

图 5-7 美国核心论文份额分布图（五个时期）

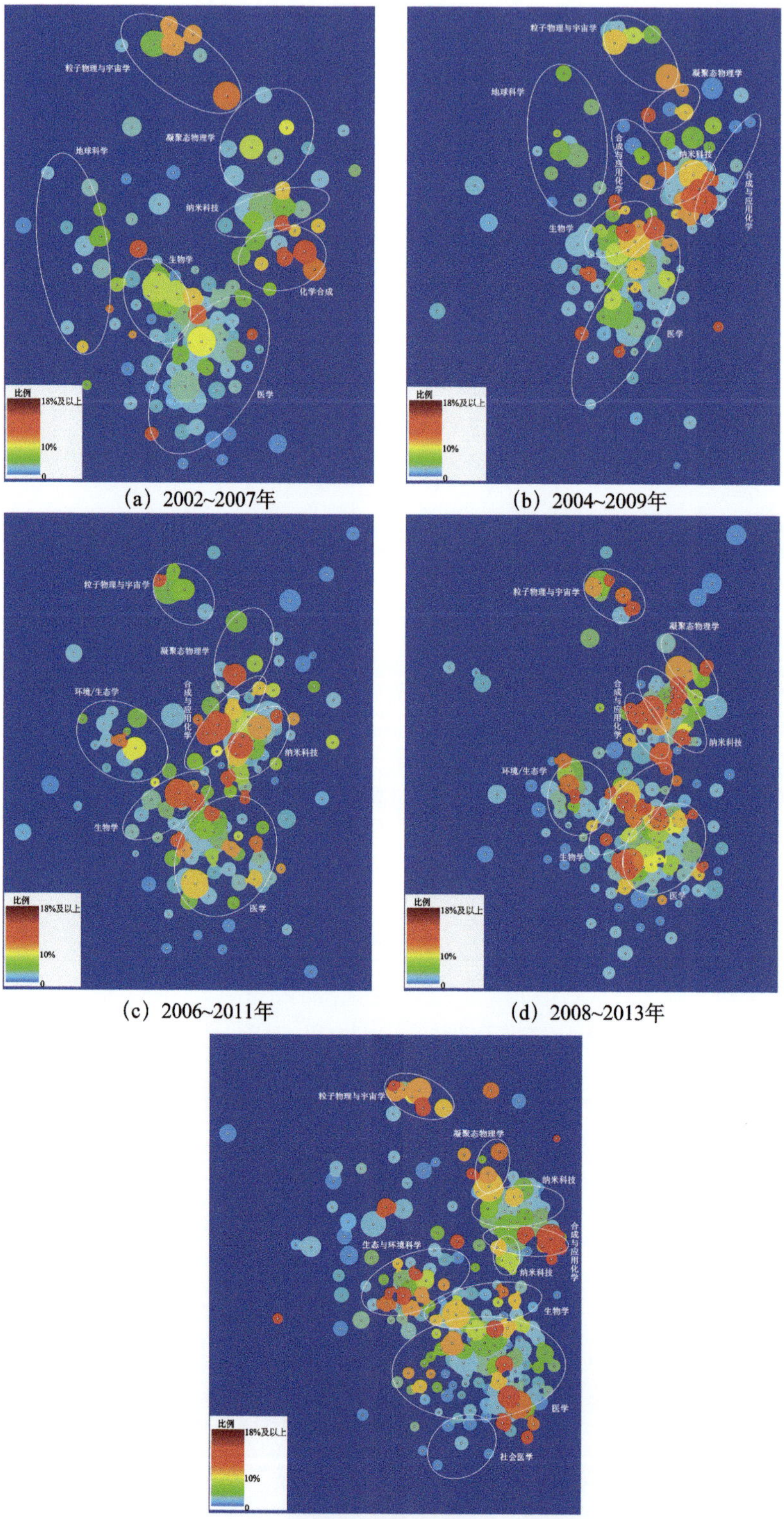

（a）2002~2007年（b）2004~2009年

（c）2006~2011年（d）2008~2013年

（e）2010~2015年

图 5-8　德国核心论文份额分布图（五个时期）

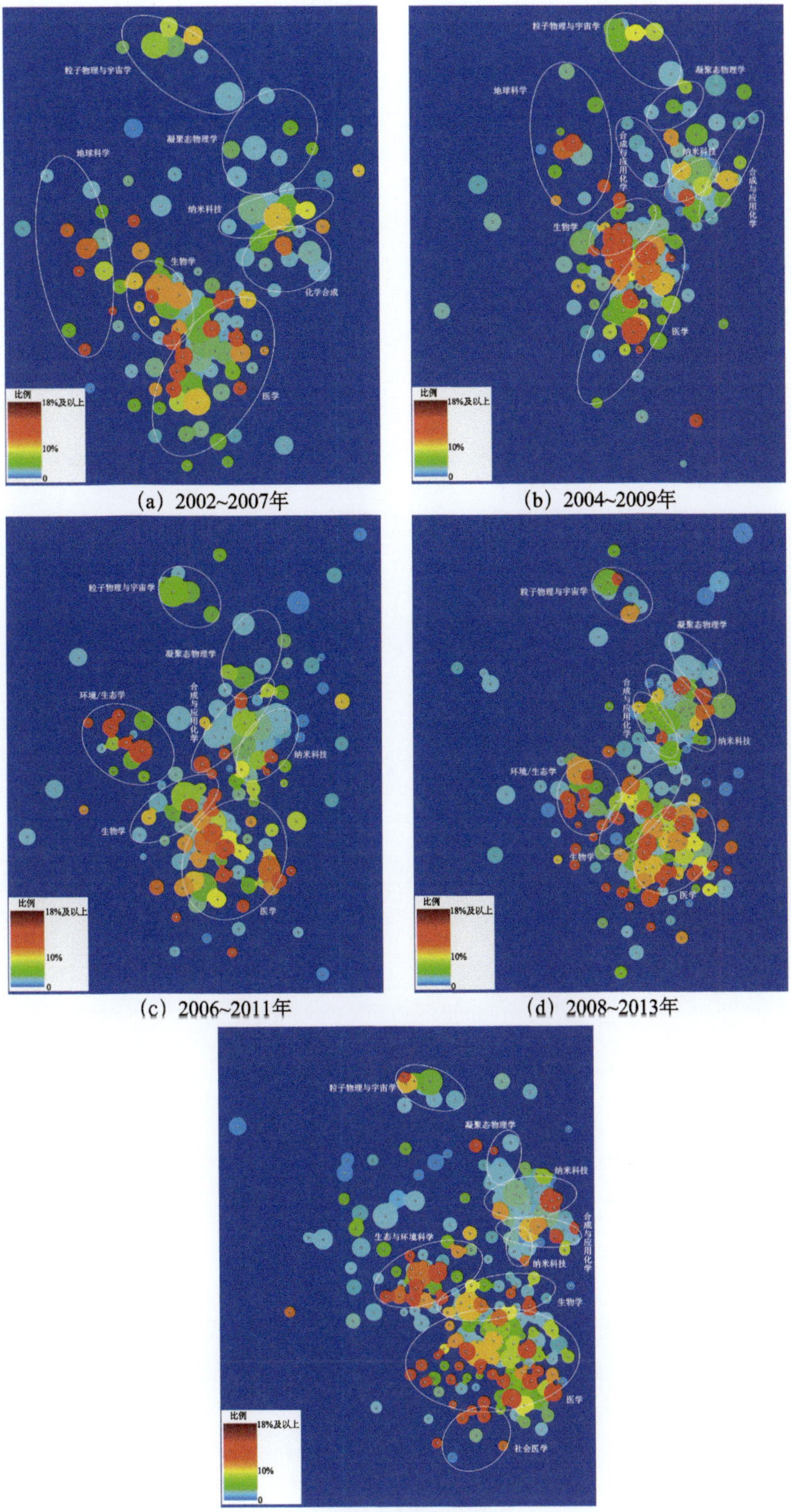

(a) 2002~2007年 (b) 2004~2009年

(c) 2006~2011年 (d) 2008~2013年

(e) 2010~2015年

图 5-9 英国核心论文份额分布图（五个时期）

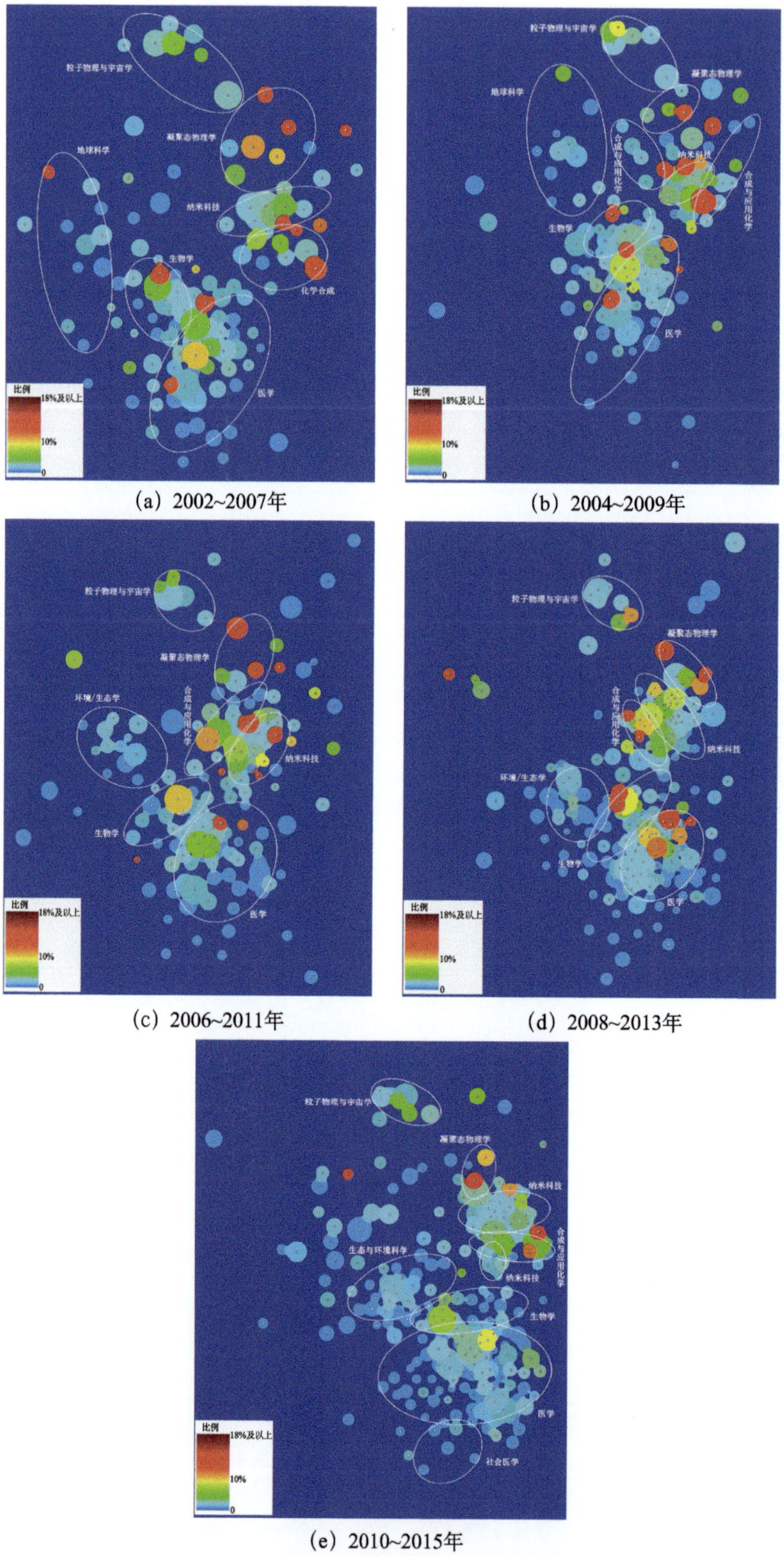

图 5-10　日本核心论文份额分布图（五个时期）

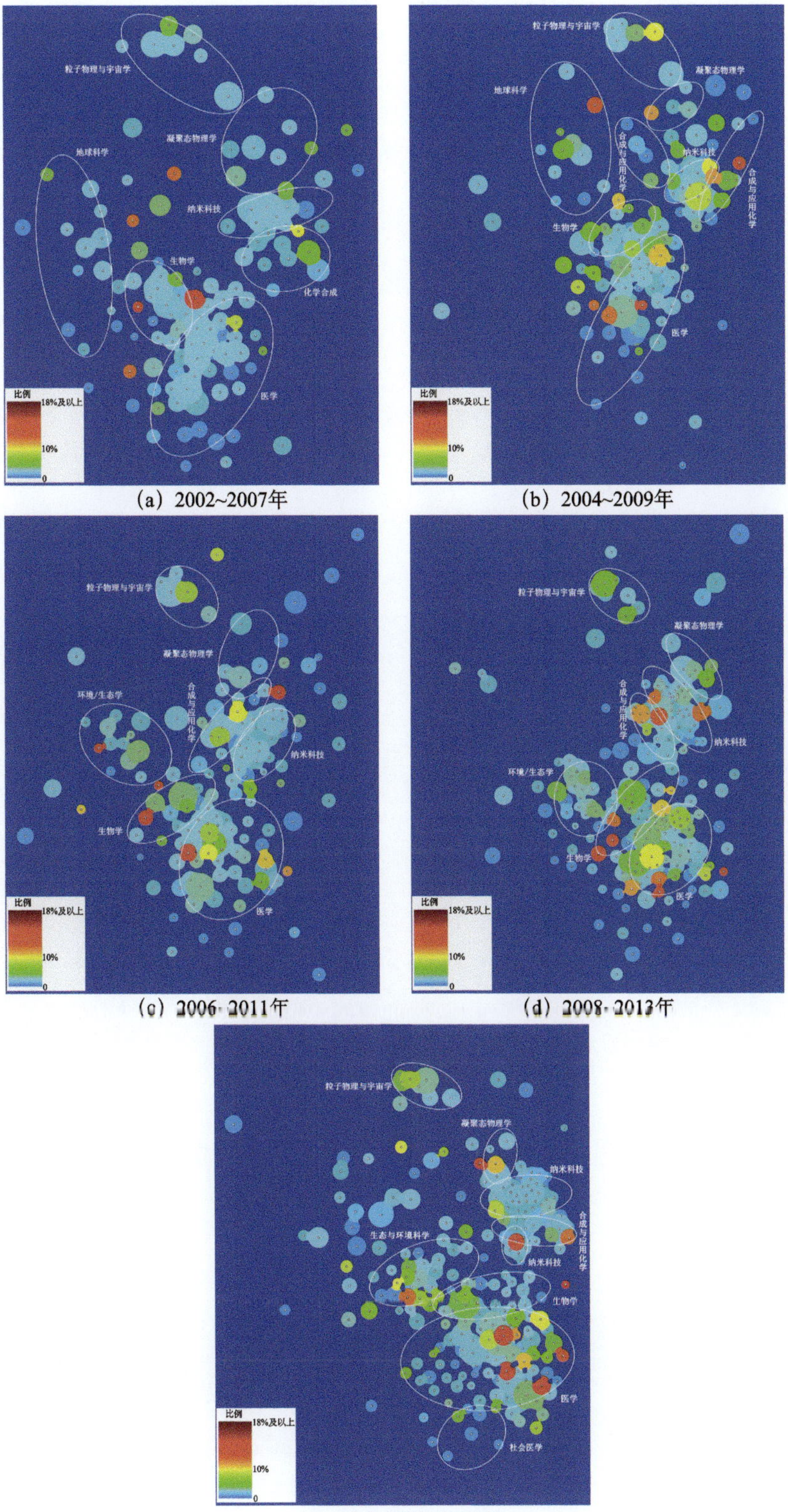

(a) 2002~2007年　(b) 2004~2009年　(c) 2006~2011年　(d) 2008~2013年　(e) 2010~2015年

图 5-11　法国核心论文份额分布图（五个时期）

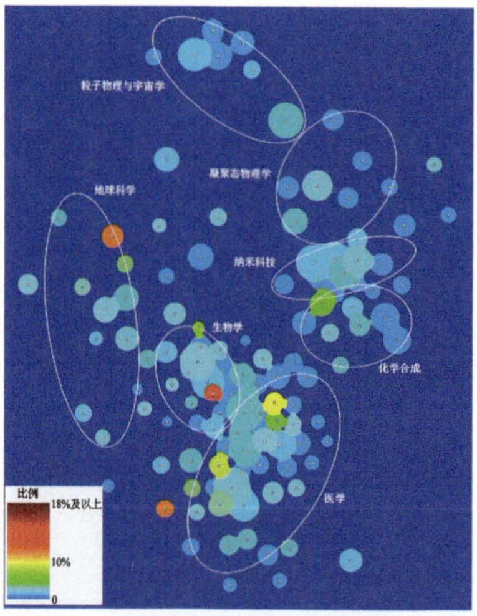

(a) 2002~2007年

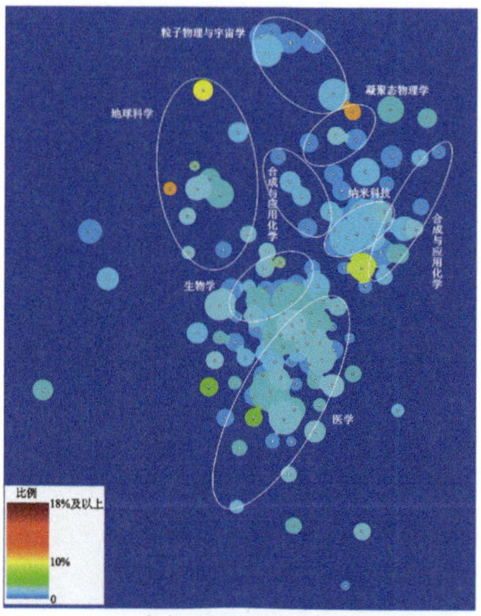

(b) 2004~2009年

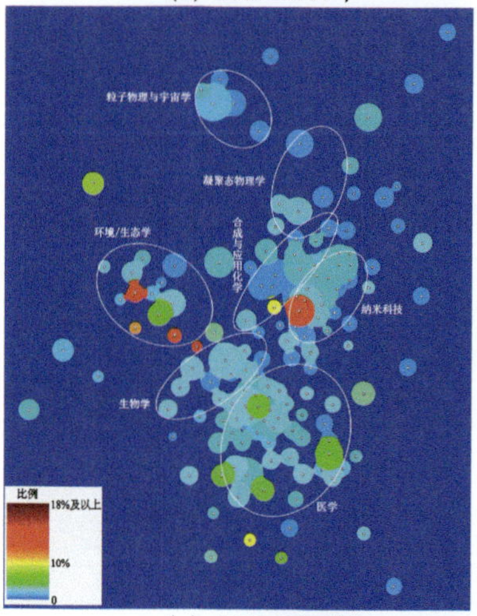

(c) 2006~2011年

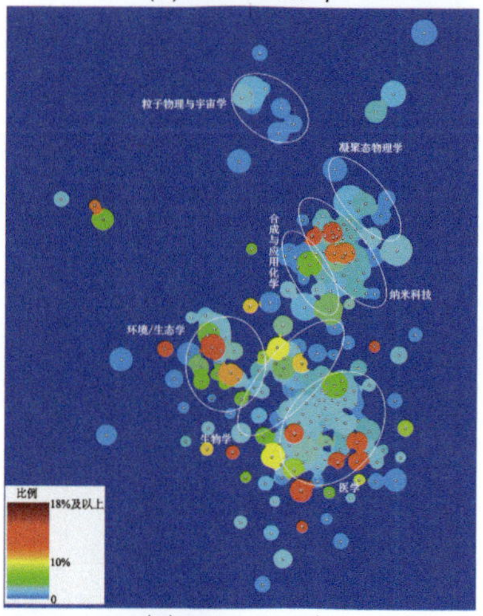

(d) 2008~2013年

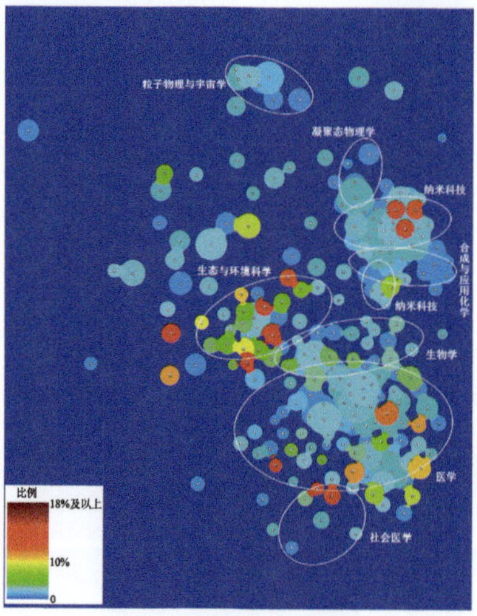

(e) 2010~2015年

图 5-12　澳大利亚核心论文份额分布图（五个时期）

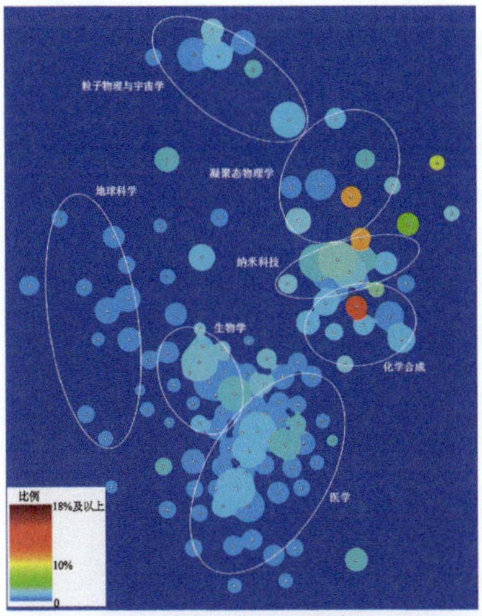

(a) 2002~2007年

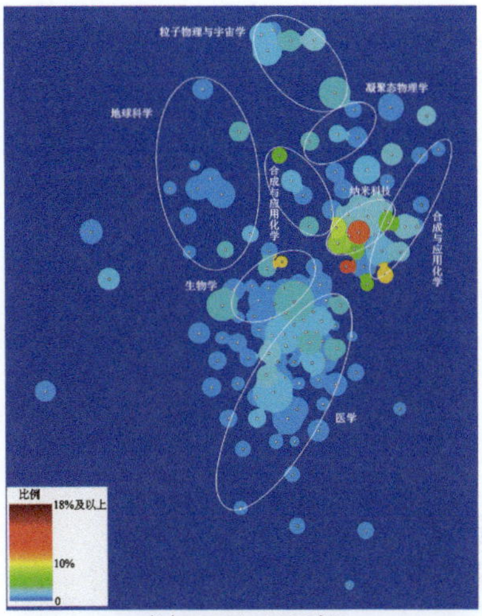

(b) 2004~2009年

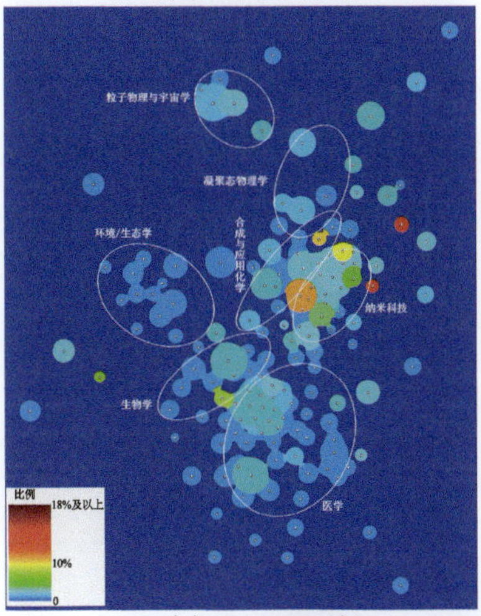

(c) 2006~2011年

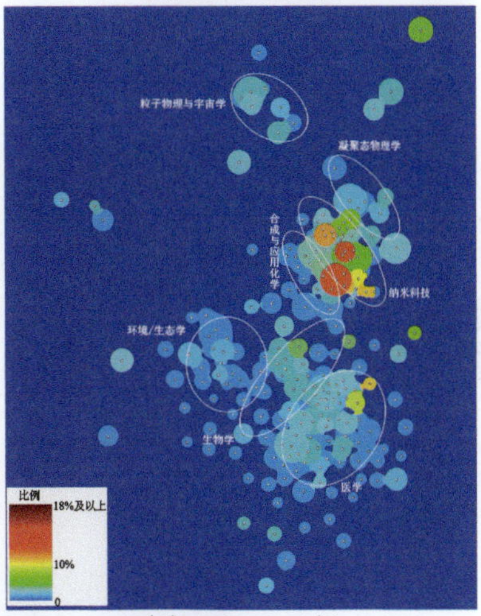

(d) 2008~2013年

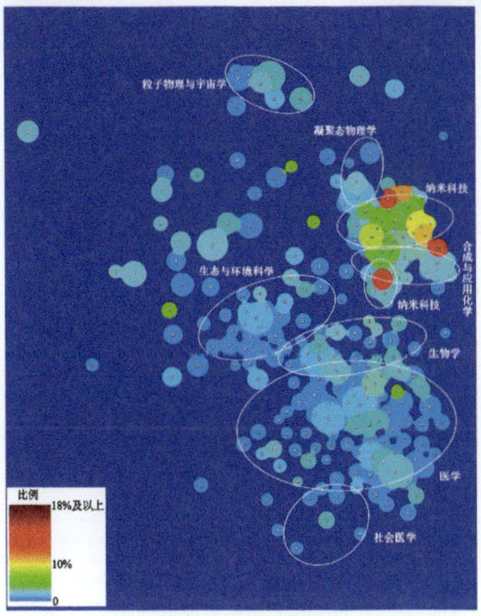

(e) 2010~2015年

图 5-13　韩国核心论文份额分布图（五个时期）

文份额远高于其他国家，因此在图例中，美国的份额选取范围为 0～100%，其他国家份额范围为 0～18%。

美国无论是研究领域覆盖率还是核心论文份额均稳居世界第一位，五个时期均有 90% 左右的研究领域份额高于 12%（图 5-5），各领域研究均衡，医学与生物学的科研实力相对最强，还在快速增长（表 5-5）。德国、英国各领域研究相对比较均衡，尽管两国在科学结构图谱上的研究领域覆盖率和国家核心论文整体份额略有下降，但在部分研究领域的研究更加集中，核心论文份额五期中呈增长态势，红色研究领域增多。德国在粒子物理与宇宙学、合成与应用化学、凝聚态物理学、地球科学中研究领域的论文份额相对较多，且前三个领域的核心论文份额较上一期有所增长，特别是在医学的某些研究领域集中增长，出现更多的暖色领域。英国在地球科学、医学、生物学中研究领域的论文份额相对较高，在生物学、粒子物理与宇宙学中的研究领域的核心论文份额有所增长。法国的学科发展也比较均衡，在粒子物理与宇宙学、医学、地球科学大类中的论文份额稍微高一些，本期在地球科学大类中的核心论文份额有所上升。日本的核心论文份额逐期下降，且在生物学、物理学、医学方面降幅明显，本期日本各研究领域的均衡性比前几期略差，物理、化学领域的论文份额相对较强。澳大利亚在地球科学、生物学、医学大类中的核心论文份额相对较多，在物理学、纳米科技大类中的核心论文份额有微弱上升，其他领域发展基本稳定。韩国的学科也显示出不均衡性，在纳米科技与合成与应用化学大类中的核心论文份额相对较多，在工程科学、计算机科学领域的核心论文份额也相对多一些，在纳米科技、地球科学领域的核心论文份额持续增长。

表 5-5　中国及代表性国家在研究大类的核心论文份额（分数计数）　　单位：%

研究大类	美国	中国	德国	英国	日本	法国	澳大利亚	韩国	印度	巴西	俄罗斯	南非
2010～2015 年												
粒子物理与宇宙学	38.9	1.9	12.4	7.3	3.4	5.7	0.8	0.8	1.1	0.4	0.9	0.2
物理学	35.8	11.4	12.5	4.0	6.5	4.4	1.1	0.6	0.6	1.0	0.3	0.0
合成与应用化学	23.2	28.8	11.2	5.2	6.8	2.2	0.9	4.0	1.5	0.1	0.2	0.1
纳米科技	34.7	29.3	3.8	3.3	2.3	1.1	1.9	4.6	0.7	0.1	0.1	0.0
地球科学	37.5	10.2	6.8	8.8	2.1	4.3	5.6	0.4	0.3	0.7	0.3	0.3
生物学	42.6	8.6	6.9	7.6	3.6	3.7	3.1	0.9	0.8	0.2	0.3	0.2
医学	47.6	2.7	6.4	8.5	1.9	4.1	3.0	0.5	0.1	0.3	0.1	0.3
工程、数学、计算机	16.9	27.5	3.3	3.1	0.9	2.0	2.5	2.0	1.8	0.4	0.1	0.2
2008～2013 年												
粒子物理与宇宙学	41.3	2.0	8.9	6.3	4.2	5.9	0.7	1.0	1.1	0.5	1.2	0.2

续表

研究大类	美国	中国	德国	英国	日本	法国	澳大利亚	韩国	印度	巴西	俄罗斯	南非
凝聚态物理学	39.9	8.8	9.9	4.6	8.3	4.2	0.9	0.6	0.7	1.1	0.3	0.0
合成与应用化学	31.6	18.6	10.8	4.8	6.6	3.2	1.5	3.6	1.4	0.1	0.2	0.0
纳米科技	34.2	23.1	4.7	3.8	3.2	1.5	1.7	3.9	0.9	0.2	0.2	0.0
地球科学	39.8	7.1	5.8	9.1	2.7	3.3	5.6	0.2	0.1	0.5	0.2	0.3
生物学	32.9	6.7	8.6	6.7	6.6	4.4	3.5	1.5	0.9	0.2	0.3	0.3
医学	44.8	2.1	6.4	8.2	2.8	4.4	3.2	0.8	0.2	0.3	0.1	0.3
工程、数学、计算机	17.7	25.8	1.9	2.9	1.2	1.3	1.8	2.6	2.4	0.2	0.0	0.1

红色字体为论文份额上升幅度高的学科，蓝色字体为论文份额下降幅度大的学科

从叠加图（图 5-7～图 5-13）中可见，中国学科产出的分布状况和英国基本是相反的，德国和英国相似，和中国也有相似的部分。韩国的分布与中国比较相似。几个科技发达国家在图谱的左上部的研究比本国其他领域弱，而中国、韩国在左上部的工程科学、计算机科学、数学大类上的研究相对较强。

第六章 中国及代表性国家的国际合作

国际合著（co-authorship）指标是衡量跨国知识流的指标之一，从一个侧面反映了国与国之间的合作研究情况。本章计算国家的核心论文和合著论文数量时，采用整体计数法。一般而言，分数计数法常用于国家论文量的统计，整体计数法更多地应用于国际合著指标的统计。

本章从两个侧面分析国际合著情况：一是五个时期世界各国在全部研究领域中的国际合著率，反映各国在世界上的整体合作情况；二是五个时期中国及代表性国家在科学结构图谱中各个研究领域的国际合著率。

观察中国：

中国在国际合作中的引领度逐年增强。尽管中国国际合著率低于其他代表性国家，在40%～50%，但稳中有升。中国的国际合著论文通讯作者占比逐期提升，在本期接近美国，达到49.9%。相较于美国、德国、英国、日本、法国的国际合著核心论文通讯作者比例都呈现下降趋势的现实，中国不仅注重国际合作的数量，也在逐渐主导国际合作的话语权，提升国际合作的引领度。

中国在各学科上的国际合作最不均衡，在纳米科技、合成与应用化学、工程科学、数学等优势领域国际合著率一直相对较低，尽管也有所增长，但比起其他国家增长缓慢；在其他领域合作研究比较多。中国国际合著率分布与美国、德国、英国等发达国家越来越接近。完全依赖国际合作（国际合著率等于100%）的研究领域比例和缺乏国际合作（国际合著率等于0）的研究领域比例比发达国家略高，呈持续下降趋势，说明中国参与国际合作研究活动的范围扩大，对国际合著的依赖性逐步降低，科研实力也越来越强。

一、基于科学结构图谱观察世界国际合作

图 6-1 基于科学结构图谱，在各个研究领域上叠加世界国际合著率，显示了五个时期全世界所有国家在科学结构图谱中国际合著率的分布情况。

从五期的演变中可以明显看出，世界范围内的国际合作整体呈上升趋势，合作力度越来越强，从 2002～2007 年以绿色为主逐步发展到 2010～2015 年以黄色、橙色为主，且出现不少代表较高国际合著率的红色研究领域。合作研究明显增强的领域主要集中在粒子物理与宇宙学、生态与环境科学、生物学、医学领域，在本期中，四个大类均出现了数量不等的红色区域，其中粒子物理与宇宙学最为明显。纳米科技、合成与应用化学、凝聚态物理学相关研究领域的国际合著率一直比较低，前两个时期均在 40% 以下，但在后三个时期国际合著率有所上升，出现了国际合著率超过 40% 的研究领域，有些研究领域达到 70%～80%，表现出合作增强的趋势。

二、中国及代表性国家国际合作时序变化

图 6-3 使用象限图显示五个时期全部研究领域中中国及代表性国家核心论文数与国际合著率的关系（不包括美国）。五个时期内，核心论文数排名前 30 位的国家及地区的国际合著率平均值逐期增加，从 72.3% 增长到 83.0%，说明世界范围内的国际合著呈持续上升趋势。12 个代表性国家的国际合著率均有一定幅度的上升，发达国家上升的幅度比较大，尤其是美国，上升变化率（同第一期比较）达到 54.3%，国际合著率从低于中国到高于中国（从上一期开始）。

象限图说明：

本章采用图 6-2 所示的象限图形式描述核心论文数（整数计数）与国际合著率的关系，并以各大类中按核心论文数排名前 30 位的国家及地区的核心论文数的平均值与国际合著率的平均值作为象限分割原点，将整个区域划分为 A、B、C、D 4 个区域。A 区域中的国家，其核心论文数高于平均值但国际合著率低于平均值；B 区域的国家，核心论文数及国际合著率均高于平均值。A、B 区域的国家研究实力强；C 区域的国家，核心论文数低于平均值但国际合著率高于平均值，说明比较依赖国际合作取得重要研究成果；D 区域的国家，国际合著率及核心论文数均低于平均值，其研究实力虽不强，但有一定的自主研发性。

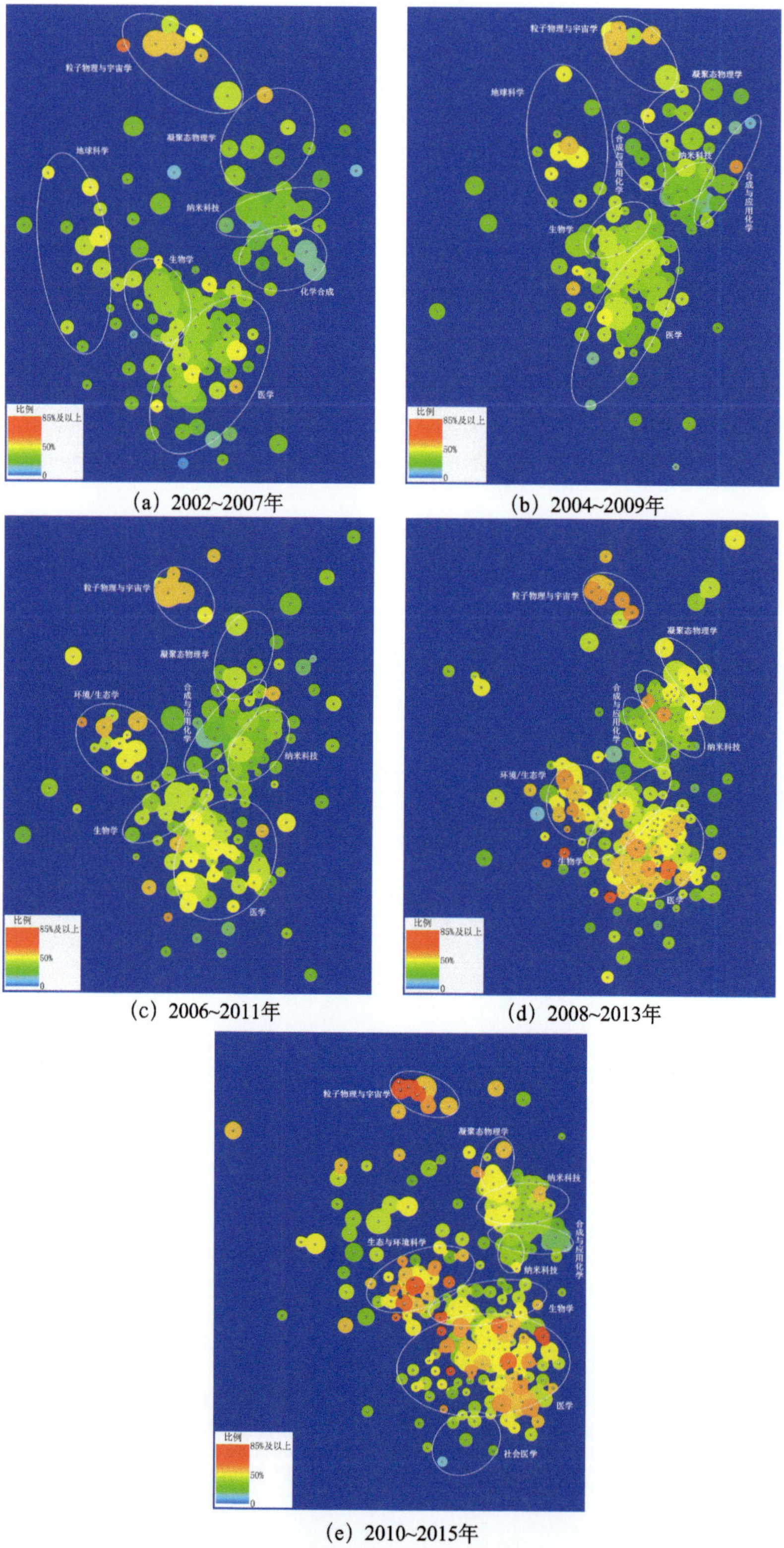

（a）2002~2007年　（b）2004~2009年

（c）2006~2011年　（d）2008~2013年

（e）2010~2015年

图 6-1　基于科学结构图谱的国际合著率对比

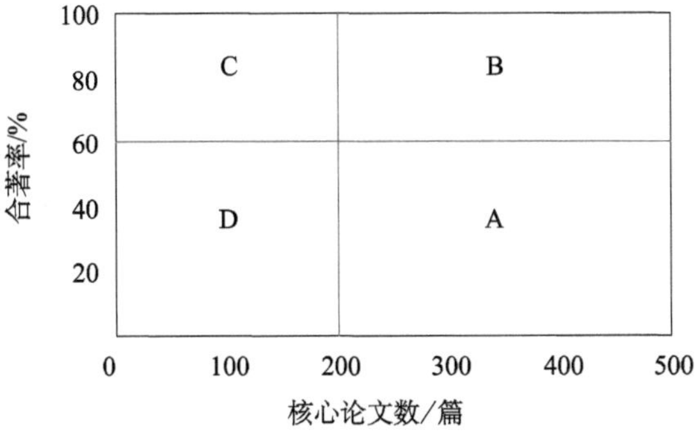

图 6-2　核心论文数与国际合著率的关系示意图

从象限图（图 6-3）中可以看出，中国及代表性国家在四象限中的分布基本稳定，同时稍有变化。中国的核心论文数量显著增长，从科学结构图谱 2008~2013（整数计数）开始都在世界排名第二，并持续以高增长率增长。中国的国际合著率保持在 44%～51%，是代表性国家中合著率最低的国家。虽然中国的国际合著率基本稳定，但稳中有升，且随着核心论文数量的增加，中国国际合著的核心论文数量也在上升。日本的国际合著率在前四期处于 55% 左右，本期国际合著率上升为 69.6%，但核心论文数量呈下降趋势，这导致日本从第四期开始由 A 区域左移至 D 区域。德国、英国在前两期处于 A 区位置，两国的国际合著率逐期上升，后三期英国进入 B 区，德国接近国际合著率均值线。法国五期都处于 B 区域的下边界。澳大利亚随着核心论文数量及国际合著率的双向提升，五期先后处于 D 区、C 区、B 区。俄罗斯、巴西、南非始终处于 C 区域，且 2010～2015 年其国际合著率均在 90% 以上，其中俄罗斯最高约为 99.7%，在全部 336 篇核心论文中，仅有 1 篇为非国际合著论文。韩国、印度五期都处于 D 区。

合著作者在国际合作中有不同的角色，仅仅依赖国际合著率的高低并不能观察到一个国家在合作中的地位。通常，论文的通讯作者是一项科研工作的主要负责人，因此通讯作者论文可以在一定程度上反映出科研的主导性，我们考察了合著论文中通讯作者所在国，以辅助分析在国际合作中起主导作用的国家。如图 6-4 所示，总体上，中国的国际合著论文通讯作者的比例逐期上升，在 2010～2015 年接近美国，达到了 49.9%，上升幅度最大，达到 38.8%。尽管中国的国际合著率总体较低，但中国在高水平研究中的骨干作用在逐年增强。美国、德国、英国、日本、法国等发达国家合著论文通讯作者比例呈现下降趋势，日本降幅最大，已累计下降近 10 个百分点，从 2002～2007 年的 30.3% 下降到 2010～2015 年的 20.7%。澳大利亚、韩国合著论文通讯作者比例保持在 20% 以上，前四期存在交替上升趋势，本期有所下降。印度、南非合著论文通讯作者比例保持在 10% 以上。俄罗斯、巴西前三期下降，本期上升幅度明显。

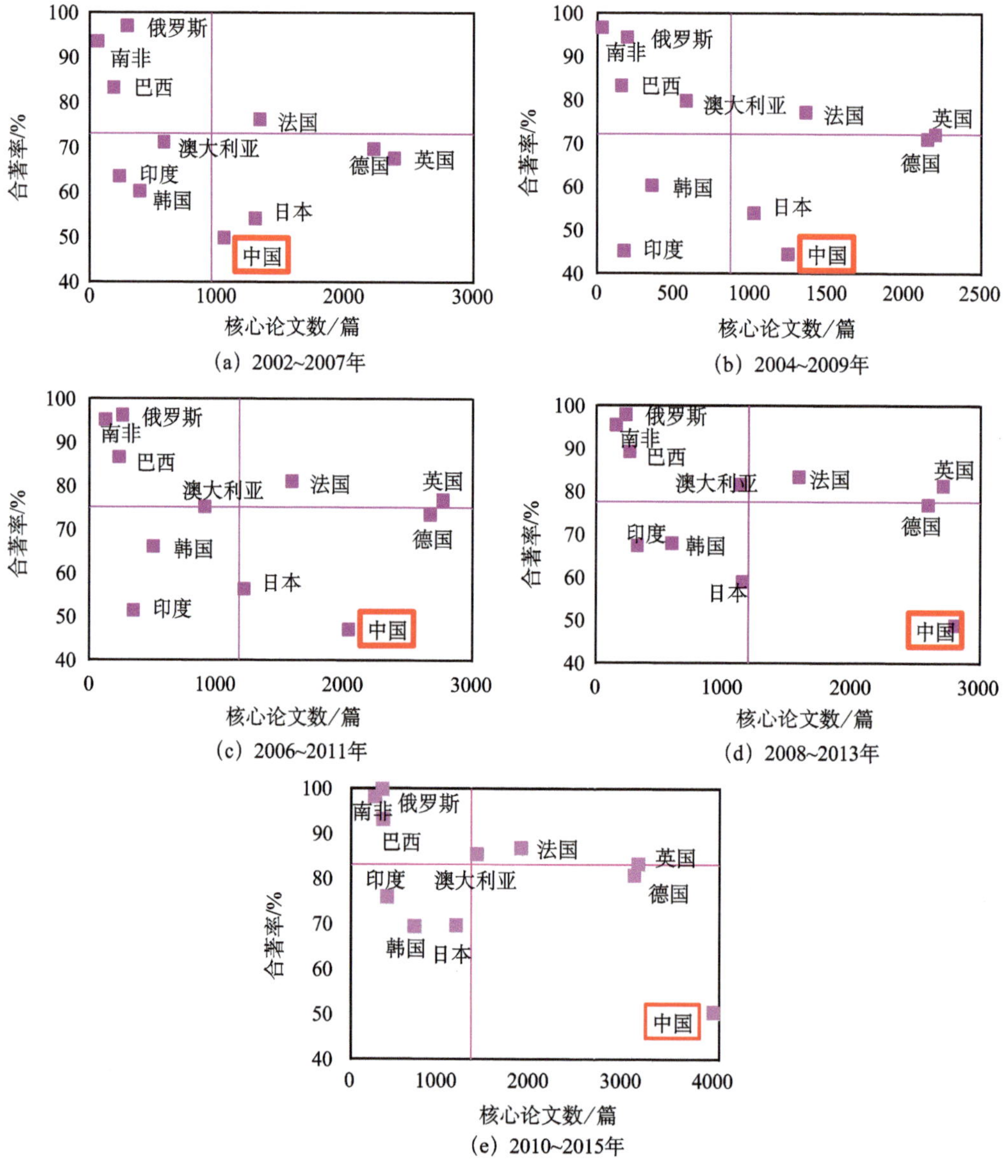

图 6-3　全部研究领域中中国及代表性国家的核心论文数与国际合著率的关系

美国在各个时期都属于A区，由于美国的核心论文数远高于其他国家，不宜与其他国家在同一象限图中描述，因此，图中不包括美国的数据

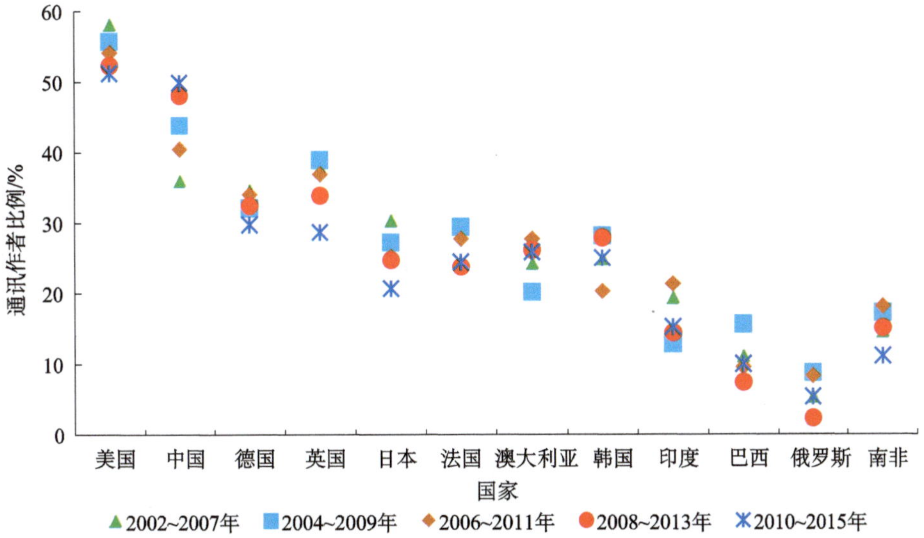

图 6-4　五个时期中国及代表性国家的合著论文中通讯作者比例变化

三、基于科学结构图谱观察中国及代表性国家国际合作的变化

本小节在五个时期的科学结构图谱中展示各个国家在各研究领域中的国际合著率，以反映中国及代表性国家在各个研究领域中的合作研究情况。

首先观察五个时期中国及代表性国家拥有核心论文的研究领域及国际合著率分布情况（表 6-1）。总体而言，中国在各个区间的比例与发达国家越来越接近。发达国家完全依赖国际合作（国际合著率等于 100%）的研究领域比例和缺乏国际合作（国际合著率等于 0）的研究领域比例比较低，尤其是美国，处在这两个区间的研究领域占比仅为 5% 左右。从五个时期的变化情况分析，美国在这两个区间的研究领域比例呈现上升趋势。中国在这两个区间的研究领域比例比发达强国高，但呈现下降趋势，说明中国参与国际合作研究活动的范围已经加强，对国际合著的依赖性逐步降低，科研实力也是越来越强。英国、德国比较相似，五个时期的国际合著率发展比较均衡。法国、日本在各个区间的比例在本期中和澳大利亚、韩国比较接近，国际合著率为 100% 的研究领域占比均相对较大。

总体上，国际合著率为 100% 的研究领域比例呈现增长趋势，增长率最高的是英国，五个时期的年均变化率为 39.7%；中国是 12 个国家中仅有的呈现下降趋势的国家，五个时期的年均变化率为 −0.9%。

图 6-5～图 6-12 显示了五个时期中国及代表性国家按研究领域在科学结构图谱上的国际合著率情况。

表 6-1　五个时期中国及代表性国家的国际合著率分布情况对比　　单位：%

分类	时期	美国	中国	德国	英国	日本	法国	澳大利亚	韩国	印度	巴西	俄罗斯	南非
全研究领域的国际合著率（均值）	2002～2007 年	35.9	49.7	69.6	67.5	54.0	76.1	71.1	60.1	63.4	83.2	96.9	93.4
	2004～2009 年	38.7	44.4	71.0	72.1	53.8	77.1	79.7	60.2	45.1	83.2	94.4	96.7
	2006～2011 年	44.3	47.0	73.3	76.7	56.2	80.9	75.1	66.0	51.3	86.5	96.1	95.1
	2008～2013 年	50.0	48.8	76.8	81.2	58.8	83.2	81.5	67.8	67.3	89.1	97.8	95.4
	2010～2015 年	55.4	50.3	80.7	83.2	69.6	86.8	85.4	69.4	75.9	93.0	99.7	98.1
	年均变化率	11.5	0.5	3.8	5.4	6.8	3.3	4.9	3.7	7.2	2.8	0.7	1.2
等于 100%的研究领域比例	2002～2007 年	0	40.5	24.8	10.2	22.7	27.1	40.9	45.6	60	71.7	84.1	88
	2004～2009 年	0	37.8	20	11.7	27.3	26.5	50	43.4	40.5	74.5	78	89.7
	2006～2011 年	1.4	33.3	27	12.9	31.6	33.6	44.3	48.1	50	74.2	92.6	88.6
	2008～2013 年	3.3	38.3	29	24.9	34.5	46	50.3	54.1	47.4	80.8	93.8	89.8
	2010～2015 年	3.0	38.3	36.2	35.1	48.0	44.7	52.5	56.6	57.1	84.2	97.2	89.1
	年均变化率	31.8	−0.9	12.0	39.7	21.1	14.7	7.2	5.8	1.6	4.1	4.1	0.3
介于均值与 100%间的研究领域比例	2002～2007 年	46.3	26.2	38.1	37.3	27.8	27.1	15.9	19.1	9.1	4.3	2.3	0
	2004～2009 年	43.8	23.5	36.7	35.9	24.5	22.1	13.8	18.4	14.3	3.9	4.9	0
	2006～2011 年	39.2	34.2	30.7	30.2	21.4	20.6	13.9	18.5	8.8	3	0	0
	2008～2013 年	48.3	31.1	23.7	29.1	20.9	16.1	10.3	10.7	9	0	0	0
	2010～2015 年	43.5	25.5	21.6	23.7	15.5	14.2	10.4	8.1	3.8	0	0	0
	年均变化率	−0.6	2.0	−12.9	−10.5	−13.1	−14.7	−9.4	−17.4	−9.2	−33.1	3.3	0
介于 0 与均值间的研究领域比例	2002～2007 年	52.9	19	31	49.2	33	38.3	27.3	27.9	14.5	15.2	11.4	8
	2004～2009 年	55.4	26.5	37.5	44.5	32.7	40.7	31.9	23.7	16.7	7.8	12.2	10.3
	2006～2011 年	56.8	23.7	42.3	55.4	31.6	38.2	33	21	26.5	16.7	3.7	8.6
	2008～2013 年	45.5	25.1	38.7	41.8	30.4	31.6	30.3	25.4	20.5	9.6	3.1	6.1
	2010～2015 年	52.2	31.6	38.2	38.9	28.4	35.3	29.0	22.1	19.1	12.2	2.8	6.3
	年均变化率	0.5	15.2	6.0	−4.2	−3.7	−1.4	1.9	−4.7	11.0	12.5	−22.3	−3.6
等于 0 的研究领域比例	2002～2007 年	0.8	14.3	6.2	3.4	16.5	7.5	15.9	7.4	16.4	8.7	2.3	4
	2004～2009 年	0.8	12.2	5.8	7.8	15.5	10.6	4.3	14.5	28.6	13.7	4.9	0
	2006～2011 年	2.7	8.8	0	1.4	15.4	7.6	8.7	12.3	14.7	6.1	3.7	2.9
	2008～2013 年	2.8	5.4	8.6	4.2	14.2	6.3	9.1	9.8	23.1	9.6	3.1	4.1
	2010～2015 年	1.3	4.6	4.0	2.4	8.1	5.8	8.2	13.2	20.0	3.7	0	4.7
	年均变化率	46.8	−24.0	−39.9	50.9	−14.3	−3.0	6.0	23.9	17.4	−0.6	−6.9	−11.1

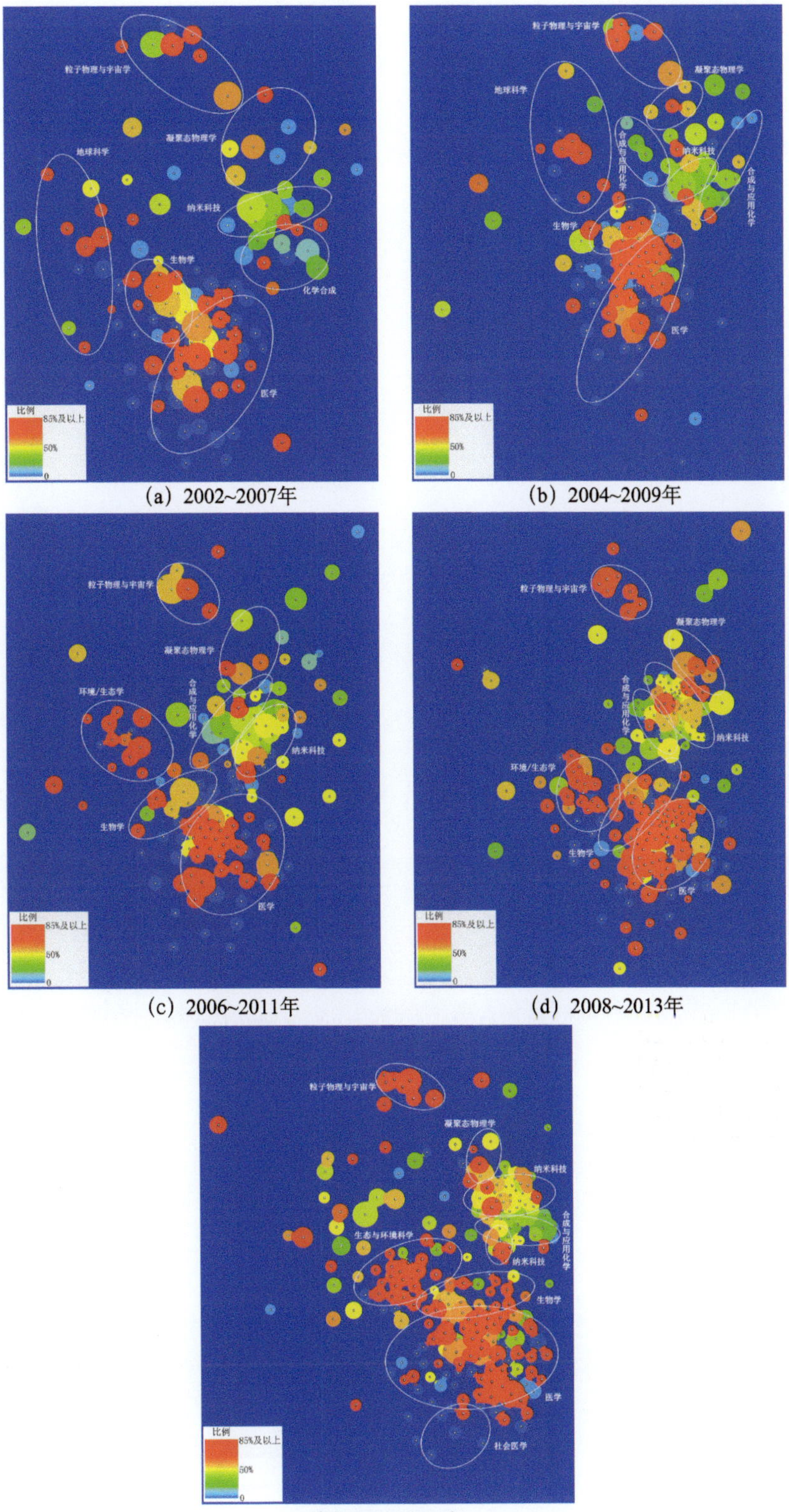

图 6-5　中国核心论文国际合著率分布图（五个时期）

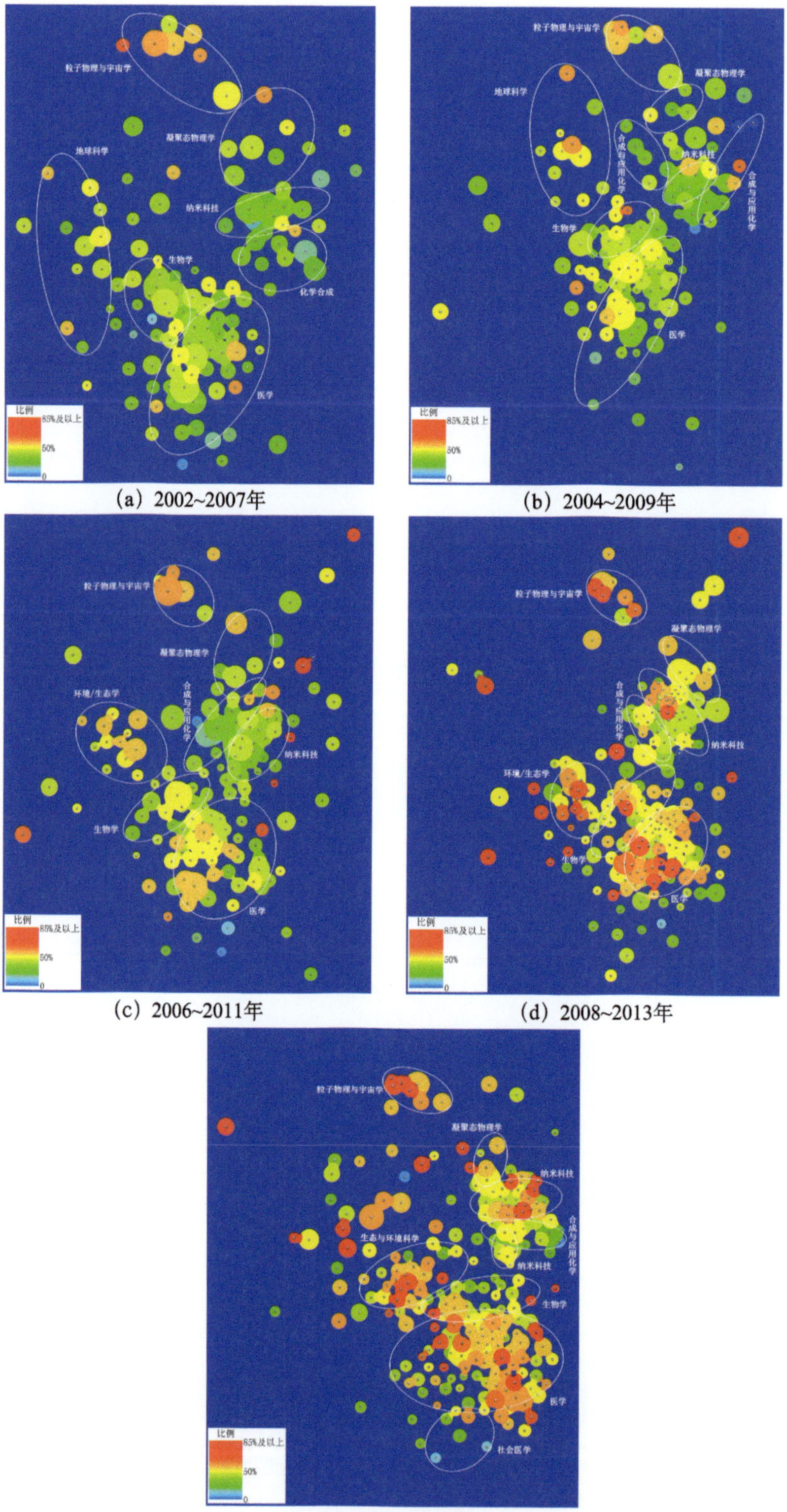

(a) 2002~2007年　(b) 2004~2009年

(c) 2006~2011年　(d) 2008~2013年

(e) 2010~2015年

图 6-6　美国核心论文国际合著率分布图（五个时期）

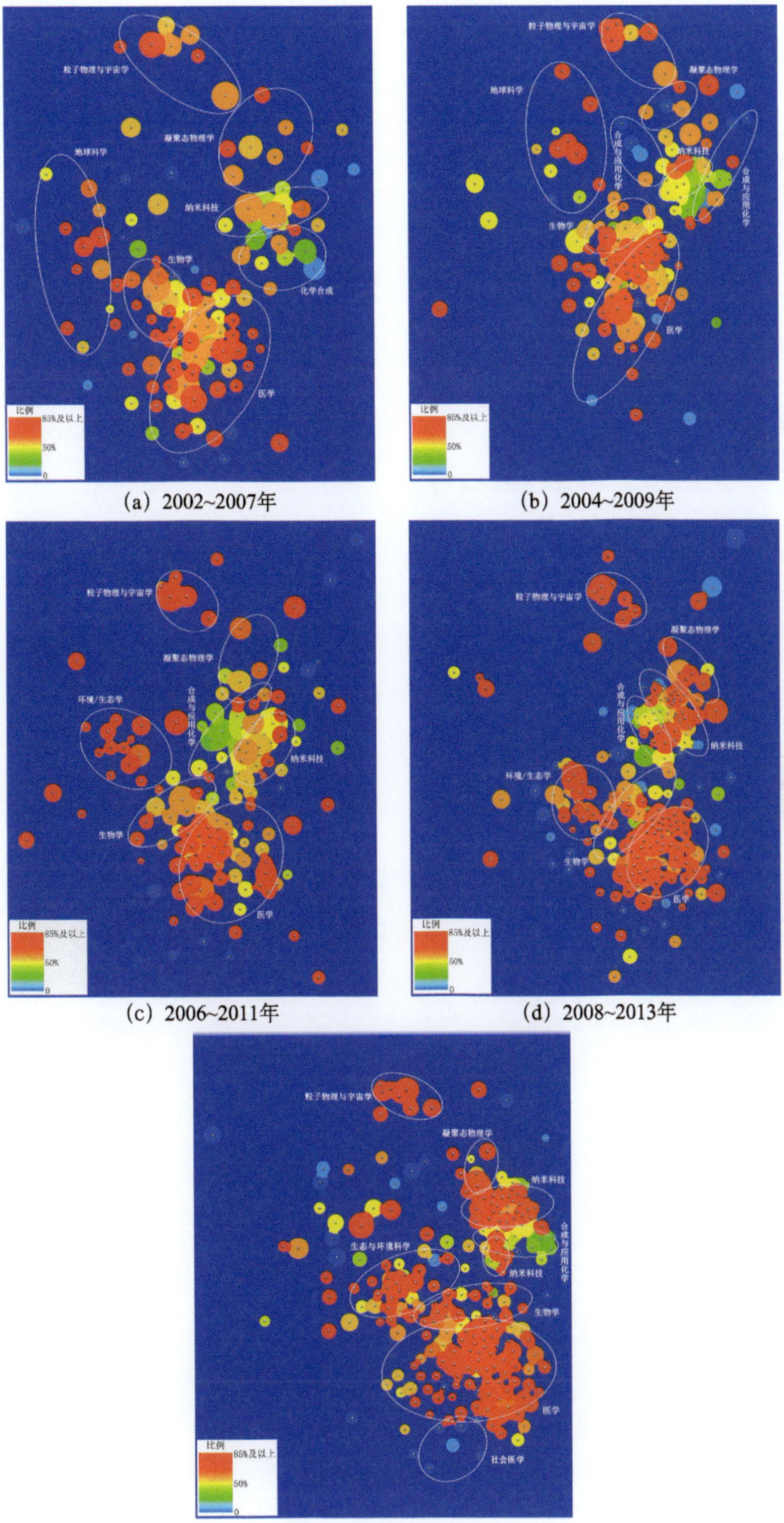

（a）2002~2007年　（b）2004~2009年

（c）2006~2011年　（d）2008~2013年

（e）2010~2015年

图 6-7　德国核心论文国际合著率分布图（五个时期）

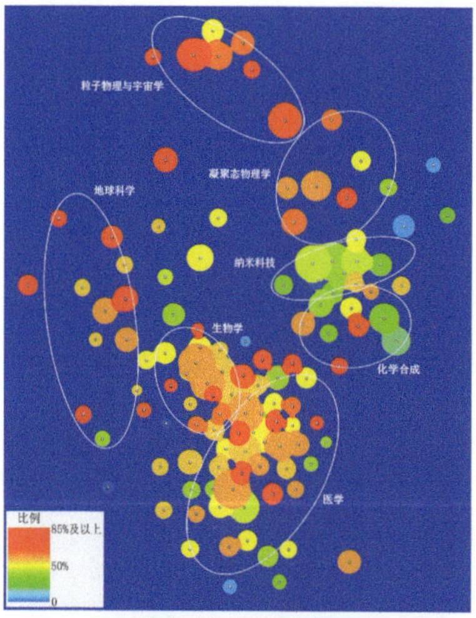

(a) 2002~2007年

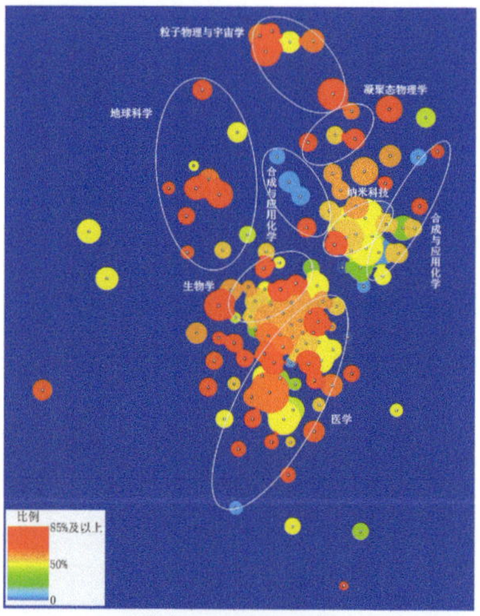

(b) 2004~2009年

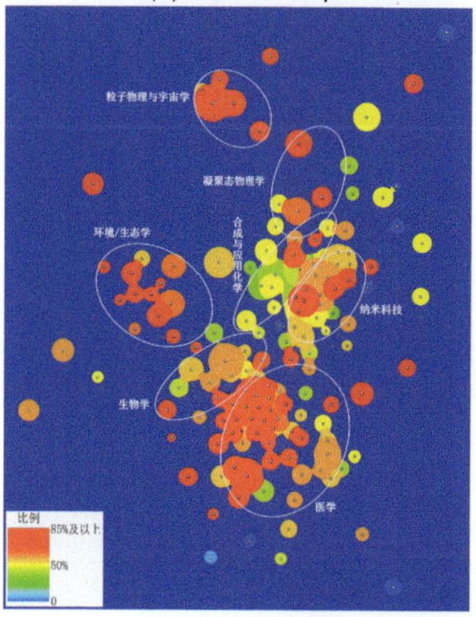

(c) 2006~2011年

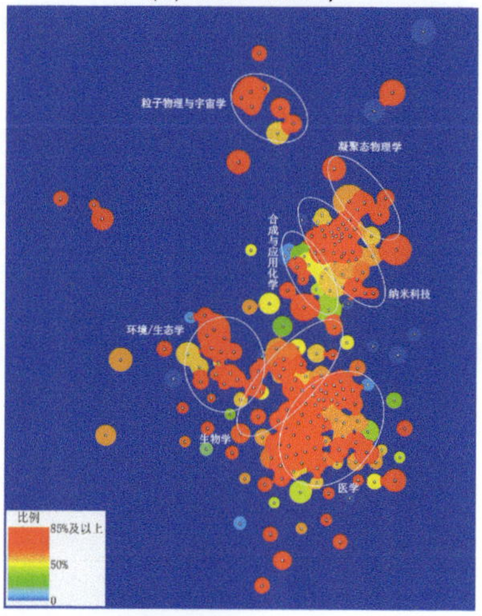

(d) 2008~2013年

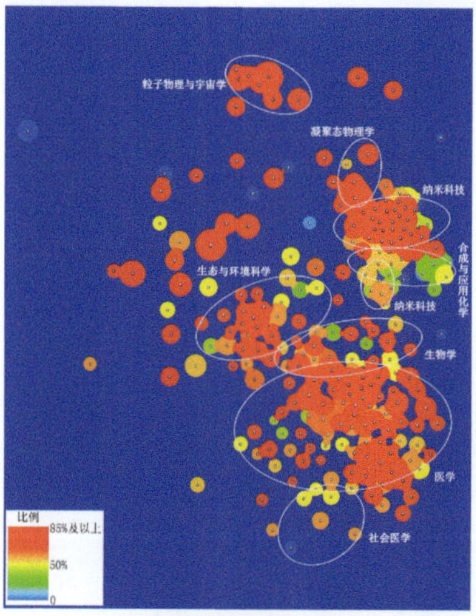

(e) 2010~2015年

图 6-8　英国核心论文国际合著率分布图（五个时期）

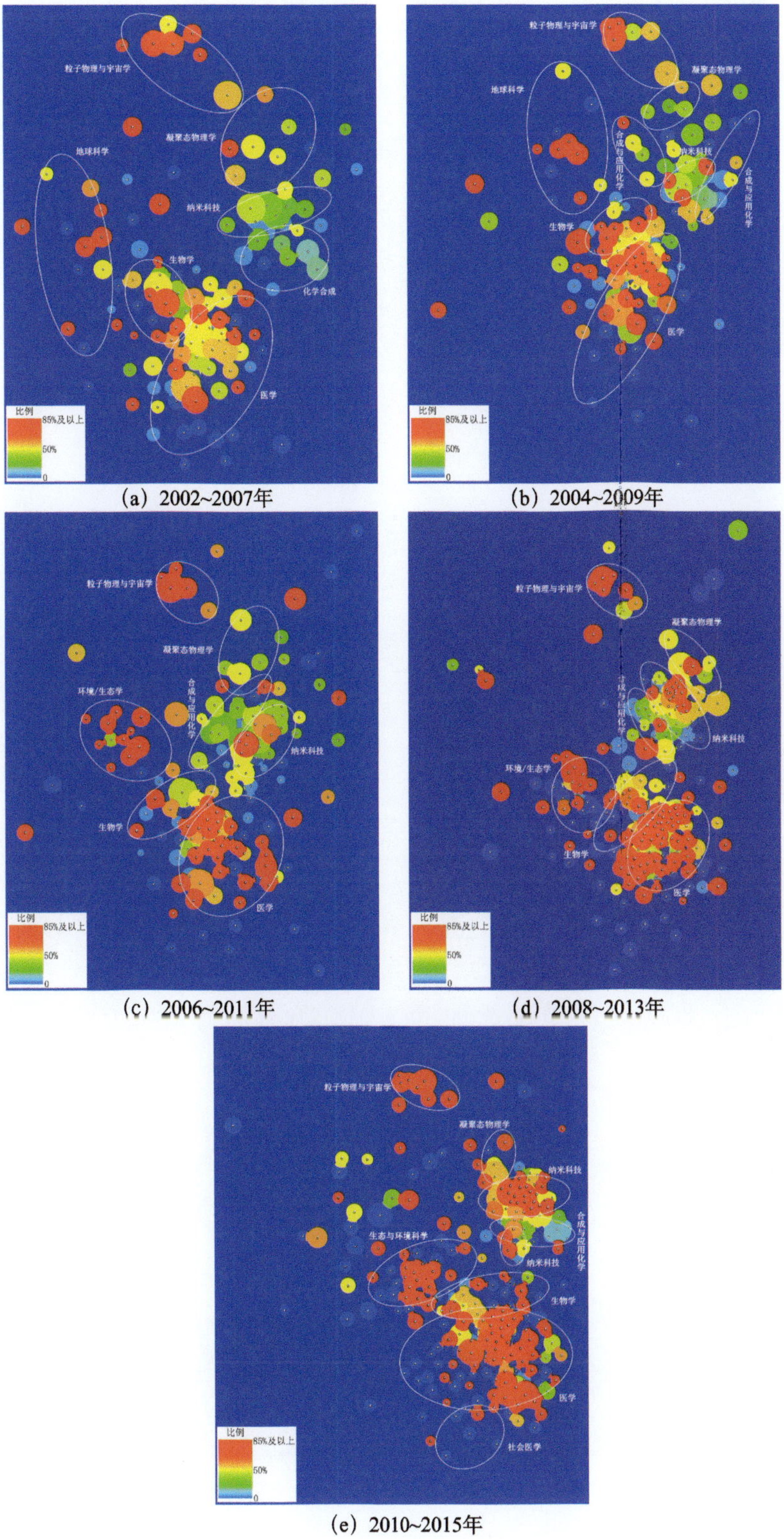

图 6-9　日本核心论文国际合著率分布图（五个时期）

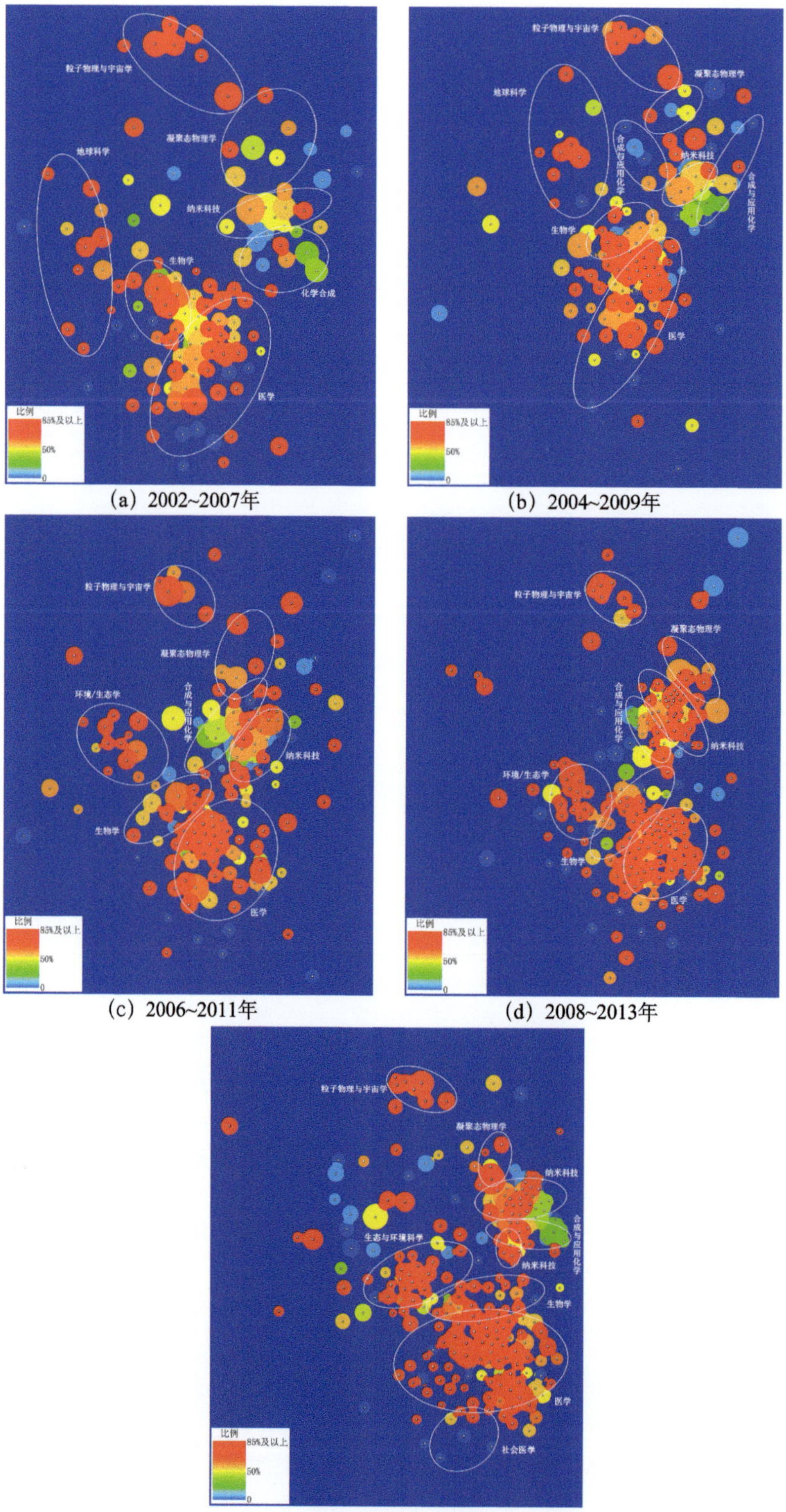

(a) 2002~2007年
(b) 2004~2009年
(c) 2006~2011年
(d) 2008~2013年
(e) 2010~2015年

图 6-10　法国核心论文国际合著率分布图（五个时期）

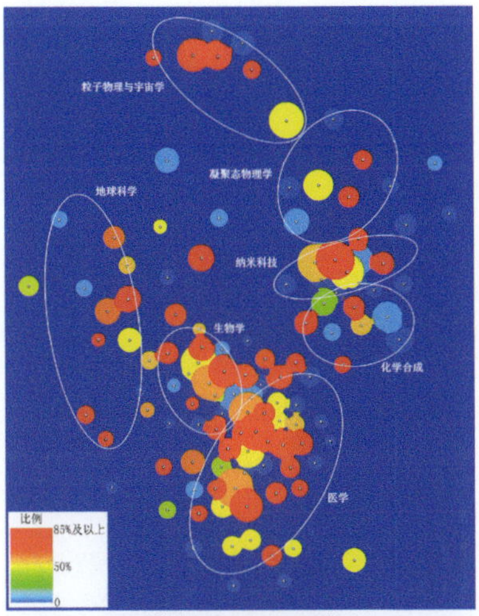

(a) 2002~2007年

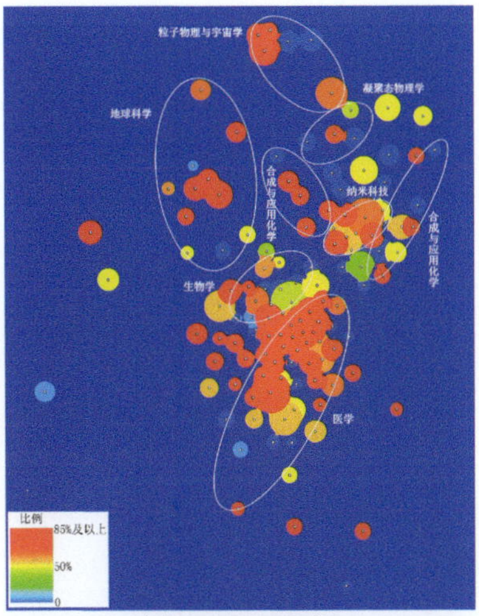

(b) 2004~2009年

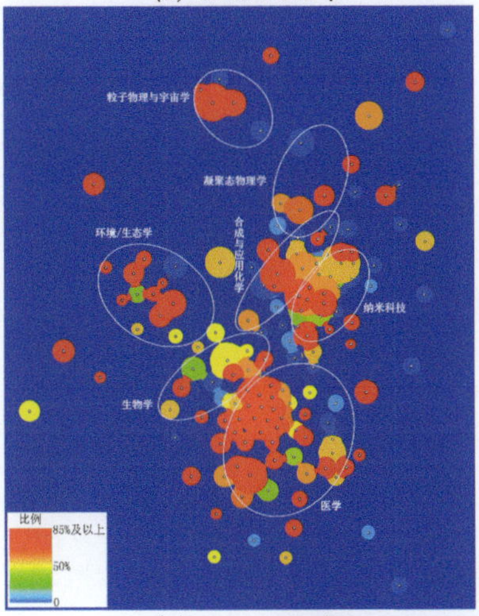

(c) 2006~2011年

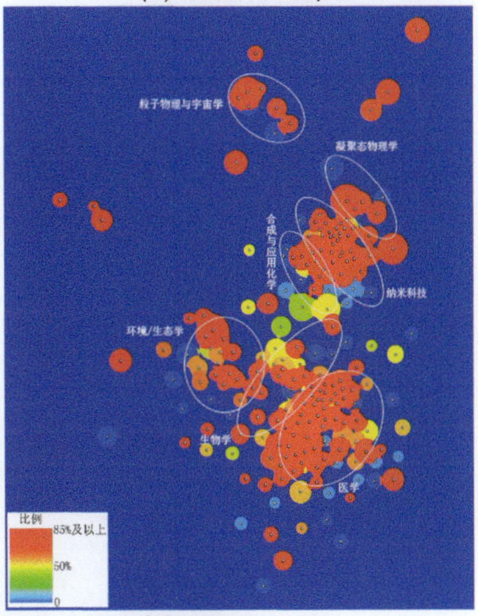

(d) 2008~2013年

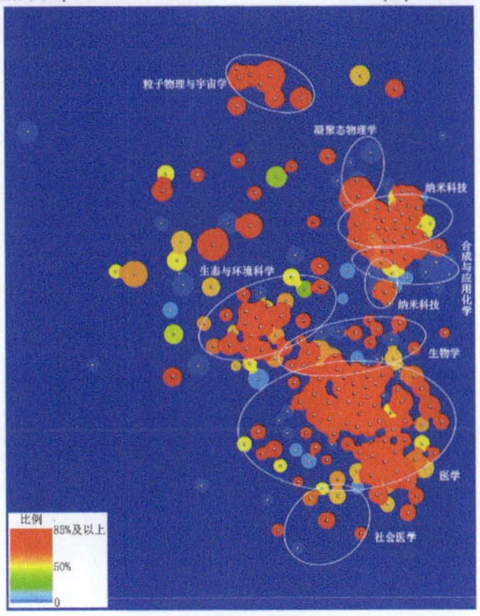

(e) 2010~2015年

图 6-11　澳大利亚核心论文国际合著率分布图（五个时期）

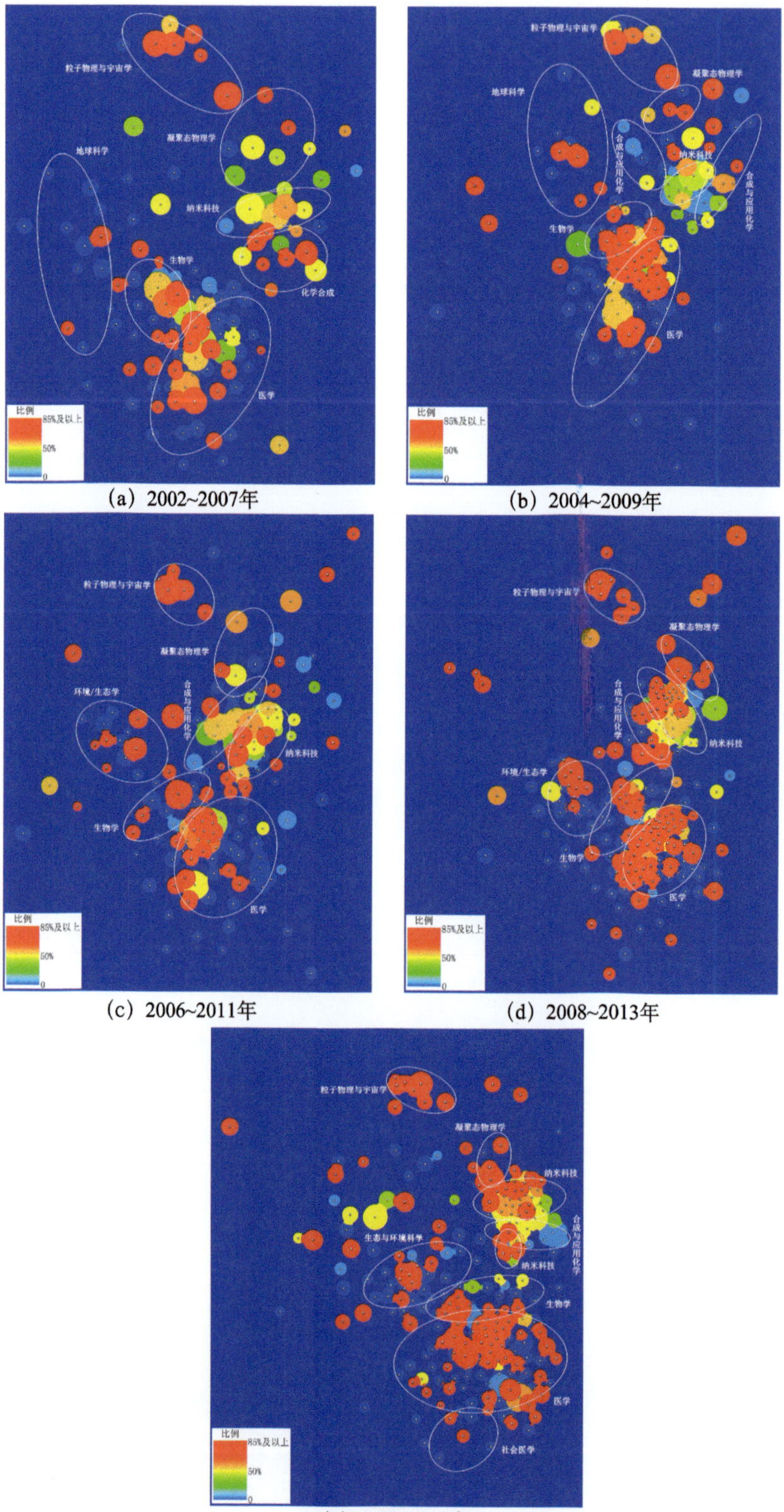

(a) 2002~2007年 (b) 2004~2009年

(c) 2006~2011年 (d) 2008~2013年

(e) 2010~2015年

图 6-12 韩国核心论文国际合著率分布图（五个时期）

从五期的演变来看，世界范围内的国际合作整体呈上升趋势，合作力度越来越强，特别是美国、英国、德国、法国、日本等发达国家。对比五个时期可以看出，美国在前三个时期国际合著率相对较低，但在 2008～2013 年合作研究活动增长迅速，在 2010～2015 年持续增长，出现大量红色、橙色区域。中国及代表性国家整体在纳米科技与合成与应用化学大类上的国际合著率比其他领域低，但都表现出明显的增长趋势，中国在纳米科技、合成与应用化学、工程科学、数学等优势大类上国际合著率一直相对较低，尽管有所增长，但比起其他国家增长缓慢。中国在地球科学、粒子物理与宇宙学、生物学、医学大类上合作研究较多。澳大利亚、韩国发展比较相近，均有 50% 左右的研究领域研究来源于国际合作。俄罗斯在五个时期的国际合著率均位居 12 国之首，且均有 90% 以上的研究领域完全依赖国际合作研究，特别是在 2010～2015 年，其国际合著率为 99.7%，全部 336 篇核心论文中，仅有 1 篇为非国际合著论文。五期中南非的国际合著率均仅次于俄罗斯。

第七章 科学结构图谱上的科学资助情况分析

本章将科学资助和科学产出进行关联分析。通过研究科学基金对 SCI 论文资助情况，可视化展现中国及代表性国家科学资助的论文产出在科学结构图谱上的分布，对比分析不同国家科学资助或同一国家不同资助机构在科学结构图谱上的资助布局及资助力度的不同，以期辅助了解各国政府资助机构的分工特点、科技实力和关注的未来科学发展的方向。

本书关注政府竞争性资助项目，即经费来自政府的基金类计划、国家重大研发计划及部委级别竞争性科技计划，不包括政府给予大学和科研机构的运行经费和政府投入给非营利机构的少量经费。因此，没有统计以大学名义资助的论文和以社团形式资助的论文。

对于中国的统计，主要包括国家自然科学基金委员会（NSFC）、科技部的 973 计划、863 计划，以及一些国家部委层面计划资助的项目；美国的统计主要包括国家科学基金会、国立卫生研究院及部委的计划。其他代表性国家政府竞争性资助论文的统计都采取了上述原则。本章采用整体计数法计算国家的核心论文和资助论文数量。

观察中国：

中国政府资助的核心论文数世界排名第二位，几乎是德国、英国的 2～3 倍，日本、法国的 5～6 倍，仅低于美国。

中国政府资助的论文比例有所提高，政府竞争性资助项目资助有核心论文的研究领域占本国发表核心论文的研究领域的比例从 72.8% 上升到 80.1%，以极微弱优势高于英国，排名从第四名上升到第二名，仅次于美国；中国政府资助的核心论文占本国发表的核心论文的比例最高，达到78.9%，其他国家大都在40%或50%左右。中国在新增研究领域中的覆盖率也持续上升，从65.4%上升到76.6%。

中国政府资助产出的核心论文在各领域分布不均衡。传统科技强国资助产出的核心论文整体上覆盖全面，分布比较均匀。中国政府资助产出的核心论文主要集中在纳米科技、合成与应用化学、粒子物理与宇宙学，其他资助方向的核心论文较少，尤其在生态学、医学方面相对较弱。不过，纵观科学结构图谱近两期的演变，受中国政府资助的研究领域占比有所提高，同时，中国在生物学、医学方面的资助产出的研究领域份额和覆盖率都有所提高。

结合近三期的科学结构数据可以看出，中国不同资助机构资助重复较大。从数据分析看，973计划资助的研究领域，同时也受NSFC资助的占比保持在90%左右，973计划资助的高被引论文中有88%左右同时标有NSFC的资助，973计划资助论文份额高的研究领域同时是NSFC资助中论文份额高的领域。但是，与中国资助机构布局类似的日本，日本学术振兴会（JSPS）主要资助基础研究，日本科学技术振兴机构（JST）主要针对国家重大需求，在2010～2015年，JST资助的研究领域，同时也受JSPS资助的情况仅占49%，而高被引论文共同资助占比更是连续三期均低于30%。

一、中国及代表性国家政府资助核心论文在科学结构图谱上的分布

从政府资助的核心论文覆盖研究领域占本国有核心论文研究领域的比例来看（表7-1），三个时期，中国、欧美发达国家（美国、英国、德国、法国）、日本、澳大利亚、韩国8个国家，其政府资助的研究领域数占本国有核心论文的研究领域的比例几乎都超过60%（仅2006～2011年的法国占比为56.5%）。美国政府资助研究领域占本国有核心论文的研究领域的比例最高，达到90%以上。2010～2015年，中国政府资助研究领域的比例从72.8%上升到80.1%，以极微弱优势高于英国，排名从第四上升到第二，仅次于美国。发达国家除法国外，均在70%以上。韩国政府资助覆盖领域的比例一直较高，基本与中国接近。尽管日本核心论文世界份额在逐年降低，但其政府资助覆盖的领域比例的增幅却最为明显，达到12.8%，其科研占领世界热点前沿的意识很强烈。

表 7-1 中国及代表性国家政府资助核心论文覆盖的研究领域（整数计数）

2010～2015 年													
范围（数量）	统计类型	美国	中国	德国	英国	日本	法国	澳大利亚	韩国	印度	巴西	俄罗斯	南非
全研究领域（232 个）	政府资助研究领域（A）/ 个	220	157	154	169	110	122	128	102	36	41	26	13
	发表论文研究领域（B）/ 个	232	196	199	211	148	190	183	136	105	82	72	64
	（A/B）/%	94.8	80.1	77.4	80.1	74.3	64.2	69.9	75.0	34.3	50.0	36.1	20.3
	政府资助核心论文总数 / 篇	6 667	3 103	1 298	1 288	648	534	565	423	137	149	117	46
	发文总数 / 篇	10 250	3 934	3 067	3 113	1 140	1 844	1 365	692	390	345	336	257
新增研究领域（77 个）	发表论文研究领域（C）/ 个	77	64	63	68	43	59	56	35	29	24	15	20
	政府资助研究领域 D/ 个	74	49	46	55	29	32	35	28	6	11	6	0
	（D/C）/%	96.1	76.6	73.0	80.9	67.4	54.2	62.5	80.0	20.7	45.8	40.0	0
2008～2013 年													
范围（数量）	统计类型	美国	中国	德国	英国	日本	法国	澳大利亚	韩国	印度	巴西	俄罗斯	南非
全研究领域（212 个）	政府资助研究领域（A）/ 个	198	128	142	157	108	112	112	95	39	32	19	13
	发表论文研究领域（B）/ 个	211	167	186	189	148	174	165	122	78	73	65	49
	（A/B）/%	93.8	76.6	76.3	83.1	73.0	64.4	67.9	77.9	50.0	43.8	29.2	26.5
	政府资助核心论文总数 / 篇	5 368	2 025	1 106	1 058	636	430	438	392	122	113	81	40
	发文总数 / 篇	9 310	2 805	2 591	2 707	1 144	1 577	1 127	593	321	258	229	153
新增研究领域（48 个）	发表论文研究领域（C）/ 个	48	35	39	42	29	37	39	21	13	15	10	9
	政府资助研究领域 D/ 个	41	20	21	34	20	16	22	14	4	6	2	2
	（D/C）/%	85.4	57.1	53.8	81.0	69.0	43.2	56.4	66.7	30.8	40.0	20.0	22.2
2006～2011 年													
范围（数量）	统计类型	美国	中国	德国	英国	日本	法国	澳大利亚	韩国	印度	巴西	俄罗斯	南非
全研究领域（149 个）	政府资助研究领域（A）/ 个	141	83	102	112	72	74	71	57	27	24	19	7
	发表论文研究领域（B）/ 个	148	114	137	139	117	131	115	81	68	66	54	35
	（A/B）/%	95.9	72.8	74.5	80.6	61.5	56.5	61.7	70.4	39.7	36.4	35.2	20.0

续表

2006～2011 年													
范围（数量）	统计类型	美国	中国	德国	英国	日本	法国	澳大利亚	韩国	印度	巴西	俄罗斯	南非
全研究领域（149 个）	政府资助核心论文总数 / 篇	4 030	1 082	789	731	485	316	237	250	81	59	54	12
	发文总数 / 篇	10 315	2 035	2 669	2 767	1 215	1 590	905	497	341	230	254	123
新增研究领域（39 个）	发表论文研究领域（C）/ 个	39	26	37	35	27	31	25	17	14	15	13	8
	政府资助研究领域（D）/ 个	37	17	22	27	13	19	14	11	4	5	6	2
	（D/C）/%	94.9	65.4	59.5	77.1	48.1	61.3	56.0	64.7	28.6	33.3	46.2	25.0

中国政府资助的核心论文数与中国的核心论文世界份额一样世界排名第二，为 3103 篇，几乎是德国、英国的 2～3 倍，日本、法国的 5～6 倍，仅低于美国，远高于代表性国家，这与中国科研的进步、政府科研经费高投入有关系。中国政府资助核心论文占发表核心论文的比例最高，达到 78.9%，其他国家在 40% 或 50% 左右，美国只在本期达到 65%。

从科学结构图谱 2010~2015 新增研究领域（与前一期研究领域没有重叠论文）的覆盖来看，本期美国、英国、韩国、俄罗斯新增研究领域中资助覆盖率略高于在全部研究领域中的资助覆盖率，其他代表性国家新增研究领域中资助覆盖率低于在全部研究领域中的资助覆盖率，南非甚至无覆盖。中国在新增研究领域中的覆盖率持续上升，已经达到 76.6%。

图 7-1～图 7-12 显示了中国及代表性国家政府资助核心论文在近三期科学结构图谱上的分布情况。各个国家政府资助产出的优势领域在这两期总体上基本一致，研究领域的覆盖率及数量略有增加。

结合附录 5 分析，12 个国家资助发文在粒子物理与宇宙学、凝聚态物理学大类中最为集中，排名靠前的国家在地质学、大气科学、植物学、部分纳米科技与合成与应用化学大类中的资助也比较集中。

中国政府资助发文主要集中在纳米科技与合成与应用化学方面，其他资助方向发文量较少，尤其是医学、生态学、社会科学方面较弱。不过经过两年的发展，中国在生物学、医学方面的资助产出的研究领域份额和覆盖率都有所提高。美国整体资助发文量高，覆盖面广，分布均匀。发达国家资助论文整体覆盖面比较广，分布均匀。英国相比德国覆盖的学科范围更广，其没有覆盖的领域主要是纳米科技、社会科学、工程科学中的部分研究领域。日本、法国、澳大利亚、韩国政府资助的论文产出尽管数量与英国、德国相差较大，但覆盖的学科范围较全。其他国家核心论文产出也相对较低，政府资助比例略低。

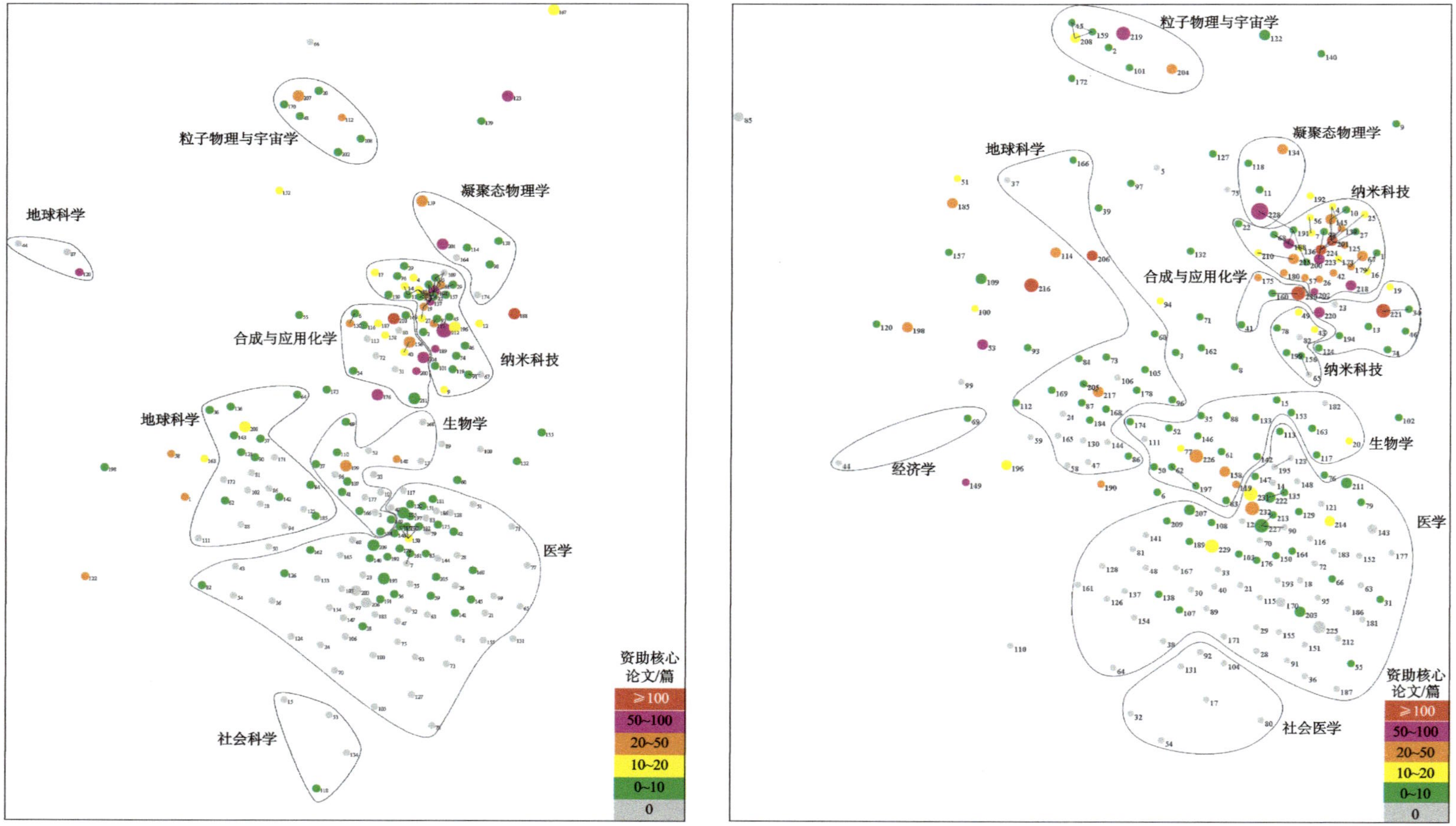

(a) 2008~2013年　　(b) 2010~2015年

图 7-1　中国政府资助核心论文在科学结构图谱上的分布

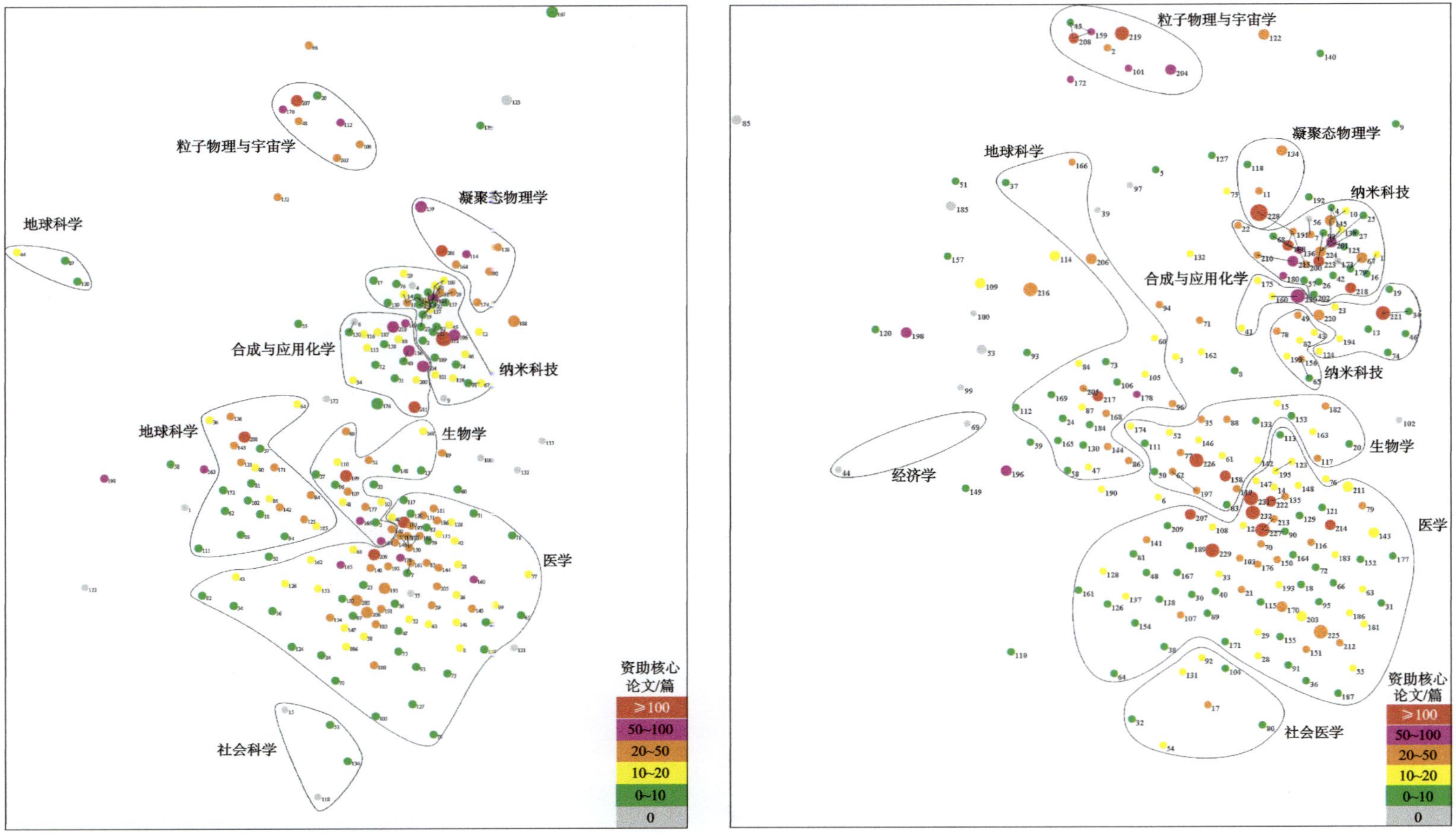

（a）2008~2013年　　（b）2010~2015年

图 7-2　美国政府资助核心论文在科学结构图谱上的分布

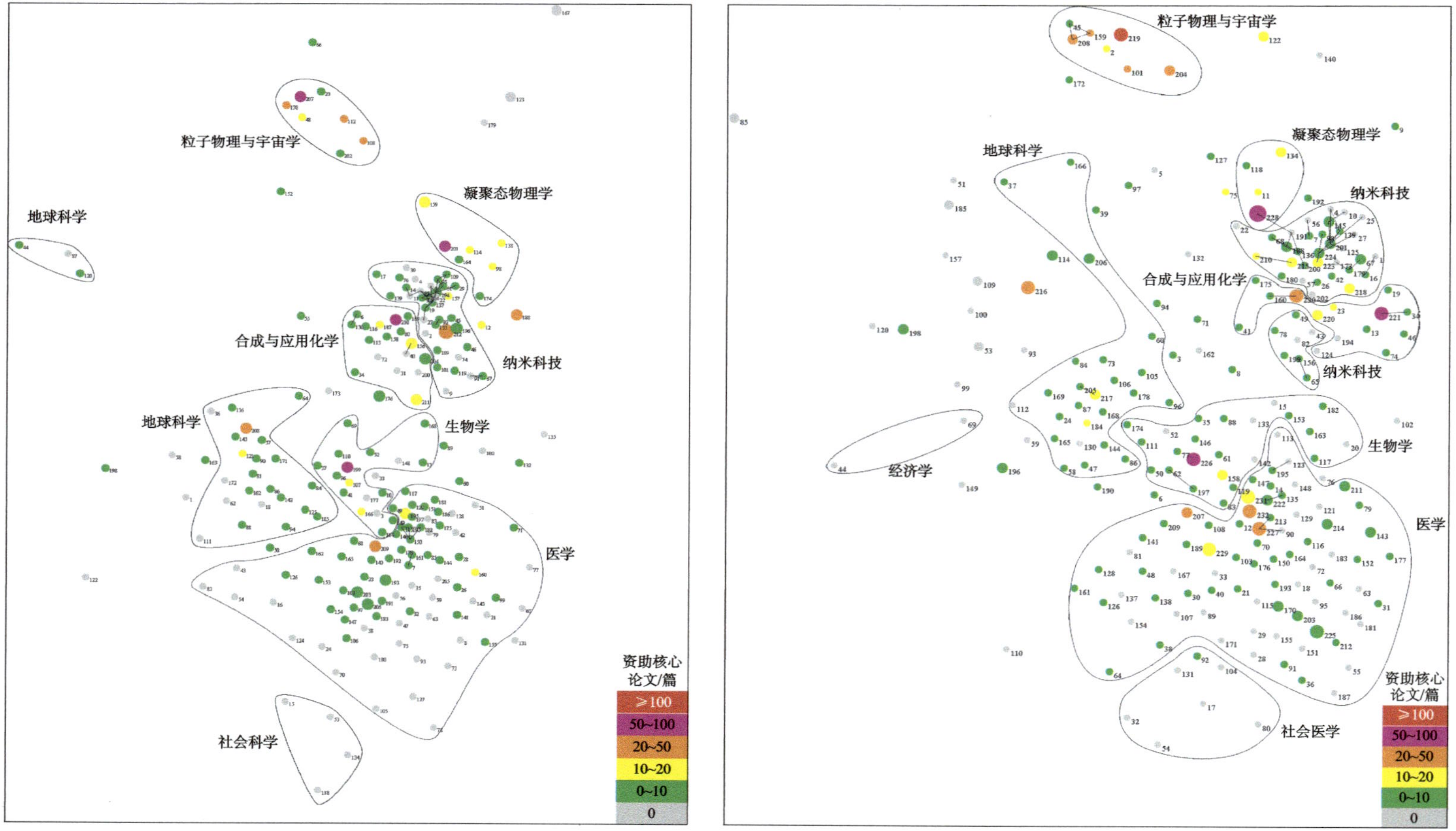

（a）2008~2013年　　（b）2010~2015年

图 7-3　德国政府资助核心论文在科学结构图谱上的分布

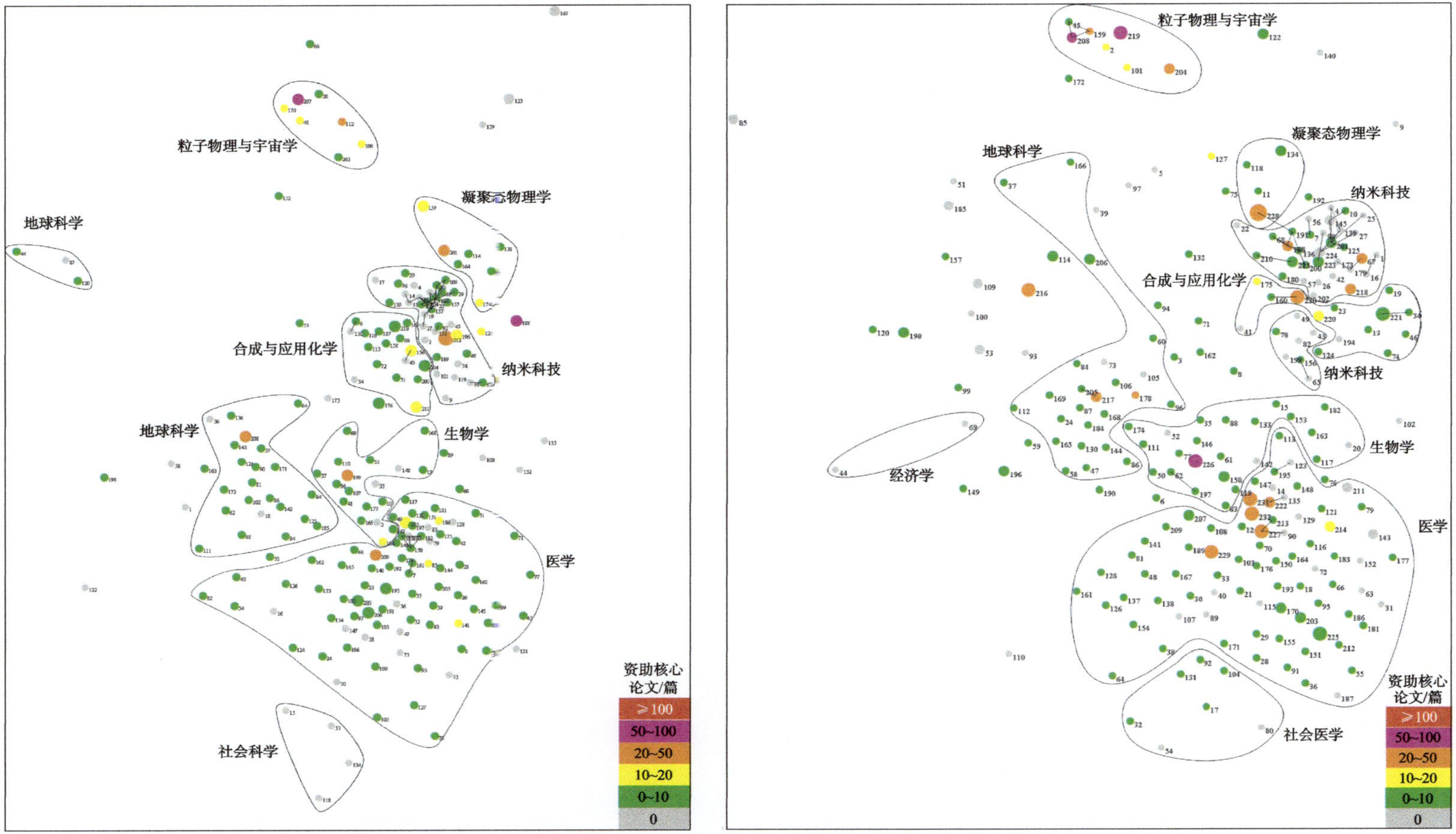

（a）2008~2013年　　（b）2010~2015年

图 7-4　英国政府资助核心论文在科学结构图谱上的分布

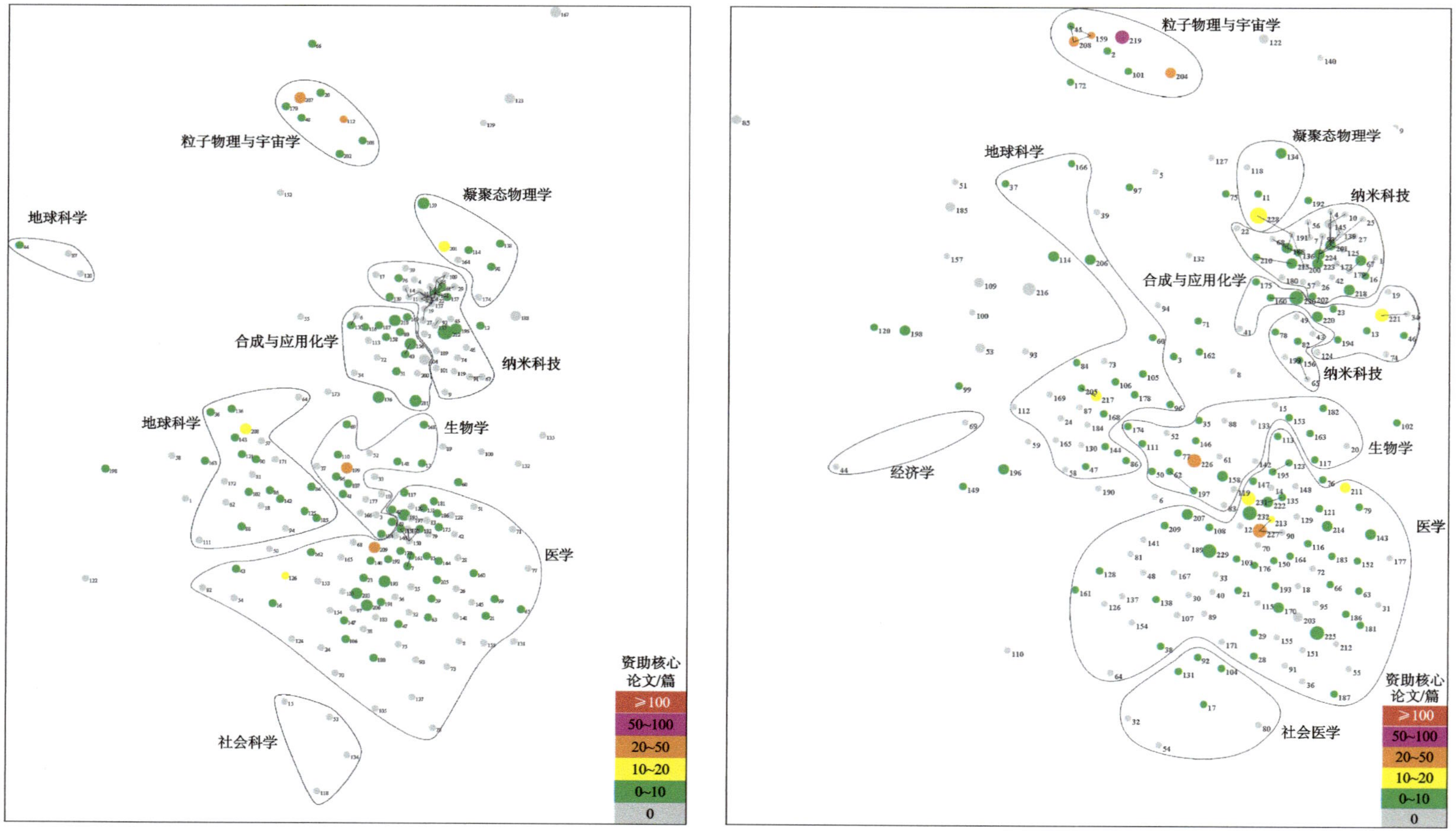

（a）2008~2013年

（b）2010~2015年

图 7-5 法国政府资助核心论文在科学结构图谱上的分布

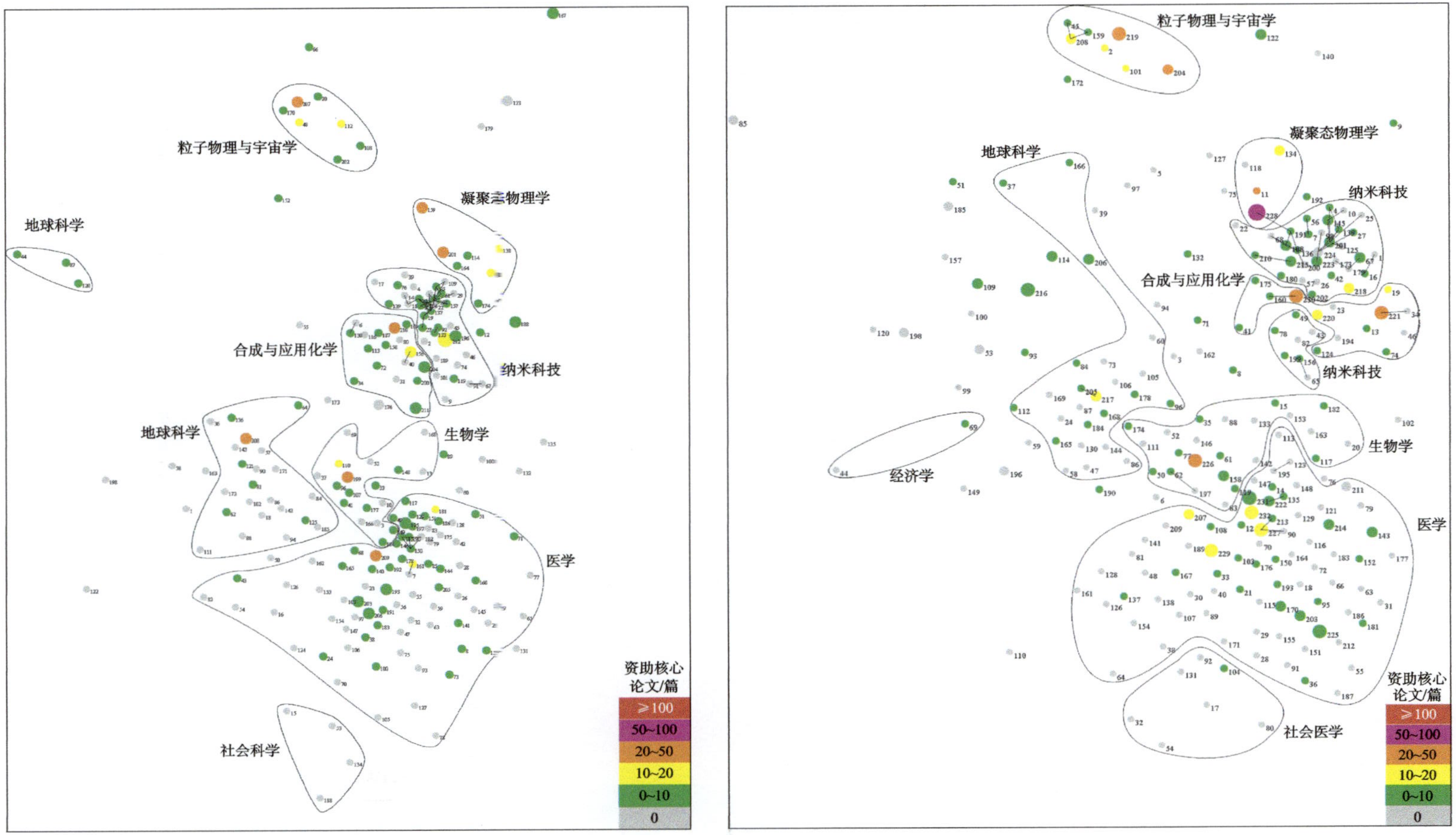

（a）2008~2013年　　（b）2010~2015年

图 7-6　日本政府资助核心论文在科学结构图谱上的分布

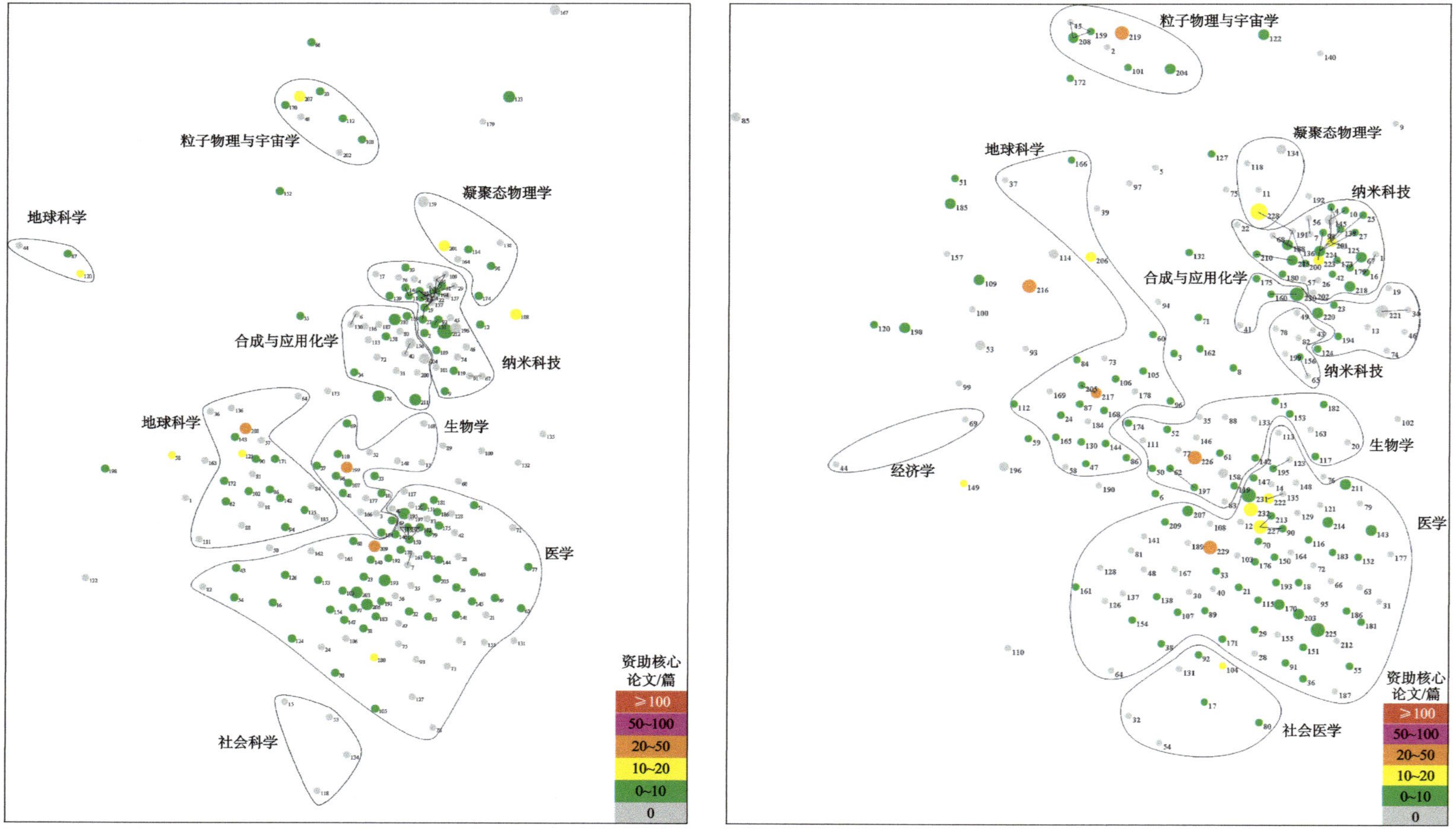

（a）2008~2013年

（b）2010~2015年

图 7-7　澳大利亚政府资助核心论文在科学结构图谱上的分布

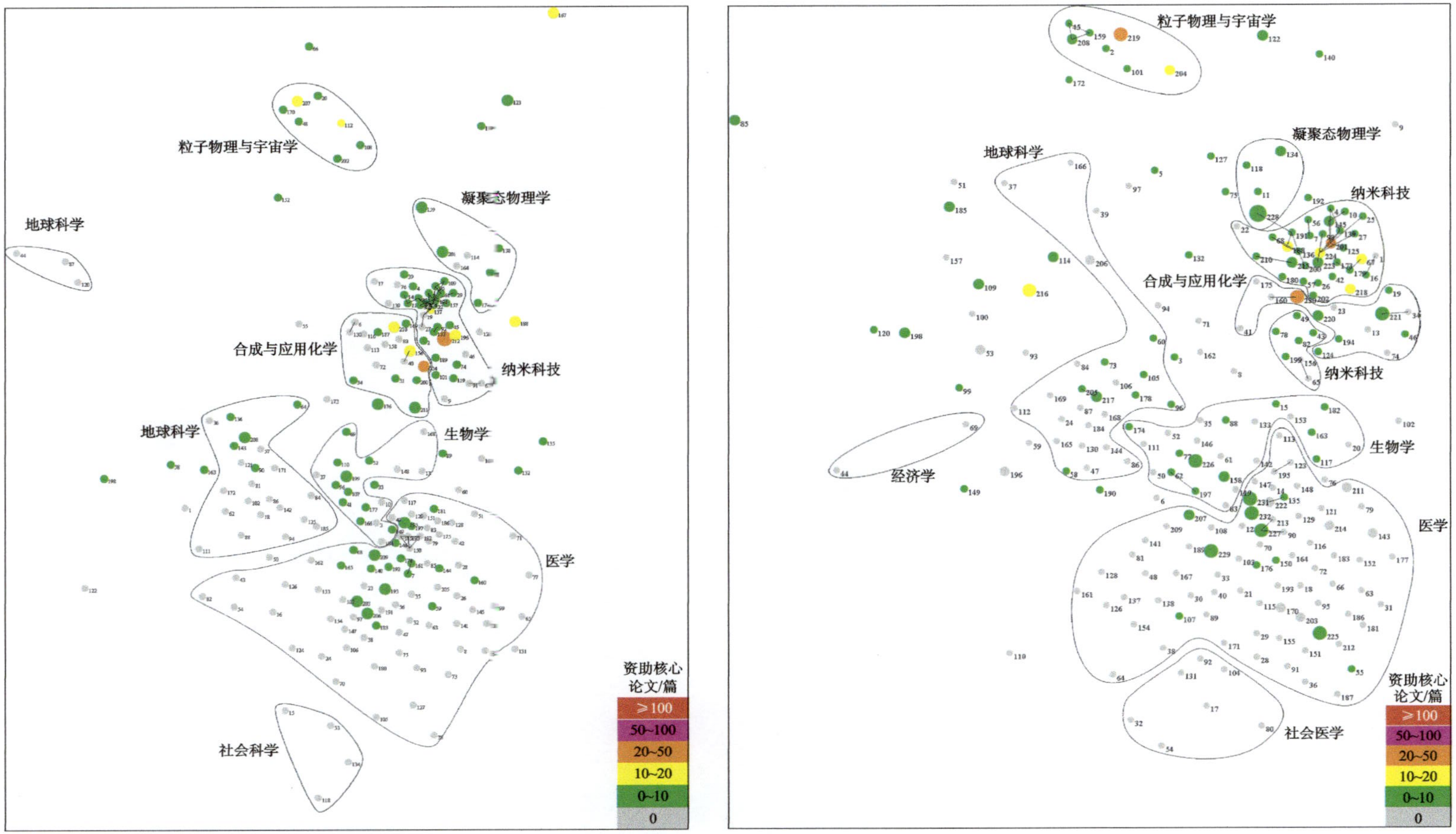

(a) 2008~2013年　　(b) 2010~2015年

图 7-8　韩国政府资助核心论文在科学结构图谱上的分布

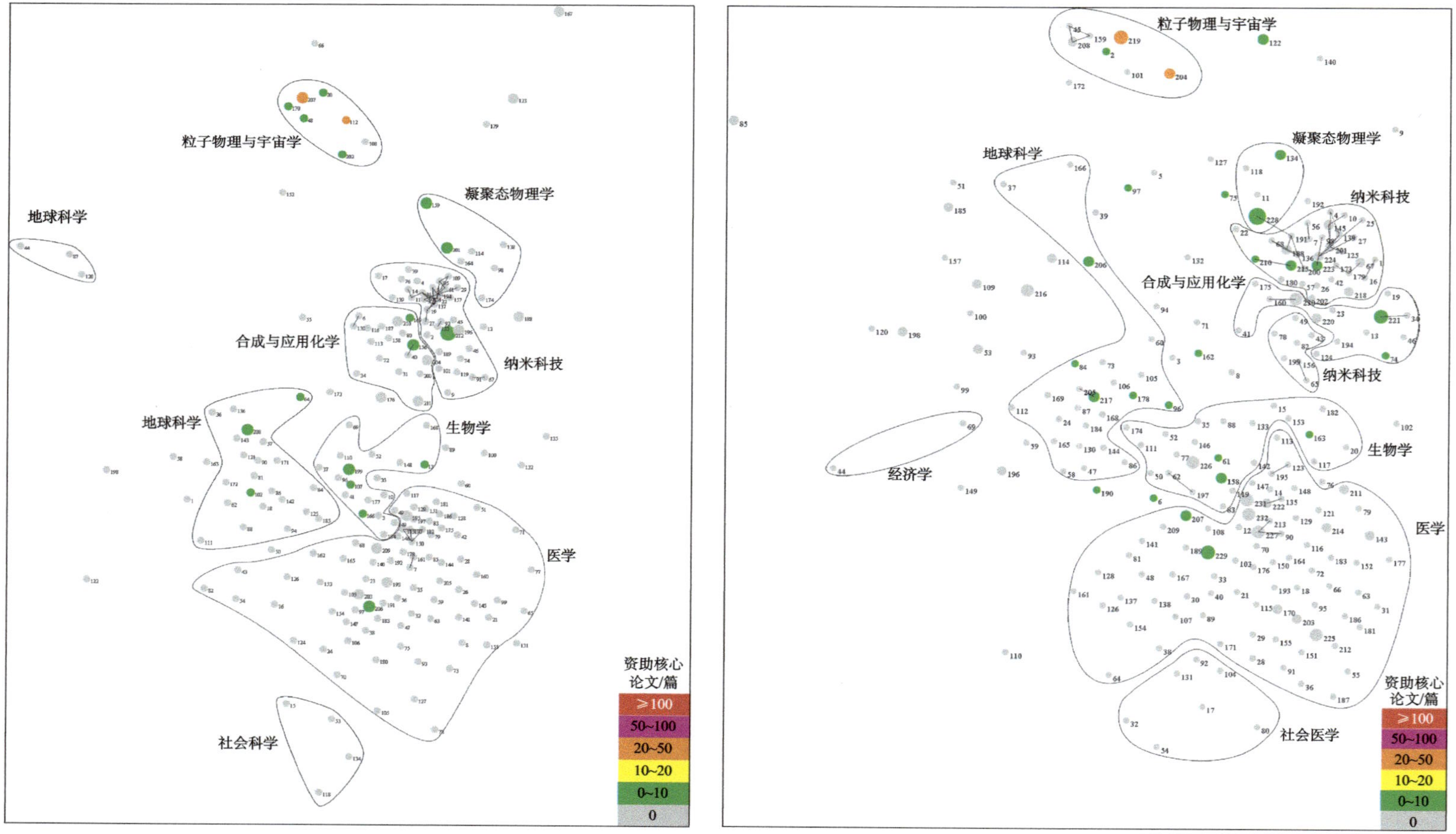

（a）2008~2013年　　（b）2010~2015年

图 7-9　俄罗斯政府资助核心论文在科学结构图谱上的分布

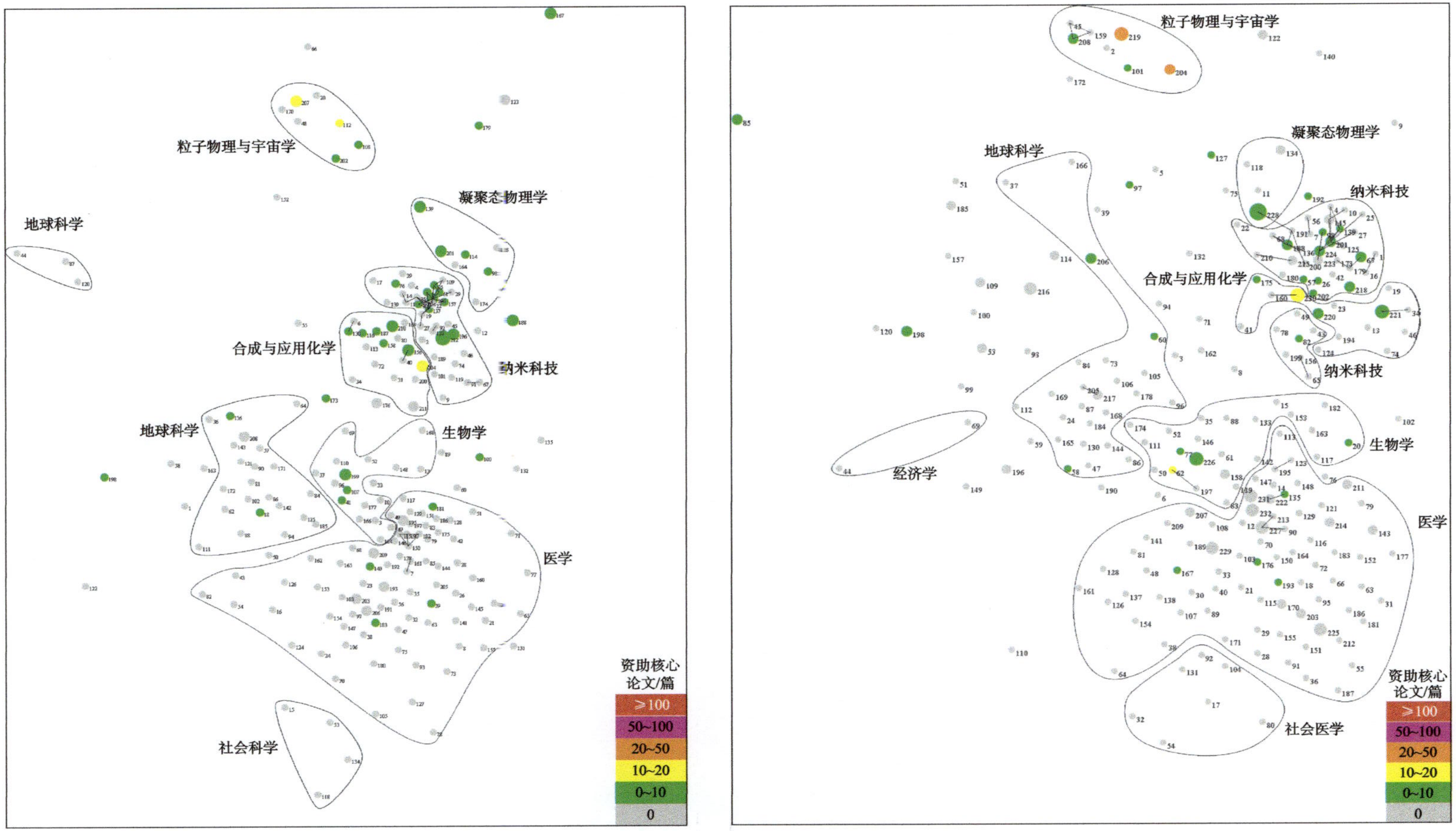

（a）2008~2013年　　（b）2010~2015年

图 7-10　印度政府资助核心论文在科学结构图谱上的分布

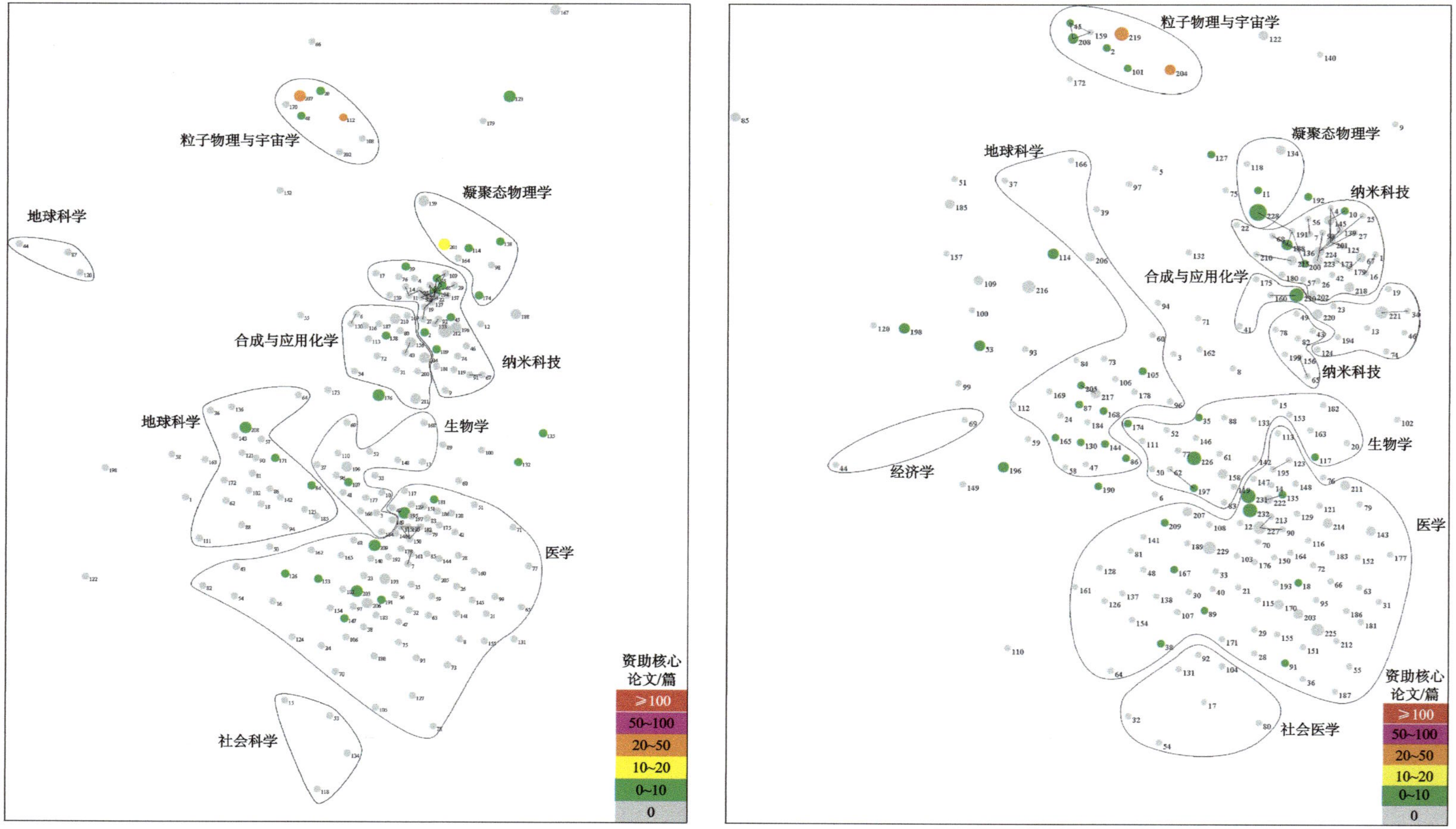

(a) 2008~2013年　　(b) 2010~2015年

图 7-11　巴西政府资助核心论文在科学结构图谱上的分布

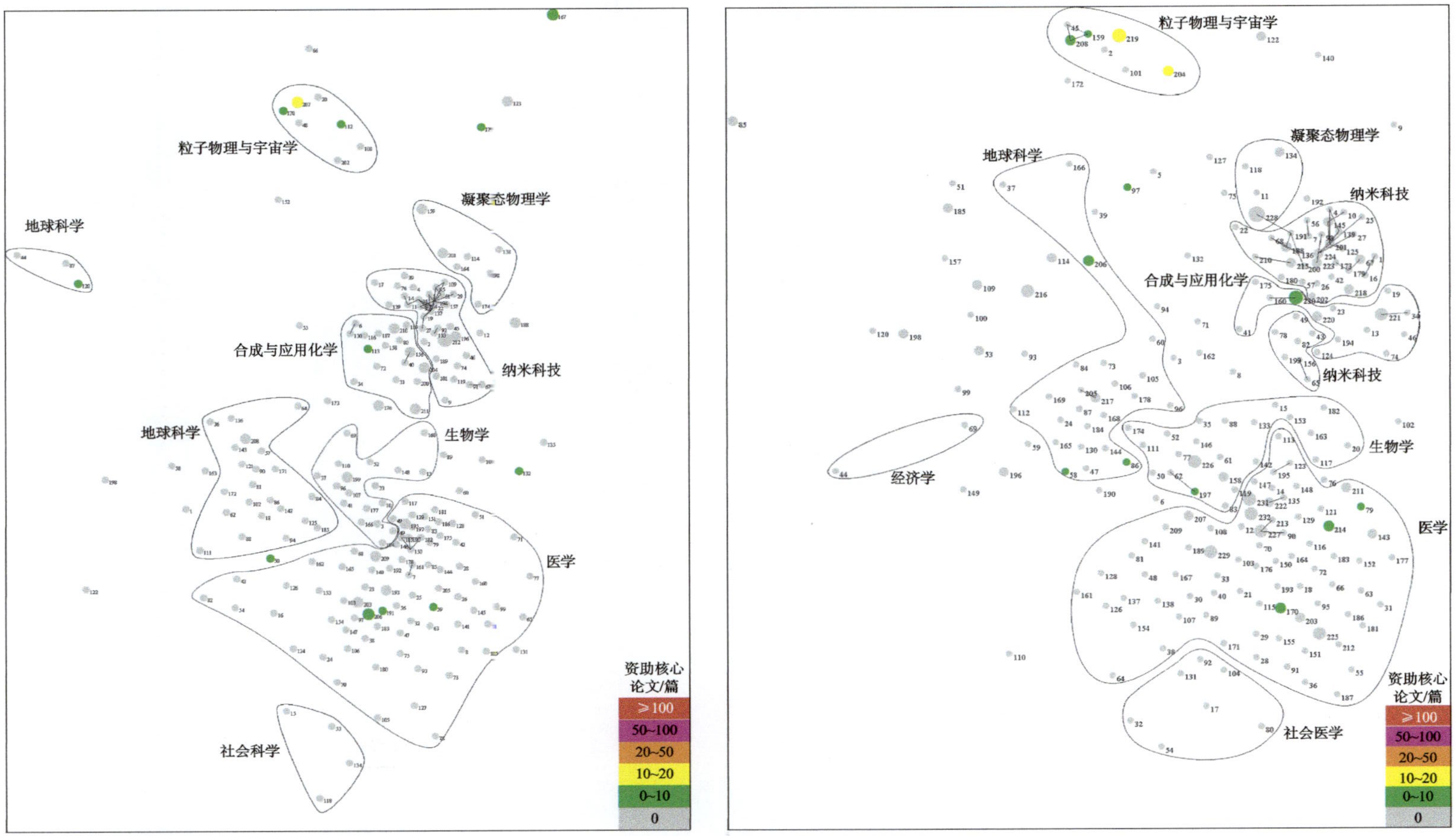

（a）2008~2013年 （b）2010~2015年

图 7-12 南非政府资助核心论文在科学结构图谱上的分布

二、重要国家政府资助机构资助论文在科学结构图谱上的分布

中国 NSFC 与 973 计划、美国 NSF 与 NIH、德国科学基金会（DFG）、英国研究理事会（RCUK）、日本 JSPS 与 JST 是这些重要国家的主要资助机构。表 7-2 显示了三个时期这些重要国家中主要政府资助机构设立的科研项目资助发表核心论文情况。中国、美国、德国、英国主要机构资助的有发文的研究领域数占该国发文研究领域数比例相对较高，达 60% 以上，论文产出也相对较高。日本 JSPS 与 JST 资助研究领域数占该国发文研究领域数比例相对低一些，JSPS 在 50% 以下。

表 7-2　中国及代表性国家资助项目的核心论文产出统计（整数计数）

2006～2011 年（研究领域总数：149 个）			2008～2013 年（研究领域总数：212 个）			2010～2015 年（研究领域总数：232 个）		
中国	研究领域数 / 个	论文数 / 篇	中国	研究领域数 / 个	论文数 / 篇	中国	研究领域数 / 个	论文数 / 篇
发表论文	114	2 035	发表论文	167	2 805	发表论文	196	3 934
资助	83	1 082	资助	128	2 025	资助	157	3 103
NSFC 资助	80	886	NSFC 资助	117	1 786	NSFC 资助	144	2 707
973 计划资助	60	366	973 计划资助	97	679	973 计划资助	109	1 027
NSFC 与 973 计划同时资助	59	315	NSFC 与 973 计划同时资助	92	610	NSFC 与 973 计划同时资助	97	913
美国	研究领域数 / 个	论文数 / 篇	美国	研究领域数 / 个	论文数 / 篇	美国	研究领域数 / 个	论文数 / 篇
发表论文	148	10 315	发表论文	211	9 310	发表论文	232	10 250
资助	141	4 030	资助	198	5 368	资助	220	6 667
NSF 资助	107	1 556	NSF 资助	155	2 216	NSF 资助	167	2 709
NIH 资助	103	1 891	NIH 资助	136	2 354	NIH 资助	149	2 918
NSF 与 NIH 同时资助	71	260	NSF 与 NIH 同时资助	95	312	NSF 与 NIH 同时资助	85	397
德国	研究领域数 / 个	论文数 / 篇	德国	研究领域数 / 个	论文数 / 篇	德国	研究领域数 / 个	论文数 / 篇
发表论文	137	2 669	发表论文	186	2 591	发表论文	199	3 067
资助	102	789	资助	142	1 106	资助	154	1 298
DFG 资助	89	533	DFG 资助	113	713	DFG 资助	128	878
英国	研究领域数 / 个	论文数 / 篇	英国	研究领域数 / 个	论文数 / 篇	英国	研究领域数 / 个	论文数 / 篇
发表论文	139	2 767	发表论文	189	2 707	发表论文	211	3 113
资助	112	731	资助	157	1 058	资助	169	1 288
RUCK 资助	104	577	RUCK 资助	145	879	RUCK 资助	164	1 124

续表

2006～2011 年（研究领域总数：149 个）			2008～2013 年（研究领域总数：212 个）			2010～2015 年（研究领域总数：232 个）		
日本	研究领域数 / 个	论文数 / 篇	日本	研究领域数 / 个	论文数 / 篇	日本	研究领域数 / 个	论文数 / 篇
发表论文	117	1 215	发表论文	148	1 144	发表论文	148	1 140
资助	72	485	资助	108	636	资助	110	648
JSPS 资助	44	212	JSPS 资助	68	283	JSPS 资助	66	306
JST 资助	23	76	JST 资助	41	100	JST 资助	37	102
JSPS 与 JST 同时资助	18	22	JSPS 与 JST 同时资助	30	28	JSPS 与 JST 同时资助	18	29

结合图 7-13～图 7-20 显示的两个时期重要国家主要机构资助核心论文在科学结构图谱上的分布情况分析，中国 NSFC 资助的论文占整个中国政府资助论文的 87%，与图 7-1 对照看，NSFC 资助与中国政府资助覆盖的领域布局比较接近，说明 NSFC 在基础研究领域的重要作用。NSFC 与 973 计划在 2010～2015 年均在纳米科技与合成与化学应用两个研究大类上拥有较高的论文产出。本期 NSFC 资助产出在医学、生物学、工程科学方面有较大的进步，覆盖面有所扩大，论文份额也有所提高。973 计划资助产生的 1027 篇核心论文中有 913 篇同时受到 NSFC 的资助，资助重复率较大。对比图 7-13、图 7-14 可看出一个比较有特点的现象，即 973 计划资助的研究领域分布与 NSFC 比较接近，973 计划资助论文份额高的研究领域（深色领域）在 NSFC 资助中也是论文份额高的领域，并且颜色更暖。

美国的资助覆盖面广，覆盖均衡，两个主要资助基础研究的资助机构在资助方向上各有侧重，NSF 重点资助与工程科学、纳米科技等方面的研究，NIH 主要资助与生物学、医学相关领域的研究。但这两个资助机构资助的核心论文有 85 个共同的研究领域，表明科学研究的学科交叉性越来越广。

德国 DFG 重点资助的研究方向比较多样，资助领域涉及纳米科技、材料科学、医学、生物学、环境科学等，在粒子物理与宇宙学、纳米科技、合成与应用化学、生物学、医学等大类相关研究领域均有核心论文发表。

英国 RCUK 资助的研究方向覆盖面更广，覆盖均匀，对各个学科均有资助，并且资助覆盖的论文占英国国家资助论文的比例高达 87%。

日本的 JSPS 与 JST 两个机构资助发表的核心论文总体数量较中国、美国、英国、德国资助机构发表的核心论文数少。在日本资助布局中，JSPS 与 JST 各有侧重，JSPS 主要资助基础研究，JST 主要针对国家重大任务、重大需求；JSPS 资助的论文占日本资助论文的 47%，从布局上看其注重覆盖广度，JST 资助的 102 篇核心论文中仅有 29 篇同时由 JSPS 资助。

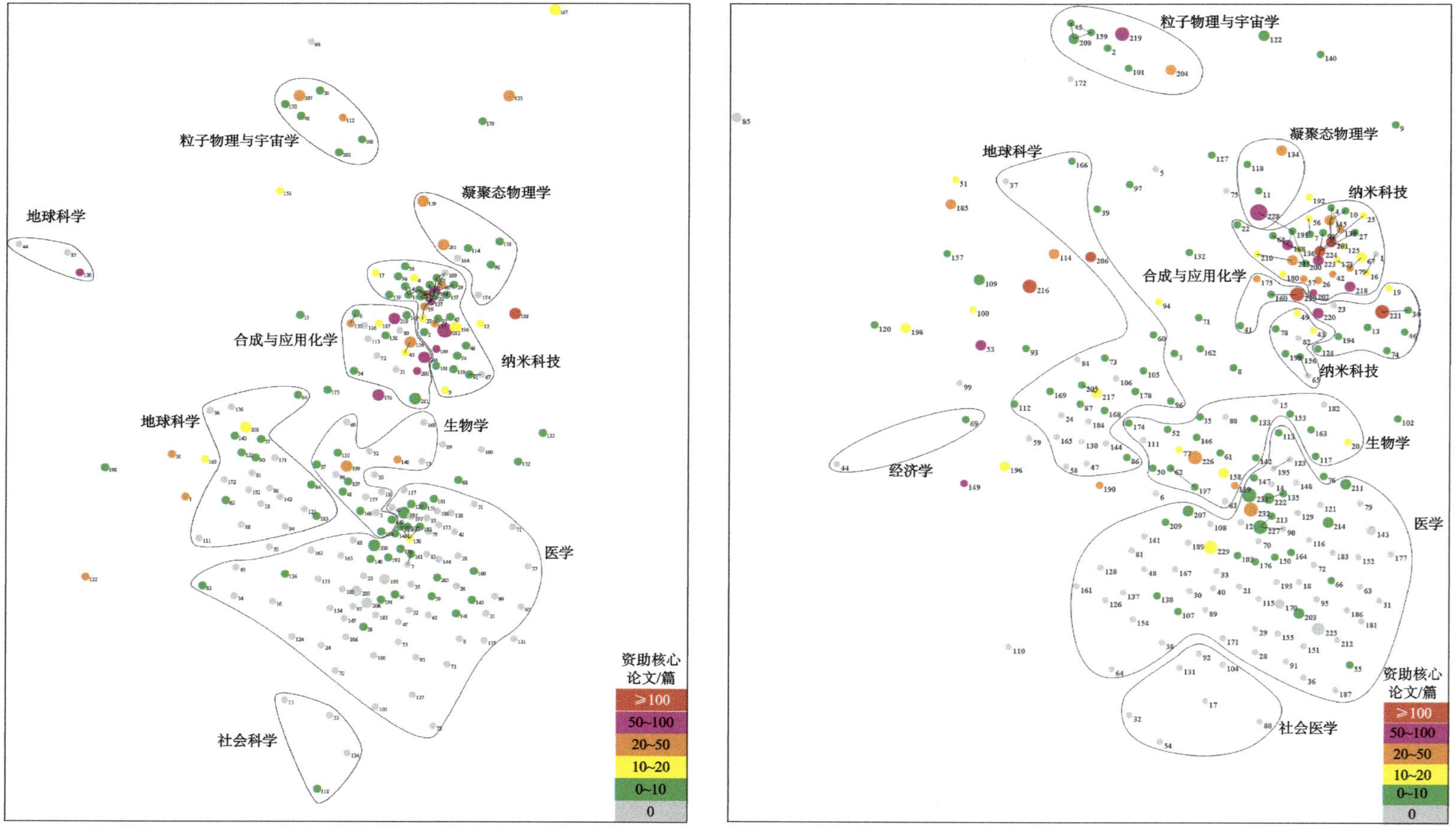

（a）2008~2013年　　（b）2010~2015年

图 7-13　中国 NSFC 资助核心论文在科学结构图谱上的分布

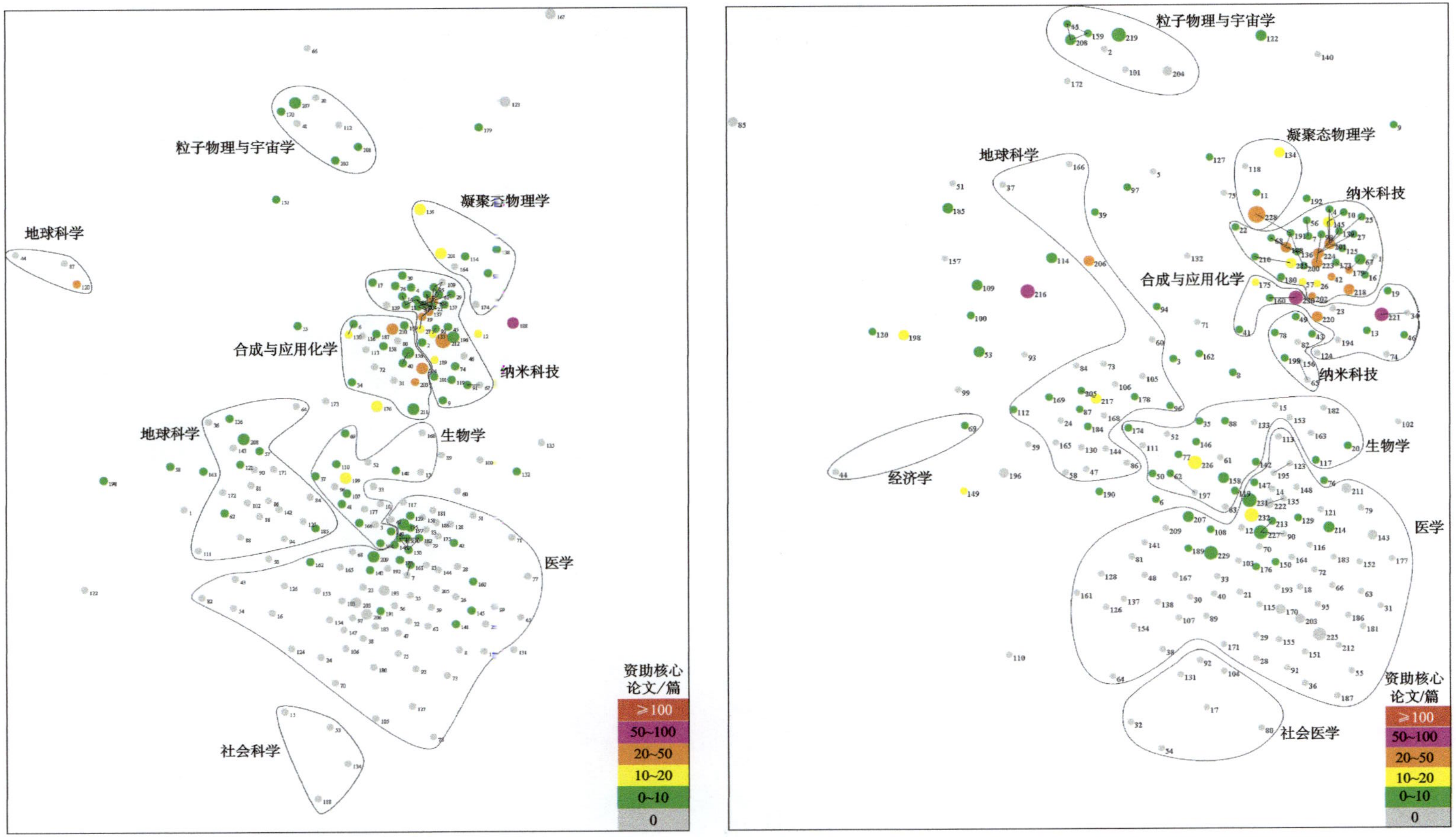

(a) 2008~2013年

(b) 2010~2015年

图 7-14　中国 973 计划资助核心论文在科学结构图谱上的分布

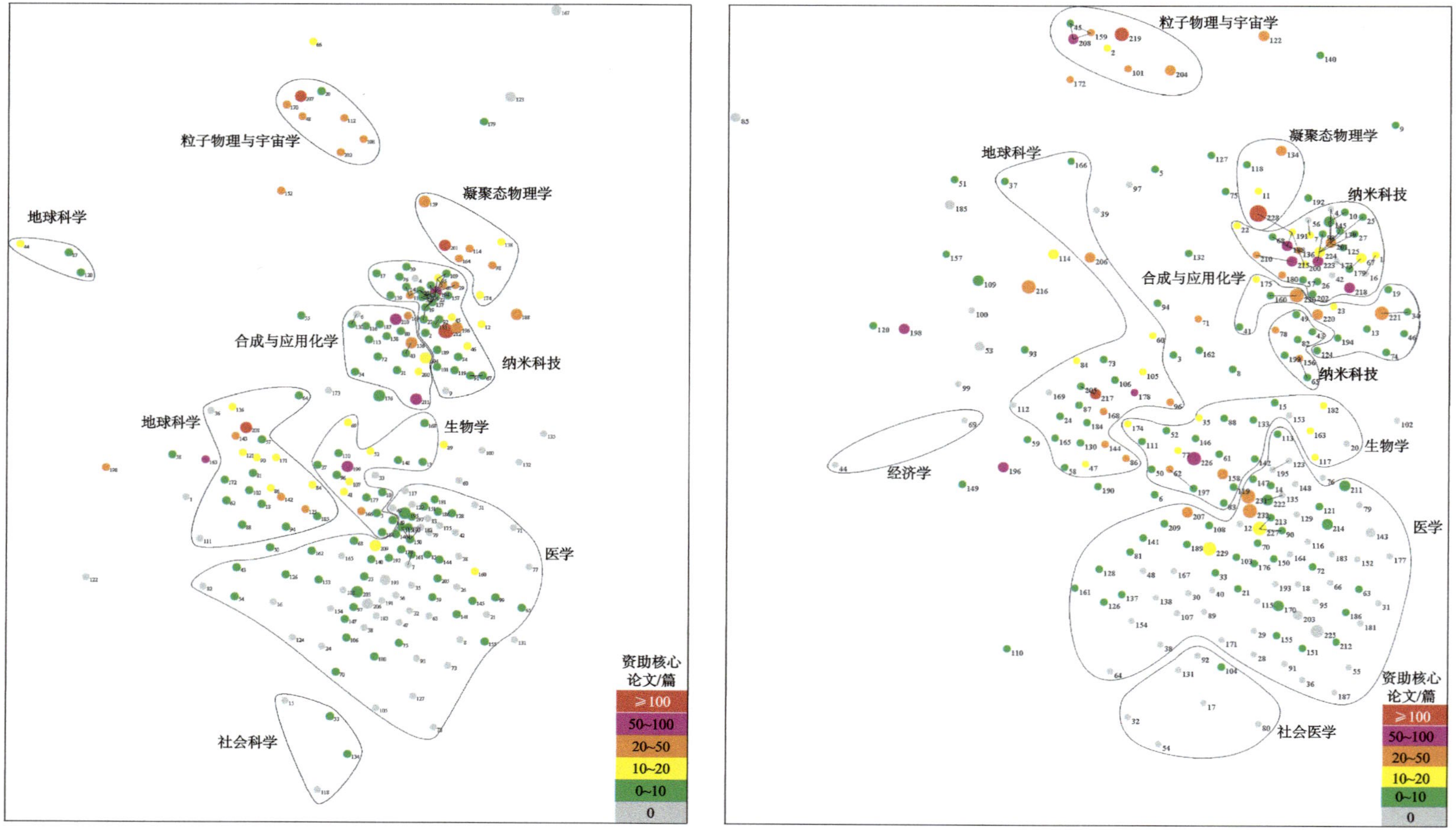

(a) 2008~2013年

(b) 2010~2015年

图 7-15 美国 NSF 资助核心论文在科学结构图谱上的分布

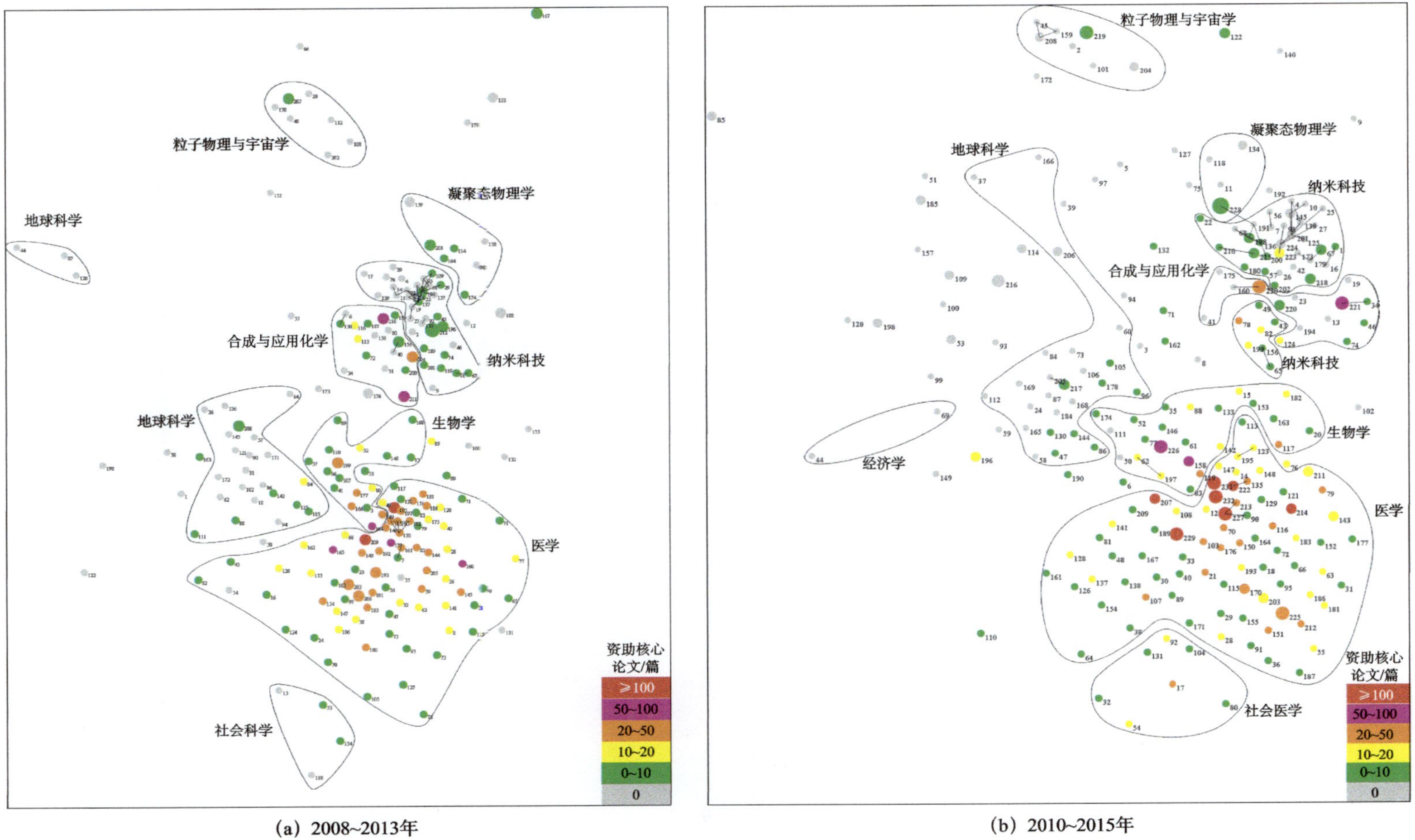

图 7-16　美国 NIH 资助核心论文在科学结构图谱上的分布

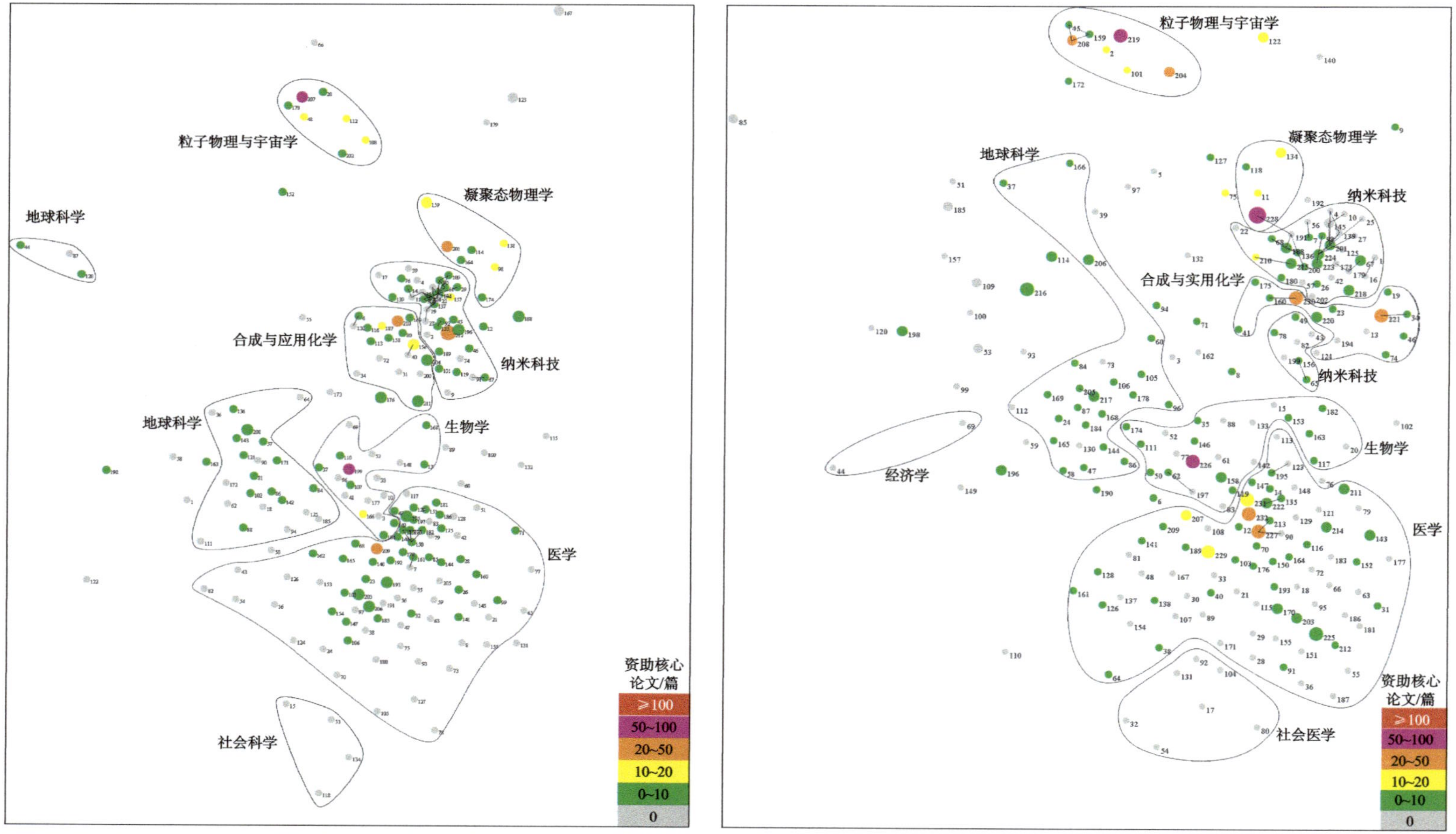

（a）2008~2013年

（b）2010~2015年

图 7-17　德国 DFG 资助核心论文在科学结构图谱上的分布

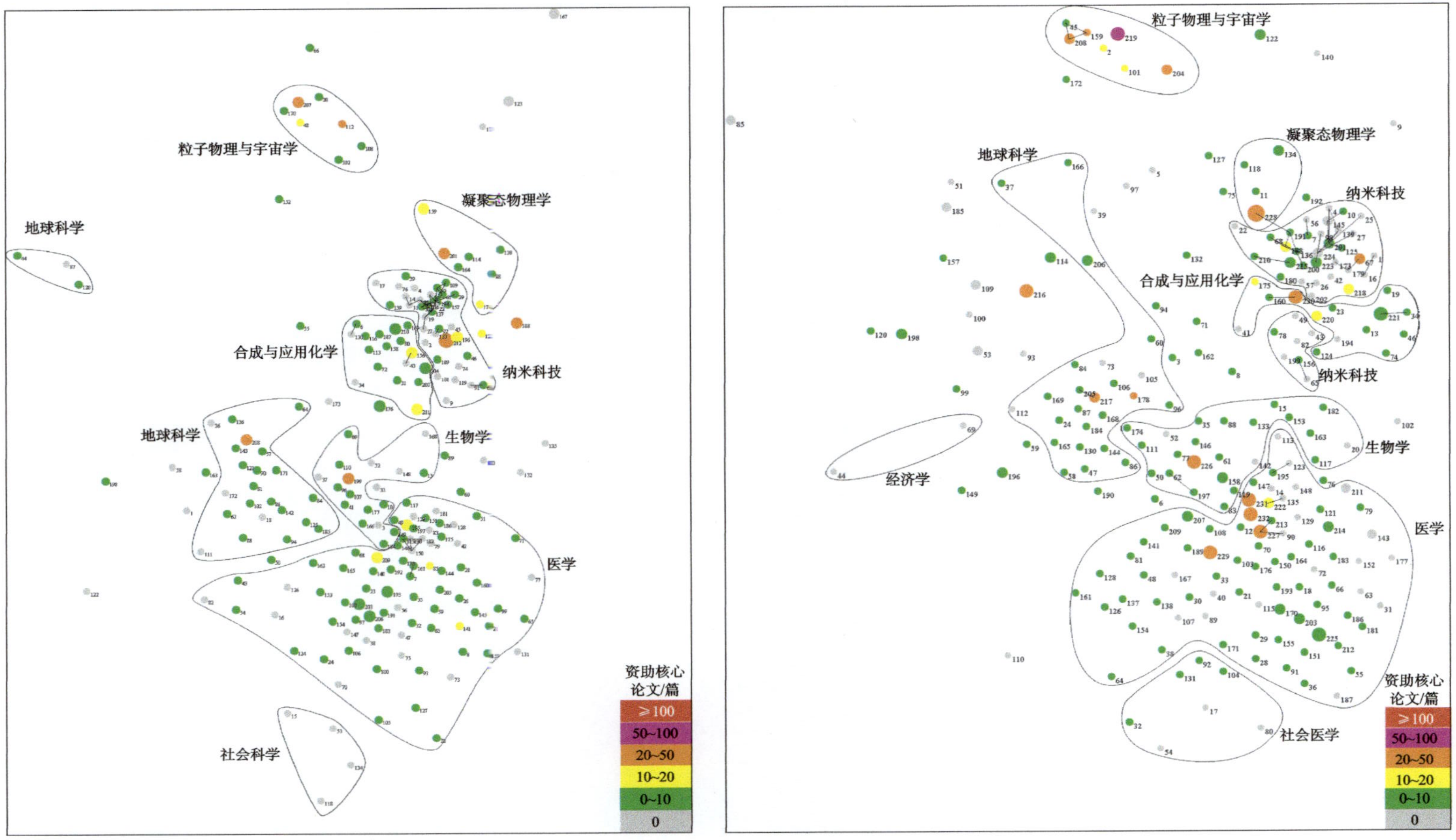

（a）2008~2013年 （b）2010~2015年

图 7-18 英国 RUCK 资助核心论文在科学结构图谱上的分布

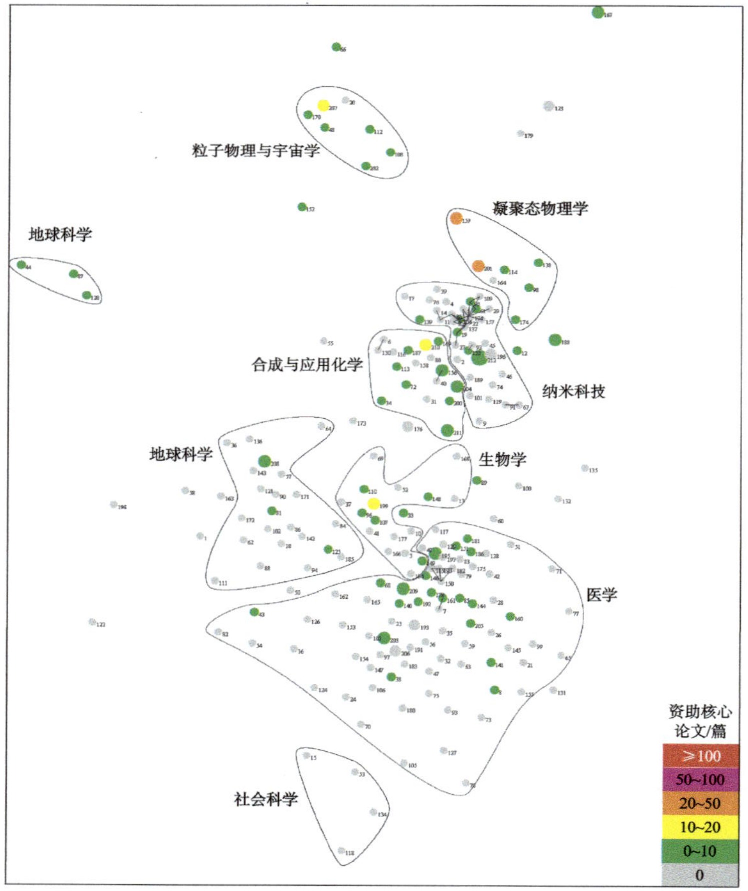

（a）2008~2013年

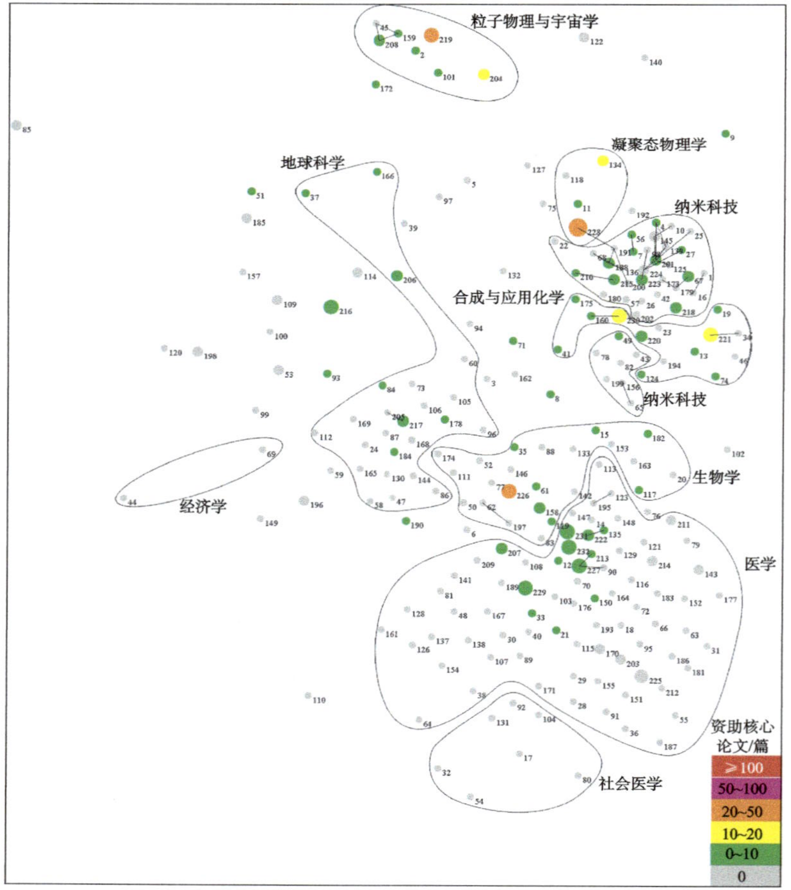

（b）2010~2015年

图 7-19　日本 JSPS 资助核心论文在科学结构图谱上的分布

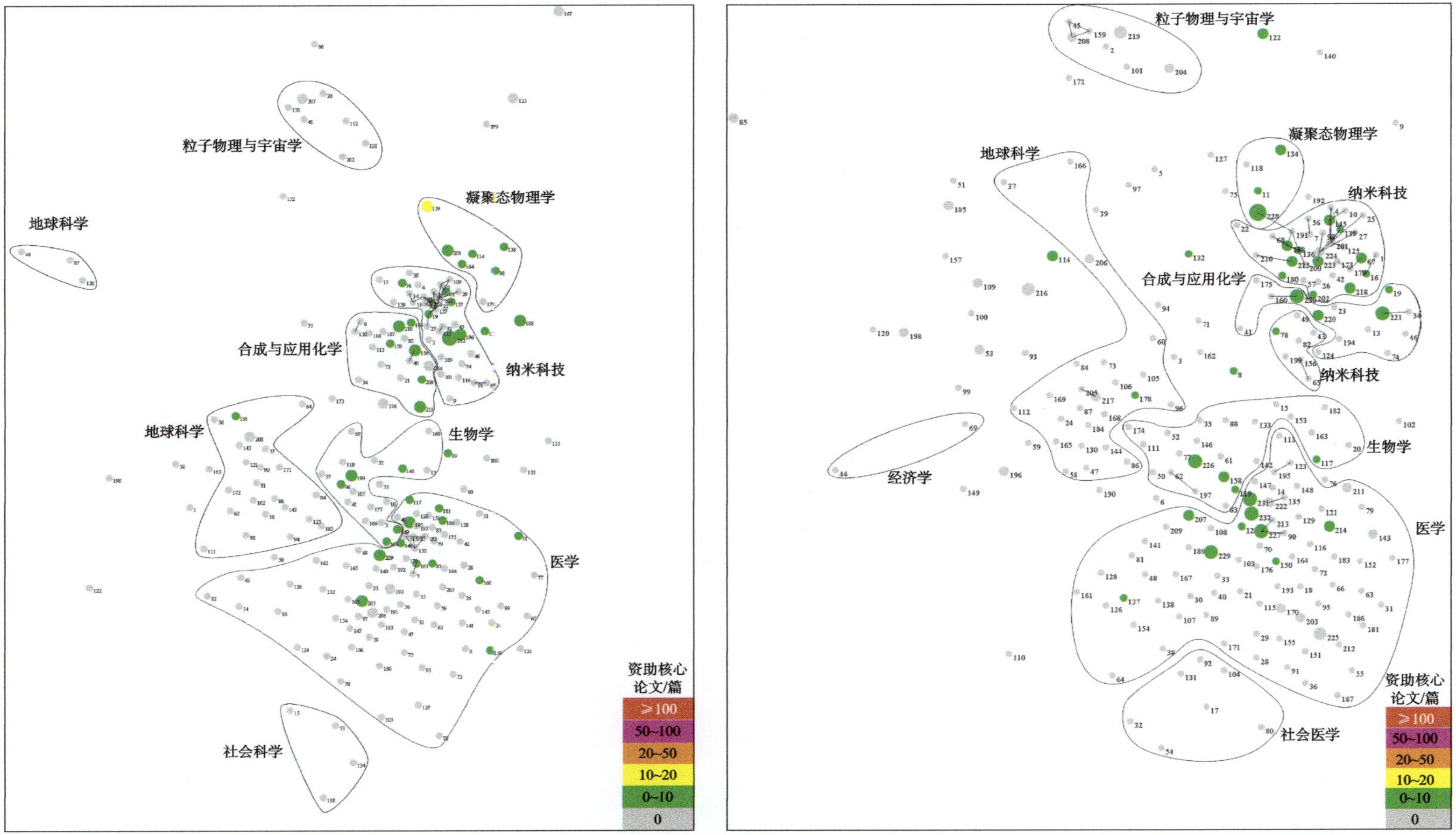

（a）2008~2013年

（b）2010~2015年

图 7-20　日本 JST 资助核心论文在科学结构图谱上的分布

第八章 结 语

本书是“科学结构图谱”系列丛书的第四部，研究组定期运用文献计量学的理论和方法绘制科学结构图谱并开展相关研究工作，旨在周期性地揭示科学结构、监测科学发展趋势。

本书使用ESI高被引论文，通过科学论文同被引分析探究科学结构，揭示基础科学的宏观态势，从一个侧面揭示当前科技界关注的热点研究领域及重点研究方向，并通过计量方法度量了研究领域的学科交叉性。在此基础上，通过五期科学结构图谱的时序比较，分析了研究领域的变迁、知识的迁移、学科的发展问题，力图反映科学研究活动的内在关系和变化趋势，为发现潜在重点和热点领域提供借鉴。

基于科学结构图谱，对比分析了中国与代表性国家的研究状况、专业化程度、国际合作情况，以诠释中国在热点研究领域的科研表现。同时，通过时序对比分析了中国的科研发展态势。

分析发现：科学结构发展的总体趋势有相似性，从科学研究的整体发展趋势来看，科学研究领域的规模持续扩展，具有高融汇程度的研究领域数在10年间逐步增加，从121个扩大到132个、149个、212个和232个。同时，科学研究大的学科结构基本稳定，布局基本一致。但学科边界逐步模糊，跨学科交叉日益增加，学科交叉融汇的新领域越来越广。本期科学结构的显著特点是越来越关注人类健康、环境与可持续发展，围绕生命生物科学的交叉融汇比较突出。世界范围内的国际合作明显扩展，作为国际共同研究成果之一的国际共著论文在全体论文中所占的比例（国际共著论文比例）不断上升，说明跨国界、跨地区的科研活动发展迅速。

连续五期的科学结构图谱揭示，中国在世界热点前沿科学研究中持续快速崛起，核心论文份额从第一期的世界排名第五，上升到第三期的世界排名第二，2015 年达到德国的 2.6 倍，TOP10% 施引论文份额世界排名第二，依然有着较强的上升后劲。而同期传统科技强国的整体核心论文份额普遍呈下降趋势。中国在研究领域覆盖率、不同研究领域的均衡性、国际合著中的引领度、政府资助研究领域覆盖率等方面都在迅速进步，与美国、英国 、德国等国的差距缩小。

同时我们也看到，中国的研究领域覆盖率五期保持世界排名第四，还有上升空间。中国的研究水平仍不均衡。相比之下，科技发达国家各个学科的研究比较均衡。中国在各学科的国际合作最不均衡，国际合著率相对较低。中国政府资助领域的核心论文产出率也不均衡，973 计划资助的研究领域与 NSFC 资助的研究领域有明显的重叠。因此，中国要在重要科技领域跻身世界领先行列，从科学大国走向科学强国，还需持续的努力。

通过五期科学结构图谱，我们积累了大量的数据，奠定了进一步挖掘分析的数据基础。我们已经在中国科学院战略情报集成服务平台下建立“科学结构图谱”分析平台（http://strategy.las.ac.cn/sciencemap），支持对科学结构图谱中每一个研究领域的核心论文与施引论文等按照国家、机构、作者和具体主体等进行分析，也可以跨不同时期进行分析，支持科研人员或政策与规划人员的个性化分析。

本书所描述的科学结构图谱为了解当前科学研究结构与变化、分析研究领域的学科交叉等属性、分析各国科研活跃度等提供了有用的工具，但它也存在局限性。我们分析所依赖的数据主要为 SCI 和 ESI 数据，比较偏重基础科学，并且其中生命科学类比例较大，因此书中的分析受所收录的期刊和学科范围的限制。另外，核心论文主要选自 ESI 的 TOP1% 高被引论文，同被引聚类形成的研究领域所含核心论文超过一定数量，因此，科学结构图谱主体描绘的是高被引的热点研究领域。再者，由于引文本身的时滞性，基于引文关系的分析限制了分析结果的展望能力。所以，本书的研究具有探索性，偏颇之处难以避免。课题组会持续改进分析方法，为科学研究者和决策者提供一种新视角来观察科学发展态势和科学前沿发展动态。

目前科学结构图谱相关工作是对科学结构分析能力的初步应用，作为科学结构发现与可视化分析的工具，科学结构图谱除了可以分析各个国家、地区、机构在不同学科或主题上的优势领域和发展重点，还可以从中找到感兴趣的科学领域、最优秀的专家学者、最著名的科学机构、基金投入和论文产出状况等；除了帮助我们揭示科学结构、科学发展规律外，还能帮助我们发掘潜在合作对象、揭示创新发展趋势。

科学结构图谱的分析方法可以拓展、推广，例如，突破目前科学结构图谱利用引文数据所导致的相对滞后影响，将引文分析和当前论文产出分析结合起来，考察科学结构的现期变化；将科学结构图谱与基于科研基金项目分析结合起来，分析基金项目的布局，考察科学产出结构与科学研究投入结构的关系；还可将科学结构与基于专利的技术结构分析结合起来，考察科研成果转移转化的趋势；可以考察科学产出对技术的影响，做创新结构的发现与分析；也可以将几方面结合起来，更深入和全面地反映科技结构变化，探查各方面因素的影响。

面对当今与科学技术相关的各种海量数据，迫切需要能够对知识内容进行组织、梳理、挖掘的手段和技术，科学结构图谱会逐步结合大数据的处理技术，帮助我们有效、快捷地追踪人类的科技活动和科技发展。

附 录

附录1 三维科学结构图谱

本书使用地理信息系统（GIS）绘图软件做出科学结构图谱的三维效果，从三维空间的角度更加清晰地显示出高被引论文的研究领域分布。附图1-1～附图1-5显示了三维的科学结构图谱2002~2007、科学结构图谱2004~2009、科学结构图谱2006~2011、科学结构图谱2008~2013、科学结构图谱2010~2015。

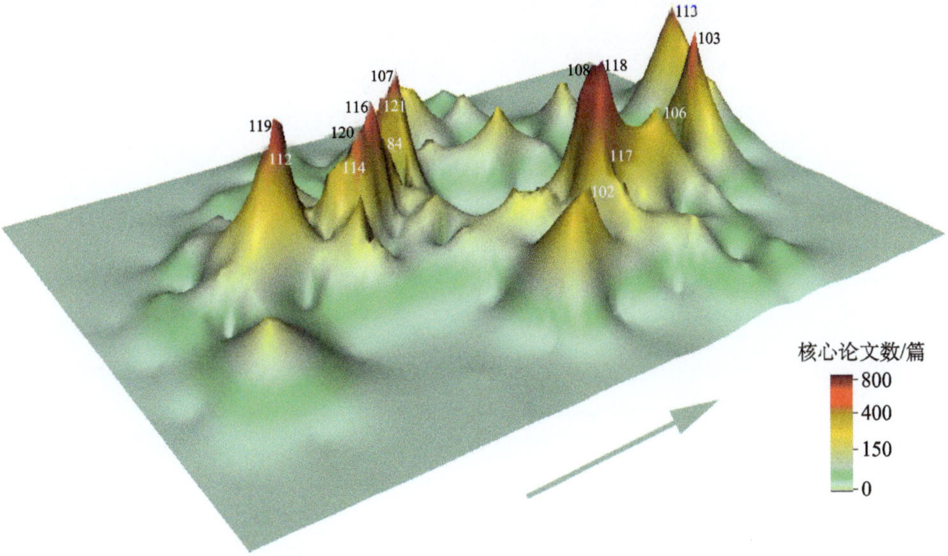

附图1-1 三维科学结构图谱2002~2007

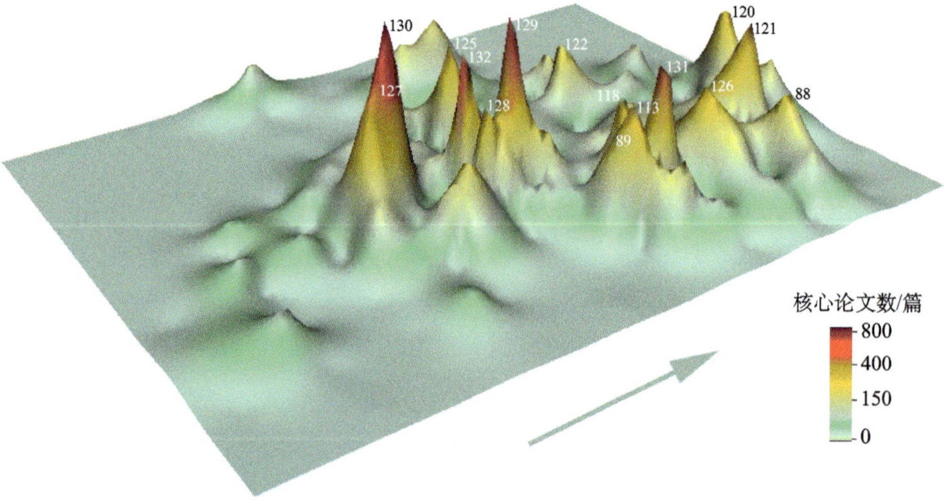

附图 1-2　三维科学结构图谱 2004~2009

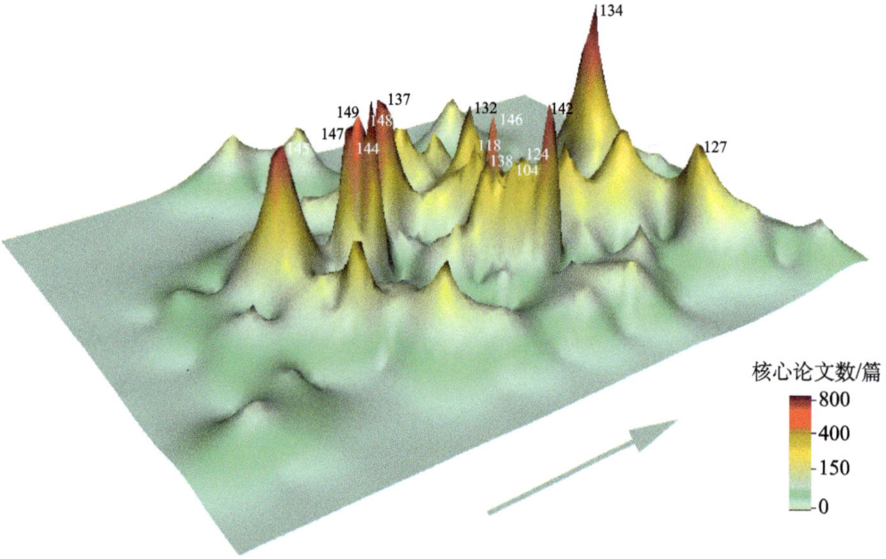

附图 1-3　三维科学结构图谱 2006~2011

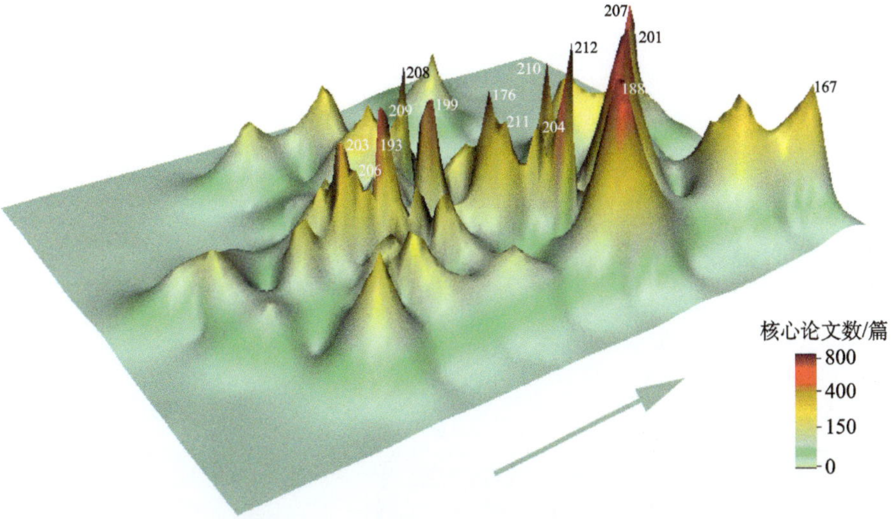

附图 1-4　三维科学结构图谱 2008~2013

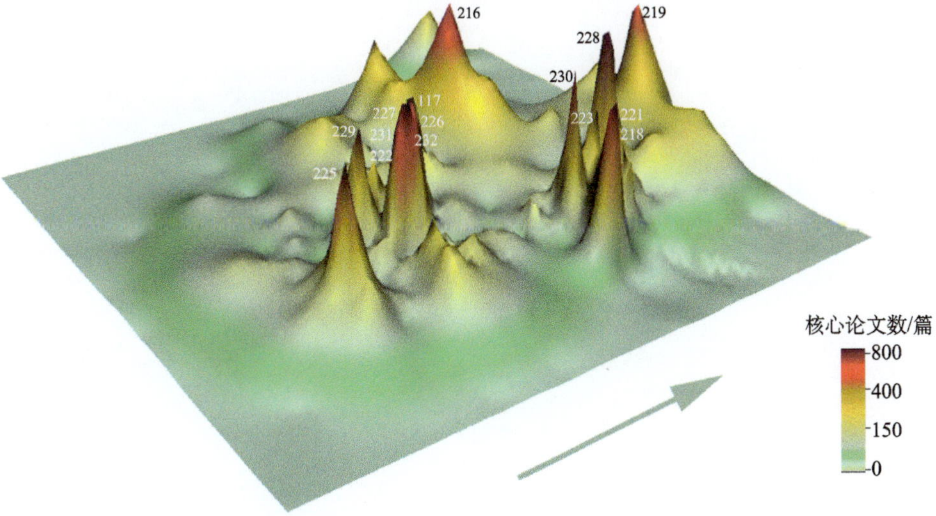

附图 1-5　三维科学结构图谱 2010~2015

图中每个研究领域对应一座山峰，山峰的高度与核心论文数成正比，整图为多个山峰的叠加效果。数字为研究领域的 ID 号，图中标识出核心论文数前 15 位的 ID，箭头指向二维图的正上方图中显示，核心论文数量多的研究领域集中在生命科学、纳米科技、化学合成等领域。对比来看，2010～2015年在地球与环境科学、纳米科技、工程/计算机领域的论文数有所增长。拓扑绝缘体、希格斯玻色子、全球气候变化的影响、植物激素信号转导通路、金属催化的有机合成反应等相关研究形成了近两期持续的高峰。2010～2015年人工神经网络理论及其应用、医学的精准医疗等相关研究形成了新的山峰。

附录2 科学结构图谱2010~2015研究领域详细信息

研究大类	研究领域ID	研究领域名称	研究领域特征词	核心论文数/篇	施引论文数/篇	总被引次数/次	平均年	所属学科	学科交叉度
太阳能电池	1	胶体量子点太阳能电池	量子点，太阳能电池，胶体量子点薄膜，纳米晶，能量转换效率，光伏，无机纳米晶阵列	20	1 240	2 429	2012.7	交叉学科	1.68
粒子物理与宇宙学	2	中微子振荡及中微子天文学研究	中微子振荡，太阳中微子，中微子天文台，中微子混合，惰性中微子，中微子CP破坏	54	2 988	9 579	2012.3	物理学	1.07
生物工程	3	微藻水热液化处理制备生物燃料	水热液化，生物燃料，生物柴油制备，藻类生物质制备，废水处理，微藻油脂，生命周期，厌氧消化，生物质	56	3 720	8 294	2011.1	交叉学科	2.90
锂离子电池	4	锂离子电池磷酸铁锂正极材料改性研究	高功率锂离子电池，石墨烯改性磷酸铁锂正极材料，磷酸铁锂正极材料，多孔磷酸铁锂，电极材料表面形貌，微球结构，纳米复合物正极材料，控制合成	29	1 687	3 041	2012	交叉学科	1.79
工程热力学	5	纳米流体	纳米流体，二氧化钛/水纳米流体，太阳能纳米流体，碳化硅纳米流体，碳化硅/去离子水纳米流体，纳米流体传热，纳米流体冷却剂，水基纳米流体，纳米流体容积式吸热器，纳米流体对流热，纳米流体冷热散热器	25	832	1 384	2012.1	工程科学	1.75
生物学其他	6	现代人的起源研究	法国旧石器时代前期，现代人类，古人类基因组，祖先群体，大规模的迁移，尼安德特人基因组，早期穴居人，现代人基因组	26	1 435	2 667	2012.8	交叉学科	3.39
燃料电池	7	贵金属纳米催化剂及其在燃料电池中的应用	电催化反应，燃料电池，铂凹形纳米晶，氧化还原反应，铂/碳催化剂，双金属纳米粒，金/钯合金核壳纳米晶，超薄铂纳米线	72	4 135	9 417	2012	化学	1.46

续表

研究大类	研究领域ID	研究领域名称	研究领域特征词	核心论文数/篇	施引论文数/篇	总被引次数/次	平均年	所属学科	学科交叉度
微生物学	8	微生物产电机制研究	微生物纳米导线，地杆菌，厌氧微生物，电子转移，铁还原菌，细胞表面细胞色素，电活性微生物，微生物燃料电池	21	1 021	1 607	2012.8	生物学	2.73
化学材料	9	金属玻璃性质研究	金属玻璃，弹性，可塑性，延展性，块体金属玻璃	13	1 660	2 341	2010.8	材料科学	1.52
锂离子电池	10	锂空气电池性能研究	锂空气电池，电解液，非水锂离子电池，高放电容量，烷基碳酸盐电解液，更高放电电压，锂离子电池正极，分层空气电极	54	1 839	8 949	2012.1	化学	1.51
凝聚态物理学	11	磁性斯格明子的特性及磁性绝缘体的自旋塞贝克效应	斯格明子，自旋霍尔效应，逆自旋霍尔效应，Rashba效应，自旋转移力矩，自旋轨道力矩，自旋极化，磁性绝缘体，自旋塞贝克效应	80	2 507	9 462	2012.4	物理学	1.17
癌症研究	12	多发性骨髓瘤药物联合治疗及基于患者基因组信息的精准治疗	多发性骨髓瘤，沙利度胺，来那度胺，硼替佐米，临床试验，基因组测序，遗传异质性	66	2 972	7 968	2012.2	医学	1.23
有机化学合成/反应	13	二氧化碳与环氧化物的共聚反应及催化剂研究	二氧化碳/环氧烷耦合，二氧化碳利用，直接羧化，过渡金属催化剂，二氧化碳/环氧烷共聚	32	1 758	4 421	2012	化学	1.04
癌症研究	14	肿瘤中端粒酶逆转录酶（TERT）启动子的突变及其对预后的影响、胰腺神经内分泌肿瘤的基因突变与药物治疗	TERT启动子突变，黑色素瘤，神经胶质瘤，甲状腺癌，预后，胰腺神经内分泌肿瘤，依维莫司，治疗，突变	38	3 061	6 733	2012.6	医学	1.77
生物学其他	15	器官芯片及组织工程	器官芯片，仿生，3D细胞培养，3D组织，3D微流体模型，血管网络，3D生物打印，组织工程	24	1 807	2 802	2012.4	交叉学科	2.93
太阳能电池	16	量子点敏化太阳能电池研究	量子点敏化太阳能电池，半导体纳米晶，CdSe/CdS量子点，$CuInS_2$量子点，$CuInS_2$/ZnS量子点，Ⅱ型核壳结构量子点，水溶性量子点	40	2 036	4 353	2012.4	交叉学科	1.64

附录

续表

研究大类	研究领域ID	研究领域名称	研究领域特征词	核心论文数/篇	施引论文数/篇	总被引次数/次	平均年	所属学科	学科交叉度
社会医学研究	17	电子烟的使用及其效果	电子尼古丁输送系统，电子烟，戒烟，尼古丁的吸收，电子烟的用户，传统的烟草卷烟，无源电子烟，减少吸烟量的研究，尼古丁依赖	64	832	3 474	2013.5	社会科学	2.26
呼吸系统疾病	18	抗IL-5单抗1类药物治疗嗜酸性粒细胞性哮喘的临床研究	嗜酸性粒细胞性哮喘，抗白细胞介素5受体 α 单克隆抗体，临床试验	23	1 640	2 961	2012.4	医学	1.68
化学材料	19	高效有机发光二极管研究	有机发光二极管，延迟荧光，磷光有机发光二极管，蓝色磷光，外量子效率，给受体，激发复合体，单三重态分裂能	46	1 582	4 145	2013.1	材料科学	1.66
蛋白质科学	20	蛋白质结构与功能预测	伪氨基酸组成，预测，机器学习方法，亚细胞定位，PseAAC，结构，伪三核苷酸组成，巯基亚硝基化位点	33	739	2 191	2013.4	生物学	1.86
细胞生物学	21	生物节律与疾病关系	生物钟，食物摄入量，昼夜节律调节，昼夜节律，哺乳动物昼夜定时系统，睡眠障碍，睡眠剥夺，糖尿病	34	3 042	5 148	2011.8	交叉学科	2.33
纳米器件	22	纳米结构热电材料研究	热电材料，晶格热传导率，纳米结构，热电输运性质，多晶，半导体，高热电性能，黝铜矿，声子晶体	43	2 812	5 801	2012.2	交叉学科	1.62
有机化学合成/反应	23	密度泛函理论与耦合簇方法研究及应用	密度泛函理论，耦合簇方法，范德华引力，电子/分子结构计算，分子间相互作用，距离间隙，相互作用能	51	6 119	11 275	2011.8	交叉学科	1.45
生态学	24	气候变化对作物生长、产量的影响	气候变化，作物产量，作物生长模型，作物产量模拟，物候趋势，作物管理，粮食安全，非洲农业，欧洲农业	21	933	1 474	2012.2	交叉学科	2.70
锂离子电池	25	锂离子电池电极材料	锂离子电池，负极材料，钛酸锂，碳涂层，掺杂，纳米复合材料，复合电极，电化学性质	23	783	1 442	2012.9	工程科学	1.88
石墨烯及其复合材料的应用	26	石墨烯和碳量子点的制备及其应用	石墨烯量子点，碳量子点，胶体石墨烯量子点，N掺杂碳点，水溶性荧光碳纳米点，超高量子产率，氮掺杂石墨烯量子点，荧光成像，生物成像	54	2 928	10 021	2012.5	交叉学科	1.61

续表

研究大类	研究领域ID	研究领域名称	研究领域特征词	核心论文数/篇	施引论文数/篇	总被引次数/次	平均年	所属学科	学科交叉度
锂离子电池	27	超级电容器及锂离子电池材料	超级电容器，锂离子电池，染料敏化太阳能电池，多孔，电极，镍氧超薄片，核壳纳米带阵列，石墨烯量子点	24	436	536	2014.6	交叉学科	1.68
心血管疾病	28	代谢正常的超重和肥胖与心血管疾病和Ⅱ型糖尿病的关系及其对身体质量指数（BMI）的挑战	代谢健康的肥胖症，心血管疾病，Ⅱ型糖尿病，体重指数	34	1 392	2 263	2012.8	医学	1.33
癌症研究	29	浸润性宫颈癌患者人乳头瘤病毒基因分型及HPV两价疫苗（HPV16和HPV18）和四价疫苗（HPV6、11、16、18）的效果评估研究	人乳头瘤病毒基因型归因，侵袭性宫颈癌，人乳头瘤病毒接种，临床试验	56	3 111	6 009	2012.6	医学	1.69
运动医学与脑科学	30	运动相关脑震荡的评价与处理指南及创伤性脑损伤标志物的研究	运动脑震荡共识声明，指南创伤性脑损伤，生物标志物	20	1 151	1 885	2012.9	医学	1.67
泌尿系统疾病	31	慢性肾脏疾病与急性肾脏损伤两者互为危险因素、心脏手术后急性肾损伤新型标记物及其在早期诊断与治疗中的作用	慢性肾病，急性肾损伤，生物标志物，心脏手术	25	1 478	2 526	2011.7	医学	1.17
心理学	32	网络欺凌、校园欺凌及自杀倾向的相关研究及其预防与处理策略	网络欺凌研究，传统欺凌，学校欺凌，自杀，预防	29	939	1 500	2012.8	医学	2.21

续表

研究大类	研究领域ID	研究领域名称	研究领域特征词	核心论文数/篇	施引论文数/篇	总被引次数/次	平均年	所属学科	学科交叉度
精神与神经系统疾病	33	渐进性多发性硬化症的发病机制与治疗研究及重度抑郁症的神经生物学和药物作用机制研究	进行性多发性硬化病，病理机制，治疗，重症抑郁障碍，调控因子，血清白细胞介素6，C反应蛋白	21	438	524	2014.6	医学	2.13
有机化学合成/反应	34	过渡金属催化的碳氢键活化直接官能团化研究	碳氢键官能团化，碳氢键活化，直接芳基化，吲哚合成，动力学同位素效应，钯催化，钌催化的碳氢键活化，铜催化	12	1 181	1 624	2011.7	化学	1.02
动植物学	35	细胞壁生物合成调控机制	细胞壁，次生细胞壁，木质素生物合成，纤维素合酶，细胞壁生物合成，NAC 转录，木质素生物合成基因，柳枝稷，下游转录因子	50	1 544	2 859	2012.3	生物学	1.80
老年医学	36	老年人肌减少症、认知衰退的诊断评估与营养干预	认知虚弱，肌肉减少症肌原纤维蛋白合成，摄入量，死亡风险，诊断，介入	45	1 892	3 491	2013.4	医学	2.01
地质学	37	东日本及智利地震中同震滑动的研究	同震，2011 年东日本地震，滑动分布，断层滑动，海啸，智利大型逆冲区地震，震后滑动	37	1 511	3 492	2012	地球与环境科学	1.10
精神与神经系统疾病	38	双极性抑郁症的药物治疗	双相性抑郁症，双相性精神障碍，lurasidone，喹硫平，帕罗西汀，锂治疗	17	1 007	1 532	2012.1	医学	1.46
工程热力学	39	有机朗肯循环	热力学，温度，能源，换热器，有机朗肯循环，废热回收，工质，超临界朗肯循环，太阳能朗肯循环，再生有机朗肯，MW 级有机朗肯，双有机朗肯循环，超临界有机郎肯	37	922	2 107	2012.4	工程科学	1.14
精神与神经系统疾病	40	产前感染对子女大脑发育与行为的影响及致精神分裂症、自闭症的流行病学与抗精神病药物治疗研究	产前感染，脑发育和行为，精神分裂症、自闭症抗精神病治疗	16	1 202	1 734	2012	医学	2.02

续表

研究大类	研究领域ID	研究领域名称	研究领域特征词	核心论文数/篇	施引论文数/篇	总被引次数/次	平均年	所属学科	学科交叉度
有机化学合成/反应	41	生物质的催化转化	生物质，生物燃料，生物化学，催化转化，路易斯酸催化剂，沸石	49	2 991	6 984	2012.1	化学	1.39
化学材料	42	石墨相碳氮化合物及其复合物的制备及在光催化反应中的应用	石墨相碳氮光催化剂，石墨相碳氮/二氧化钛复合光催化剂，光降解，制氢，石墨相碳氮化合物	57	2 000	5 646	2013.3	交叉学科	1.55
纳米生物医药	43	介孔二氧化硅纳米粒在可控药物释放和细胞成像中的应用	介孔硅纳米粒，药物递送，磷酸盐覆盖硅纳米粒，中空纳米容器平台，生物相溶性，荧光，可控释放，癌症	33	3 387	6 313	2011	化学	1.90
经济学	44	主权信用风险等金融危机与政府经济刺激政策	主权债务危机，政府支出，财政政策，货币政策，主权信用利差，财政政策的刺激，政府采购，税制改革，高政府债务，主权信用风险	32	1 025	1 736	2012.2	经济与商业	缺失参考文献
粒子物理与宇宙学	45	基于“斯隆数字巡天”（SDSS）等对星系结构和演化的研究	银河系，星系，暗物质，活动星系核	14	912	1 179	2013.4	空间科学	1.03
有机化学合成/反应	46	金配合物催化的环化反应	金（一价）催化，金卡宾，金配合物，分子间炔烃氧化，炔酰胺，亲核环化，环丙烷化，亚乙烯基金	44	2 570	6 170	2012.6	化学	1.03
生态学	47	有关物种发生、分布和扩散的模型研究	物种分布，物种分布模型，生态位模型，物种扩散率，种间关系，生态位分化，生物多样性，生态位重叠，MaxEnt模型，泊松点过程模型	34	2 192	3 774	2012.4	地球与环境科学	1.48
精神与神经系统疾病	48	深脑刺激治疗帕金森病、强迫症、抑郁症和阿尔茨海默病	深脑刺激，帕金森病，抑制强迫症，抑郁症，阿尔茨海默病，	26	2 026	3 230	2011.8	医学	1.54
纳米生物医药	49	金银纳米簇的制备、性质表征及其在生物医学领域的应用	水溶性金银纳米簇，硫醇化金银纳米簇，生物医学应用，金@硫醇壳核纳米簇，银纳米粒子，硫醇稳定的金银纳米粒子，催化，荧光银纳米点，DNA银纳米簇	48	2 345	5 877	2012.3	化学	1.49

续表

研究大类	研究领域ID	研究领域名称	研究领域特征词	核心论文数/篇	施引论文数/篇	总被引次数/次	平均年	所属学科	学科交叉度
基因组学	50	小麦基因组多样性分析	小麦，小麦基因组，条锈病，小麦D基因组，四倍体小麦，多倍体小麦基因组，小麦基因组多样性，小麦A基因组，SNP	29	1 146	2 082	2012.7	生物学	2.37
数学	51	几类分数阶微分方程解的研究	分数阶微分方程，分数阶扩散方程，分数微分对流－弥散方程，分数阶扩散－波动方程，分数积分微分方程，有限元法，边值问题，初值问题	63	903	1 937	2012.8	数学	2.39
基因组学	52	微生物群落多样性研究	细菌多样性，微生物，微生物景观，土壤细菌多样性，微生物多样性，微生物高通量测序，葡萄微生物群落，比较基因宏基因组	19	1 384	1 826	2012.1	交叉学科	2.86
智能优化算法	53	犹豫模糊集理论及其在决策中的应用	模糊决策理论，模糊语言语境，糊聚集算子，模糊几何Bonferroni，犹豫模糊Choquet，直觉模糊Choquet，直觉模糊Dempster-Shafer，犹豫模糊集	161	2 745	9 103	2012.4	计算机科学	1.74
社会医学研究	54	不同的性取向导致的自杀倾向和健康问题及其相关的社会心理因素研究	性取向，双性恋，自杀意念，心理健康问题，精神卫生保健	31	747	1 095	2012.9	社会科学	2.20
心血管疾病	55	急性缺血性卒中的溶栓治疗与血管内介入治疗	急性缺血性中风，血管内治疗，静脉溶栓，临床试验	53	3 379	7 739	2013.1	医学	1.57
石墨烯及其复合材料的应用	56	石墨烯-金属纳米复合材料的合成及电催化性能和应用研究	石墨烯，电催化，石墨烯纳米铂复合物，铂/银复合物催化剂，高催化性能，甲醇燃料电池，石墨烯负载的纳米铂/钯	23	773	1 014	2013.6	交叉学科	1.66
石墨烯及其复合材料的应用	57	石墨烯氧化物及石墨烯基磁性纳米复合材料的制备及其在水处理领域的应用	石墨烯氧化物纳米片，还原的氧化石墨烯，水溶性，三维石墨烯基宏观结构，石墨烯氧化物－磁性纳米粒复合物，水净化，最大吸附容量，重金属离子吸附，高效染料吸附	65	3 507	7 117	2011.8	交叉学科	2.28

续表

研究大类	研究领域ID	研究领域名称	研究领域特征词	核心论文数/篇	施引论文数/篇	总被引次数/次	平均年	所属学科	学科交叉度
生态学	58	物种入侵对本地物种、群落、生态系统的生态影响	生物入侵，入侵种，本地种，外来种，入侵性，入侵生态影响，入侵物种性状，入侵生态学，生物地理格局，物种丰富度	17	1 131	1 593	2012.5	交叉学科	1.36
社会科学	59	应对气候变化的适应能力与区域经济产业弹性和可持续发展	气候变化，区域经济活力，适应能力，转型适应，当地的经济活力，气候变化的脆弱性，社会经济关系的韧性，全球环境变化，增量适应决策，区域研究	49	1 382	2 238	2012.7	社会科学	2.43
生态学	60	生物炭对土壤有机质、微生物群落、功能性状的影响及生物炭的利用	生物炭，生物炭利用，生物炭修复，生物炭稳定性，土壤有机质，土壤微生物，土壤呼吸，温室气体排放，土壤修复，土壤肥力	62	1 556	4 070	2012.5	农业科学	2.65
基因组学	61	基因组测序技术	基因组，纳米孔测序，基因组组装，单细胞基因组测序，参考基因组，宏基因组数据，高通量测序，下一代测序方法，长片段技术	34	1 700	2 613	2013.4	生物学	2.63
基因组学	62	遗传图谱的构建与应用	遗传图谱，遗传标记，SNP 标记，遗传位点，SSR 标记，基因分型，基因组作图，基因组差异	78	5 566	9 888	2012	生物学	2.50
泌尿系统疾病	63	癌症晚期病人护理方案的效果的研究及临终地点的影响	姑息治疗，终身护理，晚期癌症，死亡地点，临终关怀讨论	51	3 127	4 812	2012.3	交叉学科	1.60
心理学	64	人格特质、老龄化、主观幸福感、积极行为和自尊等变量与身心健康的关系研究	大五人格，尽责性，情感体验，积极效应，老龄化，元分析，主观幸福感，生活满意度，感恩，自尊，抑郁	27	1 407	1 835	2012.2	医学	2.14
纳米安全	65	纳米材料毒理学及安全性评估	纳米毒理学，安全评估，吸入的纳米粒子，光毒性，金属氧化物纳米粒子，氧化亚钴纳米颗粒，氧化锌，石墨烯/二氧化钛纳米复合物，光毒性，急性毒性试验，氧化还原电位	14	1 212	1 436	2011.9	交叉学科	3.31

续表

研究大类	研究领域ID	研究领域名称	研究领域特征词	核心论文数/篇	施引论文数/篇	总被引次数/次	平均年	所属学科	学科交叉度
食品科学	66	植物多酚与人类健康	饮食中的黄酮类化合物，生物活性，神经变性疾病，癌症，心血管疾病，茶多酚，富含类黄酮的可可，阿尔茨海默病	39	1 510	2 306	2011.9	农业科学	2.94
太阳能电池	67	钙钛矿太阳能电池研究	钙钛矿太阳能电池，能源转换效率，异质结太阳能电池，介观太阳能电池，铅卤化物钙钛矿，无机－有机杂化钙钛矿，胶体有机卤化物钙钛矿，碘化铅钙钛矿敏化剂	179	2 869	22 492	2014.3	交叉学科	1.70
纳米器件	68	二维材料电子器件	二碲化钼，二硫化铼，石墨烯，二硫化钼，场效应晶体管，结电阻，接触电阻，数字逆变器，光电探测器，热电子晶体管	15	758	976	2013.4	交叉学科	1.60
经济学	69	油价、非能源商品价格、能源消费、污染物排放、股票收益、经济增长等因素之间的因果关系	能源消耗，经济增长，成品油价格，不可再生能源的消耗，股票收益，碳排放量，可再生能源的消耗，市场股票价格，大宗商品市场，未来石油供应	90	1 552	3 169	2012.6	交叉学科	2.77
细胞生物学	70	T细胞命运调控分子机制	T细胞命运，T细胞记忆，效应T细胞功能，T细胞的分化，mTORC1，mTORC2，mTOR信号，代谢信号	53	3 695	6 947	2012.8	医学	2.02
理论物理	71	自驱动粒子的集体运动、自驱动微纳米马达和自驱动催化微引擎	活性粒子，自驱动粒子，活性胶体悬浮液，集体运动，相行为，自驱动微米马达，自驱动纳米马达，自驱动催化微引擎，管状催化f微型机器人，自动力纳米机器人	72	2 147	5 794	2012.8	交叉学科	2.02
自身免疫性疾病	72	抗TNF-α单克隆抗体治疗溃疡性结肠炎、克罗恩病等炎症性肠病、风湿病关节炎的临床研究	TNF-α，治疗，人单克隆抗体，溃疡性结肠炎，克罗恩病，炎性肠病，类风湿关节炎	45	1 708	3 340	2013.1	医学	1.23
环境科学	73	可持续生物能源发展与土地利用的关系及其影响	沼气能源，沼气利用，生物能源，可持续能源，土地利用变化，集约化生产，土地覆盖变化，生物甲烷转化技术，温室气体排放	33	1 484	1 773	2012.4	交叉学科	3.41

续表

研究大类	研究领域ID	研究领域名称	研究领域特征词	核心论文数/篇	施引论文数/篇	总被引次数/次	平均年	所属学科	学科交叉度
有机化学合成/反应	74	有机金属配合物（杂环卡宾过渡金属配合物）的合成及在抗癌药物和催化反应中的应用	有机金属配合物，抗癌药物，含钌药物，氮杂环卡宾金属配合物，催化剂，钯-氮卡宾配合物	37	2 778	4 741	2012.4	化学	1.34
光学	75	阿秒脉冲探测和磁性薄膜的超快动力学	超快激光诱导退磁，超快退磁，超快光学操控，阿秒分子电离，高次谐波，极紫外高次谐波，阿秒脉冲，阿秒分子动力学，阿秒成像，成像超快分子动力学	37	2 282	4 044	2012.3	物理学	1.16
环境卫生	76	邻苯二甲酸酯、双酚类似物等有毒化学品的发生分布、生物监测、膳食暴露及对公共健康的影响	双酚A，邻苯二甲酸酯，尿双酚A浓度，生物监测，内分泌干扰物，母婴健康，儿童疾病，肥胖患病率，心血管疾病，膳食暴露	60	2 101	4 105	2012.6	交叉学科	3.29
基因组学	77	小RNA的鉴定与功能研究	微小RNA，小RNA，RNA干扰，miRNA靶点，小RNAs调节，病毒源的小RNA，深度测序，干旱胁迫	66	2 382	4 814	2012.1	生物学	2.06
纳米生物医药	78	纳米孔对DNA性能的影响、DNA辅助生成的等离子体手性纳米结构研究	DNA折纸术，DNA自组装纳米结构，单链DNA，DNA易位，DNA单分子，纳米孔DNA测序，等离子体手性四聚体组装，手性等离子体纳米结构，手性金属纳米粒子	61	4 375	9 693	2011.4	交叉学科	2.30
传染病研究	79	多重耐药肺结核的药物治疗及HIV/AIDS合并结核病的快速诊断	多重耐药结核病，delamanid，治疗，快速检测，艾滋病毒/艾滋病，联合感染	62	3 083	6 414	2012.5	医学	2.20
社会医学研究	80	循证医学与公共卫生服务实施研究	实施战略，电子健康档案，卫生服务研究，循证实践实施，复杂的实施干预，健康计划的可持续性，干预实施活动，公共健康研究	30	1 291	1 962	2012.4	社会科学	1.84

续表

研究大类	研究领域ID	研究领域名称	研究领域特征词	核心论文数/篇	施引论文数/篇	总被引次数/次	平均年	所属学科	学科交叉度
脑科学	81	大脑视觉皮质、前馈与反馈通路、脑连接与视区、前岛叶皮质与情感意识相关的研究	视觉皮层，前岛叶皮层，情感意识	16	898	1 282	2013.1	医学	1.47
纳米生物医药	82	纳米医药和影响导航的药物输送	药物输送，磁共振成像，药物释放，磁性纳米粒子，聚合物纳米粒子，PLGA 纳米粒子，药物输送，影响导航的药物输送，纳米药物，纳米诊断学	35	3 532	4 967	2011.8	交叉学科	2.78
蛋白质科学	83	蛋白互作网络研究	大分子互作数据库，蛋白质互作数据，蛋白质互作网络，异质网络，神经网络，三维重构，GeneMANIA 预测服务器，蛋白质－蛋白质对接	20	3 009	4 283	2011.3	生物学	1.79
地质学	84	地球系统在第四纪不同时期的气候敏感性研究	上新世气候，地球气候敏感性，末次冰期气候变化，事件地层学，末次间冰期冰量，极地冰盖，北大西洋涛动，北极海冰历史，植物碳同位素分辨率	33	1 491	2 090	2012.5	地球与环境科学	1.46
数学	85	度量空间中的不动点定理	耦合不动点理论，公共不动点理论，重合点理论，耦合叠合点理论，压缩映像，相容映像，完备度量空间，G- 度量空间，偏序度量空间	135	1 314	5 559	2011.9	数学	1.13
生态学	86	生物进化过程中的物种分化、系统发育多样性研究	系统发育多样性，物种多样性，自适应进化，物种分化，生物多样性，亲缘地理格局，系统发育分析，植物进化，哺乳动物多样性	66	3 162	5 458	2012.4	生物学	2.25
生态学	87	极端干旱事件诱导树木死亡的机制研究	干旱事件，亚马孙干旱，干旱胁迫，木质部栓塞，夏季极端干旱，树木死亡率，干旱影响，碳饥饿，亚马孙热带雨林	38	1 088	1 830	2013.1	生物学	1.69
生物能源	88	微生物代谢工程制备生物燃料及橡胶、药物等化学品	脂肪酸制备，异戊二烯制备，1- 丁醇制备，基因组规模代谢重建，代谢工程，蓝藻，产油酵母，大肠杆菌	58	3 298	6 290	2012.7	生物学	2.06

续表

研究大类	研究领域ID	研究领域名称	研究领域特征词	核心论文数/篇	施引论文数/篇	总被引次数/次	平均年	所属学科	学科交叉度
精神与神经系统疾病	89	双相情感障碍、重度抑郁症患者血清细胞因子研究	细胞因子，双相性精神障碍、重症抑郁障碍	17	1 753	2 703	2011.6	医学	2.19
肠道微生物	90	粪菌移植治疗难辨梭状芽孢杆菌感染和炎症性肠病及肠道微生物群落与炎症性肠病关系研究	艰难梭菌感染，粪便微生物群移植，炎症性肠病	30	2 584	4 797	2012.5	医学	2.07
心血管疾病	91	去肾脏交感神经支配术治疗顽固性高血压临床研究	肾交感神经去神经，耐药性高血压，临床试验	58	2 550	6 865	2012.7	医学	1.19
社会医学研究	92	二手烟对健康的影响及无烟立法的效果	无烟立法，戒烟，烟草控制政策，二手烟，控制政策评估，被动吸烟，健康影响，烟草控制措施	29	1 445	1 839	2012.4	社会科学	1.98
清洁能源	93	低碳供应链的设计、管理、优化及评价	可持续供应链管理，绿色供应链管理，生物燃料供应链优化，闭环供应链网络设计，碳足迹，碳排放，可持续发展，供应链优化，环境绩效评价	79	2 297	4 206	2012.2	工程科学	1.90
清洁能源	94	生物燃料的燃烧性能、排放特性及其化学动力学研究	正丁醇，生物燃料，燃烧性能，燃烧化学，化学动力学机制，燃烧和排放特性，化学动力学模型，混合燃料发动机，生物柴油	77	2 008	4 045	2012.4	工程科学	1.67
呼吸系统疾病	95	新型药物治疗慢性阻塞性肺病的临床研究	慢性阻塞性肺病，噻托溴铵，qva149，沙美特罗	49	2 150	4 173	2013	医学	1.29
地质学	96	地球早期海洋氧化事件与动物进化的关系	古代海洋氧化，早期动物进化，埃迪卡拉期，大氧化事件，寒武纪，神经系统发育，基因组学分析，栉水母	45	2 016	3 342	2012.9	交叉学科	2.50
工程热力学	97	纳米流体强化传热	纳米流体流动，cu-水纳米流体传热，对流传热，流体动力学，热力学，流体力学，无量纲数，努塞尔特数，纳米粒子体积分数，布朗运动，有限元法，晶格玻尔兹曼方法，哈特曼数增加，Brinkman 模型，偏微分方程	111	1 692	5 101	2013.3	工程科学	1.70

续表

研究大类	研究领域ID	研究领域名称	研究领域特征词	核心论文数/篇	施引论文数/篇	总被引次数/次	平均年	所属学科	学科交叉度
锂离子电池/石墨烯	98	N掺杂的碳基复合物催化的氧化还原反应、金属氧化物及硫化物/石墨烯基纳米复合结构在锂离子电池正极材料中的应用	石墨烯复合材料，氧还原反应，锂离子电池，正极材料，四氧化三锰纳米粒子，硫化钴/石墨烯纳米复合物，石墨烯/碳纳米管复合纸，共价有机聚合物，四氧化三铁/石墨烯复合膜，含氮的还原氧化石墨烯	20	742	1 000	2013.6	交叉学科	1.62
清洁能源	99	绿色屋顶、节能建筑等城市环境舒适性设计方案研究	屋顶绿化，建筑节能，城市热岛效应，建筑能耗评估，生命周期能量分析，净零能源建筑，建筑性能优化，城市冷却，城市舒适度	49	1 318	2 081	2012.9	工程科学	1.69
智能优化算法	100	几种仿生优化算法的研究与应用	粒子群优化算法，遗传算法，演化算法，蚁群优化算法，ABC算法，搜索算法，萤火虫算法，元启发式优化算法，射线优化算法，布谷鸟搜索算法，免疫算法，引力搜索算法	96	3 452	6 702	2012.1	计算机科学	2.01
粒子物理与宇宙学	101	中子星周围的强场物理规律及引力波探测研究	中子星，双中子星，旋转中子星，中子皮，引力波，激光干涉引力波天文台（LIGO）	101	4 367	10 114	2012.8	物理学	1.50
食品科学	102	高附加值产品的提取方法与技术	食品加工，提取，膳食纤维，食品技术，超声波，喷雾干燥技术，黄酮类物质，食品废弃物，高附加值成分	18	655	768	2013.4	农业科学	1.99
精神与神经系统疾病	103	阿尔茨海默病有关的基因突变位点的发现	阿尔茨海默病，变体，TREM2	37	2 818	4 918	2012.7	医学	2.24
社会医学研究	104	成年人久坐引起的一系列健康问题及死亡率的相关研究	久坐时间，久坐行为，健康结果，电视观看时间，全因死亡率	59	3 315	7 061	2011.8	交叉学科	1.69
生态学	105	人类活动和气候变化引起的水生态系统健康问题研究	有毒蓝藻水华，海洋酸化，赤潮，湖泊富营养化，饮用水危机，饮用水处理，浮游生物，消毒副产物，气候变化，致病微生物，生态系统健康	59	2 471	3 479	2012.8	交叉学科	2.42

续表

研究大类	研究领域ID	研究领域名称	研究领域特征词	核心论文数/篇	施引论文数/篇	总被引次数/次	平均年	所属学科	学科交叉度
生态学	106	海水酸化对海洋生物的影响	海洋酸化，海洋钙化浮游生物，碳富集机制，海洋浮游植物，海洋无脊椎动物，海洋气候变化，海洋生物适应性进化，海洋生物多样性	20	1 257	2 150	2011.5	交叉学科	2.18
精神与神经系统疾病	107	NMDA（N-甲基-D-天冬氨酸）受体拮抗剂特别是氯胺酮抗抑郁效果的临床研究	抗抑郁作用，N-甲基-D-天冬氨酸受体拮抗剂，氯胺酮	48	1 739	3 734	2012.9	医学	1.90
环境卫生	108	长期接受空气污染与心肺疾病、新生儿健康的关系研究	长期空气污染暴露，心脏呼吸死亡率，肺癌风险，儿童肺炎，出生体重，出生结果，空气污染	55	1 901	3 261	2012.5	交叉学科	2.96
智能电网	109	智能电网与微电网	微网能量管理，智能电网，配电，发电，电力输送，分布式发电，电动车，优化运行管理，下垂控制，可再生能源，最优控制问题，能量储存系统，随机优化算法，点估计法	112	3 482	6 519	2012.5	工程科学	1.16
社会科学	110	性别差异在认知、管理、决策方面的表现	性别差异，女中派有代表，性选择，心理性别差异，女性董事会成员，数学能力性别差距，社会性别平等，创新激励奖励	42	1 713	2 146	2012.4	交叉学科	3.06
动植物学	111	蜜蜂健康影响研究	蜜蜂，烟碱类杀虫剂，效果，风险评估，蜜蜂健康，农药，病毒，蜜蜂肠道微生物	38	1 165	2 639	2012.6	生物学	2.49
环境科学	112	全球经济一体化对碳足迹、水足迹和潜在温室气体排放的影响	温室气体排放，二氧化碳排放，碳排放，碳足迹，碳贸易，全球贸易分析，跨区域投入产出分析，水足迹，虚拟水贸易，土地利用	38	1 145	2 198	2012.2	交叉学科	3.48
癌症研究	113	循环肿瘤细胞在临床上的重要性及其捕获分离微型仪器的研究	循环肿瘤细胞，隔离，捕获循环肿瘤细胞，预后意义，临床意义	30	1 856	3 414	2011.9	交叉学科	2.17

续表

研究大类	研究领域ID	研究领域名称	研究领域特征词	核心论文数/篇	施引论文数/篇	总被引次数/次	平均年	所属学科	学科交叉度
数学	114	几类偏微分方程解的适定性研究	趋化模型，全局存在，爆破，拟线性抛物-抛物Keller-Segel模型，拟线性抛物-椭圆形趋化系统，椭圆形方程，Kirchhoff型方程，变分方法，正解，多解	133	1 514	3 922	2012.8	数学	1.58
临床流行病学	115	关于提高生物医学实验价值、减少浪费及实验数据共享的研究	临床意义，数据共享，增加价值，减少浪费，生物医学研究	30	1 545	2 170	2013.4	交叉学科	2.09
自身免疫性疾病	116	乳糜泻的流行病学、诊断与治疗	乳糜泻，诊断和管理，指南，麸质相关病症，麸质敏感性	71	2 782	5 766	2013.4	医学	1.77
蛋白质科学	117	G蛋白耦合受体结构与功能研究	晶体结构，G蛋白偶联受体，毒蕈碱型乙酰胆碱受体，P2Y12受体，B类G蛋白偶联受体，药物发现，配体，全内角反射荧光成像	69	4 566	11 975	2012.4	生物学	2.26
凝聚态物理学	118	硅基光电子器件	锗锡合金，p型金属—氧化物半导体场效应晶体管（pMOSFET），互补金属氧化物半导体（CMOS），硅光集成电路，锗激光器，硅纳米光子波导器件，硅光调制器，硅微环谐振器，InAs/GaAs量子点激光器	17	1 803	2 200	2012	交叉学科	1.48
基因组学	119	长链非编码RNA的鉴定与功能研究	长链非编码RNA，MALAT1，细胞周期调控，抑制肿瘤，HOTTIP/HOXA13，转录沉默，系统鉴定，lncRNAdb数据库	85	4 425	11 896	2013.3	交叉学科	1.69
无线通信	120	认知无线电网络	认知无线电，合作认知无线电系统，认知中继网络，衰落信道下认识无线电信道，中继网络，AF-MIMO中继网络，双向AF中继网络	34	2 273	3 004	2011.4	计算机科学	1.47
癌症研究	121	肿瘤细胞自噬、凋亡与炎症反应的分子机制	凋亡，自噬，炎症反应，癌细胞，PI3k/AKT/mTOR通路，Aliso-tib	17	1 025	1 191	2013.8	医学	2.11

续表

研究大类	研究领域ID	研究领域名称	研究领域特征词	核心论文数/篇	施引论文数/篇	总被引次数/次	平均年	所属学科	学科交叉度
力学计算算法	122	流固耦合问题及其求解	流固耦合建模，有限元法，边界元法，数值微分方程，偏微分方程，伽辽金法，等几何分析，等几何边界元，壳体等几何分析，非均匀有理b样条，等几何有限元，壳体有限元，有限元法	113	1 973	5 257	2012.7	交叉学科	2.20
癌症研究	123	肿瘤干细胞标志物ALDH1在乳腺癌、前列腺癌、膀胱癌等癌症中的表达及其临床意义	乙醛脱氢酶1-阳性癌干细胞，乳腺癌，前列腺癌，膀胱癌，表达水平，临床结果	19	1 690	2 310	2010.9	医学	1.55
化学材料	124	纸基微流体功能器件及纤维素纳米材料研究	纸基微流体装置，纸基传感器，诊断，微纤化纤维素，荧光成像，电子纸，纤维素纳米材料，纳米纤维素，纤维素纳米纤维	47	4 989	9 206	2011.7	化学	1.92
锂离子电池	125	锂离子电池金属氧化物负极材料	锂离子电池，负极，二氧化钛，四氧化三钴/碳纳米管复合材料，核–壳结构，多孔，氧化锌，金属氧化物空心微球	32	1 853	2 616	2013.4	交叉学科	1.61
心理学	126	双语与认知发展的关系研究	认知，双语，认知控制，认知优势	26	1 630	2 448	2012.1	医学	1.59
量子物理	127	量子关联	量子失协，非马尔科夫效应，量子退相干，非马尔科夫性，开放系统，量子演化，量子纠缠，量子度量学，量子速度限制	59	2 574	8 344	2011.7	物理学	1.03
心理学	128	语义记忆的神经生物学研究	神经生物学语义记忆，脑机制，抽象符号语义	46	3 136	4 123	2012.3	医学	1.57
代谢组学研究	129	环境与疾病间的关系及代谢组学相关的促进人类健康的研究	环境因素，代谢组学，中药，人类健康，营养代谢组学	17	976	1 196	2012.1	交叉学科	3.38
生态学	130	农牧系统、土地利用等人类活动的不同选择方式对生态系统稳定性的影响	物种多样性，生物多样性保护，物种灭绝，生态系统稳定性，生态网络，食物网，生态系统服务，集约化种植系统，农牧混合系统，土地利用	40	3 185	3 918	2012.7	地球与环境科学	2.01

续表

研究大类	研究领域ID	研究领域名称	研究领域特征词	核心论文数/篇	施引论文数/篇	总被引次数/次	平均年	所属学科	学科交叉度
社会医学研究	131	饮食环境、建筑环境、身体锻炼行为及其与健康、营养的关系	食品环境，建设环境，体力活动，健康	45	1 629	2 714	2011.4	社会科学	1.81
工程科学	132	电阻式随机存取记忆体RRAM	双极RRAM设备，记忆电阻，计算机内存，集成电路，神经网络，计算机数据存储，随机存取存储器，可编程模拟电路，电阻开关，硅忆阻器装置	30	2 447	4 186	2012	交叉学科	2.55
环境科学	133	城市污水中的抗生素可能引发的人类健康和环境风险	废水分析，非法药物使用，污水处理，城市污水，抗生素耐药菌，抗生素耐药性，人类健康风险，污水灌溉，环境风险评估，制药废水	45	2 450	3 786	2012.3	地球与环境科学	2.23
凝聚态物理学	134	铁基超导体和铜氧化物超导体	碱金属铁硒超导体，$A_xFe_{2-y}Se_2$，超导性，磁性，钇钡铜氧化物超导体，$YBa_2Cu_3O_{6+\delta}$，电荷密度波序，122铁砷超导体，NaFeAs，电子各向异性，FeSe超导体	122	4 161	13 559	2012.5	物理学	1.07
癌症研究	135	ALK阳性非小细胞肺癌靶向药物治疗的临床研究	alectinib，克里唑蒂尼，ALK阳性非小细胞肺癌	102	6 982	19 399	2012.1	医学	1.30
石墨烯及其复合材料的应用	136	单晶、多晶及大面积石墨烯的制备、表征及应用研究	石墨烯，化学气相沉积，晶界，单晶单层石墨烯，石墨烯纳米带，高速石墨烯晶体管，大面积石墨烯，多晶石墨烯，拓扑缺陷	94	9 855	21 674	2011.4	物理学	1.50
心理学	137	成瘾障碍和行为决策与延迟折扣的关系、相关神经机制与认知矫正策略研究	延迟折扣，奖赏，跨期选择，成瘾，物质滥用障碍，病理性赌博，认知偏差矫治，情节式未来思考，工作记忆，注意缺陷多动障碍，欺骗，自我耗竭，自控力，创造力，意志力，主观价值，决策，道德领导，强化学习，计算精神病学，前扣带回，重复经颅磁刺激，元分析，前额叶，功能磁共振，认知控制	59	3 080	4 837	2012.2	医学	1.59

续表

研究大类	研究领域ID	研究领域名称	研究领域特征词	核心论文数/篇	施引论文数/篇	总被引次数/次	平均年	所属学科	学科交叉度
精神与神经系统疾病	138	多动症的脑结构影像学研究及其诊断与治疗及与未来发生交通事故的关系	注意缺陷多动障碍，诊断和治疗，脑系统，系统神经科学，道路交通	30	1 806	2 568	2012.2	医学	1.80
锂离子电池	139	锂离子电池、超级电容器及镁电池	超级电容，氮负载的碳纳米片，不对称超级电容，循环特性，三维石墨烯，二硫化钼纳米结构，锂离子电池，镁充电电池	92	3 194	5 084	2013	交叉学科	1.77
力学计算算法	140	剪切变形理论	剪切变形理论，偶应力理论，功能梯度材料，应变梯度弹性，高阶剪切，变形梁理论，偏微分方程，微分方程，横向剪切，梯度弹性理论，应变梯度理论	86	1 247	3 735	2013	工程科学	1.86
脑科学	141	脑机接口及康复机器人研究与应用	脑机接口，机器人康复，神经控制机器人臂，行程	28	1 741	2 502	2013.1	医学	1.53
生物学其他	142	癌症相关的信号转导通路	肿瘤，信号转导，ras 基因，K-ras 蛋白，Hippo 途径，YAP/TAZ 调控，癌症治疗，Hippo-YAP 途径	32	1 915	4 228	2012.8	生物学	1.55
传染病研究	143	多种丙型肝炎治疗药物单独使用或联用的效果及其相关基因的研究	丙型肝炎感染，丙型肝炎治疗，核苷酸聚合酶抑制剂，药物相互作用，遗传变异	140	4 757	16 967	2013.4	医学	1.55
生态学	144	环境和系统发育对植物功能性状、动物行为差异及生物多样性的影响	种间社会网络，生物多样性，种内变异，群落生态学，行为可塑性，系统发育多样性，功能多样性，物种丰富度，系统发育相似性，动物行为变异	81	5 368	9 040	2012.1	交叉学科	1.98
锂离子电池	145	高性能锂硫电池研究	锂硫电池，硫复合阴极，高能量密度，高载硫率，硫碳，中空碳纤维包裹的硫阴极，硫的氧化还原化学，高的理论电容	117	3 118	10 607	2013.2	交叉学科	1.74
植物学	146	植物生长调控分子机制	多胺，非生物胁迫，抗逆性，根毛发育，受精，分子基础，植物损伤相关分子模式，植物免疫信号，植物防御基因的诱导	30	1 125	1 503	2012.7	生物学	1.63

续表

研究大类	研究领域 ID	研究领域名称	研究领域特征词	核心论文数/篇	施引论文数/篇	总被引次数/次	平均年	所属学科	学科交叉度
分子生物学与遗传学	147	单细胞测序技术及其在癌症研究及免疫学研究中的应用	单细胞 RNA 测序，单细胞转录组学，基因表达异质性，肿瘤细胞，免疫细胞，树突状细胞	35	2 625	4 487	2013.4	生物学	1.93
癌症研究	148	多种药物治疗激素受体阳性乳腺癌或人类表皮生长因子受体 2 阳性乳腺癌的相关研究	人表皮生长因子受体 2 阳性乳腺癌，激素受体阳性乳腺癌，转移性乳腺癌，晚期乳腺癌，雌激素受体阳性乳腺癌	72	4 542	10 190	2012.3	医学	1.30
图像处理	149	图像检索与图像分类	三维对象检索，基于标签的图像检索，基于内容的图像检索，图像分类，图像聚类，人脸识别，人体动作识别，图像分割算法	89	3 554	6 261	2012.4	工程科学	1.81
代谢组学研究	150	白色脂肪组织、棕色脂肪组织和淋巴样细胞作用机制的相关研究	白色脂肪组织，棕色脂肪组织，淋巴样细胞，产热，能量消耗，固有淋巴细胞	82	4 059	11 137	2012.7	医学	2.00
心血管疾病	151	与心肾病相关的纤维母细胞生长因子和维生素 D 对心血管作用的研究	成纤维细胞生长因子 23，肾脏疾病，慢性肾病，心血管疾病，维生素 D	77	4 205	8 314	2012.1	医学	1.50
感染性疾病	152	危重症的临床治疗方案及其相关诊断生物标志物在临床治疗上的应用	危重病重症监护病房，生物标志物，诊断标记，治疗，药物浓度	42	2 347	3 038	2012.9	医学	1.82
生物学其他	153	细菌生物膜与感染研究	细菌生物被膜，感染，临床效果，治疗，生物膜成熟，葡萄球菌感染，生物膜形成，乳房感染	28	2 512	3 109	2012.1	交叉学科	3.06
社会医学研究	154	社交媒体及其对健康交流的促进	社交媒体，健康行为改变，在线社交网络，促进健康，健康传播，基于互联网的干预措施，推特，脸谱，社交网络分析	32	1 714	2 104	2012.3	社会科学	1.88

续表

研究大类	研究领域ID	研究领域名称	研究领域特征词	核心论文数/篇	施引论文数/篇	总被引次数/次	平均年	所属学科	学科交叉度
临床流行病学	155	循证医学GRADE证据质量分级和推荐强度系统及患者报告结局（patient-reported outc-omes）在临床实践中的应用	GRADE指南，开发临床实践指南，患者报告结果，临床实践	80	6 580	9 883	2012.1	交叉学科	1.71
纳米安全	156	纳米材料的环境行为和生物毒性研究	蛋白质冠，纳米颗粒，银纳米粒子，氧化铈纳米颗粒，纳米氧化锌，血清蛋白吸附，工程化的纳米材料，毒性，环境分布，水环境，废水处理，自然土壤	97	5 952	13 597	2011.8	交叉学科	3.26
智能电网	157	最大功率点跟踪	功率点跟踪，光伏最大功率点跟踪方法，点追踪技术，光伏阵列最大功率点，最大功率点，太阳能光伏发电系统，光伏模块，太阳能电池，光伏阵列，太阳能跟踪器，太阳能，光伏模拟器，粒子群优化	41	1 600	2 754	2012.2	工程科学	1.11
基因组学	158	TALEN、CRISPR/Cas等基因组编辑技术	基因工程，CRISPR/Cas9，Fokl核酸酶，基因组编辑，TA-LEN，基因修饰，基因敲除，脱靶效应	188	5 546	23 798	2013.3	生物学	2.09
粒子物理与宇宙学	159	基于“普朗克”（Planck）任务等对宇宙微波背景辐射和暗能量的研究	大爆炸理论，宇宙微波背景辐射，暗能量，哈勃常数，重子声学振荡，普朗克数据	89	6 055	12 965	2013	空间科学	1.28
化学材料	160	金属有机框架材料	金属有机框架材料，拓扑结构，多孔，电导率，吸附，双柱-双层金属有机框架，密度泛函理论	24	2 255	2 946	2012.8	化学	1.17
心理学	161	影响人类听力和阅读理解能力发展的日常训练的研究	音乐训练，听觉，读，阅读能力，阅读困难治疗，发展	42	1 831	2 774	2012.6	医学	1.52
环境科学	162	全球历史上人类活动对全球汞循环的影响	汞排放，汞沉积，晚二叠世煤矿，生物质燃料，粉煤灰，初级热解产物，污染沉积物，工业污染源，燃煤，生物质燃烧	46	2 454	3 480	2012.6	地球与环境科学	3.10

续表

研究大类	研究领域ID	研究领域名称	研究领域特征词	核心论文数/篇	施引论文数/篇	总被引次数/次	平均年	所属学科	学科交叉度
蛋白质科学	163	蛋白质结构与功能	蛋白质结构，蛋白质折叠，结构动力学，药物设计，分子动力学模拟，中间状态，内在无序蛋白质，溶液结构	65	4 726	7 332	2012.3	交叉学科	2.11
自身免疫性疾病	164	炎症类疾病中针对白介素17A的抗体治疗及其相关细胞研究	白介素-17A，抗白细胞介素-17单克隆抗体，白细胞介素-17免疫，银屑病，类风湿关节炎	46	3 589	6 920	2012.2	医学	1.64
生态学	165	全球生态系统服务的量化、评估、支付及市场化	生态系统服务，生态系统服务市场，生态系统服务评估，生态系统服务功能，土地利用变化，生态系统服务评价，环境政策，全球变化，生态系统服务供应与支付	96	2 274	4 866	2012.7	交叉学科	2.63
地质学	166	月球和火星地质学及陨石研究	熔融包裹体，同位素组成，大风陨石坑，月球玄武岩，水分含量，火星岩石，耶洛奈夫湾沉积岩，富水的月球磷灰石	49	1 752	3 053	2012.7	地球与环境科学	1.70
妇产科学	167	母体及婴儿营养改善方案及儿童早期发育的影响因素的研究	母婴营养，儿童营养，改善，儿童发展，风险因素	24	1 667	2 332	2012.6	医学	1.76
生态学	168	全球尺度上不同生态系统的碳循环研究	二氧化碳排放，碳循环，叶绿素荧光遥感，全球海洋碳汇，凋落物分解，土地利用效应，生态系统净碳交换，生态系统二氧化碳通量，陆地碳库，森林碳汇	67	2 848	4 169	2012.8	地球与环境科学	2.32
生态学	169	利用陆地卫星数据评估全球土地覆盖变化	全球土地覆盖，陆地卫星数据，森林滥伐，陆地卫星的时间序列，陆地全球变化	33	1 137	1 891	2012.8	地球与环境科学	1.36
心血管疾病	170	血液中胆固醇过高相关疾病的单克隆抗体药物及其他降低胆固醇药物的研究	高胆固醇血症单克隆抗体，单克隆抗体pcsk9，脂质治疗，动脉粥样硬化，HDL胆固醇，胆固醇心血管事件	152	8 446	18 842	2012.9	医学	1.38

续表

研究大类	研究领域ID	研究领域名称	研究领域特征词	核心论文数/篇	施引论文数/篇	总被引次数/次	平均年	所属学科	学科交叉度
社会医学研究	171	囚徒健康、父母入狱对儿童心理和行为健康的影响、抑郁症与心血管疾病的相关性研究	囚犯健康，产妇监禁，父亲监禁，儿童行为问题，抑郁症，心血管疾病	51	3 788	4 571	2011.7	交叉学科	2.30
空间科学	172	基于“开普勒”（Kepler）任务等对系外行星及其母恒星的探测研究	系外行星，巨行星，热木星，宜居区域，开普勒（Kepler）任务，凌星法，母恒星	90	5 169	12 842	2012.4	空间科学	1.04
太阳能电池	173	含二氧化钛的染料敏化太阳能电池	染料敏化太阳能电池，能源转换效率，二氧化钛纳米线阵列，分等级锐钛矿二氧化钛，量子点，石墨烯复合材料，石墨烯/二氧化钛光电极，纳米管太阳能电池，介孔二氧化钛微珠	18	2 437	3 273	2011.1	化学	1.61
植物学	174	草原生态系统与光合作用研究	光合作用，二氧化碳，C4 碳固定，Rubisco，热带大草原，生态系统，光呼吸，C3 碳固定，C4 草原	58	2 534	4 218	2012.4	生物学	2.07
化学材料	175	单分子磁体的磁性研究	单分子磁体，单离子磁体，镧系元素，慢磁弛豫，各向异性，自旋	82	3 094	10 330	2012.2	化学	1.25
细胞生物学	176	线粒体氧化胁迫与生物机体衰老关系研究	SIRT1，氧化应激，线粒体低毒兴奋效应（mitohormesis），白藜芦醇，线粒体超氧信号，保守的长寿机理，寿命，琥珀酰基化	59	4 857	9 563	2011.8	生物学	2.06
传染病研究	177	非酒精性脂肪性肝病与特殊基因片段及门静脉高压关系的研究	非酒精性脂肪肝疾病，包含 patatin 样磷脂酶结构域 3 基因（pnpla3），跨膜蛋白 6 超家族成员 2 基因，遗传变异，门静脉高血压	50	2 700	5 114	2012.5	医学	1.23
大气科学	178	大气气溶胶的来源、形成、种类、理化性质及模型研究	二次有机气溶胶，侵入式冰晶成核，有机气溶胶，大气颗粒物形成，大气气溶胶成核，有机气溶胶成分，社区大气模型，气溶胶形成，气溶胶质谱，大气化学	105	4 106	9 265	2012.3	地球与环境科学	2.09

续表

研究大类	研究领域ID	研究领域名称	研究领域特征词	核心论文数/篇	施引论文数/篇	总被引次数/次	平均年	所属学科	学科交叉度
太阳能电池	179	染料敏化太阳能电池高效电极制备和染料敏化剂研究	染料敏化太阳能电池，有机染料，对电极，石墨烯纳米片，光电转换效率，芳胺类有机染料，有机敏化剂，全色染料敏化太阳能电池	62	6 740	14 490	2012.3	化学	1.45
纳米发电机	180	压电/摩擦电纳米发电机及压力传感器技术研究	摩擦电发电机，机械能收集，新能源技术，自供电的压力传感器，柔性压电纳米发电机，氧化锌纳米线阵列，透明导电纳米线网络，压电能源收集器，压力传感器，透明电极	88	4 245	10 135	2012.8	交叉学科	1.96
泌尿系统疾病	181	心脏骤停或危重症病人的治疗手段及液体治疗管理方法的研究	心脏骤停，危重病人，流体治疗，液体复苏，胸部按压，流体相关的医疗干预	106	4 585	8 099	2013.3	医学	1.13
生物学其他	182	基于分子动力学的生物分子结构研究	力场，力场拓扑结构，分子动力学模拟，药物设计，晶体结构，自由能，分子建模	54	4 829	6 283	2012.4	交叉学科	2.31
传染病研究	183	第二代整合酶链转移抑制剂dolutegravir	第二代整合酶链转移抑制剂dolutegravir，抗逆转录病毒药，HIV-1整合酶抑制剂，艾滋病，蛋白酶抑制剂，HIV-1 RNA水平，HIV-1耐药性，非核苷逆转录酶	40	2 676	4 527	2011.9	医学	2.34
生态学	184	气候变化背景下全球水资源对粮食安全、生物多样性和农业可持续发展的影响	水资源管理，地下水枯竭，地表水，作物产量，全球粮食安全，生物多样性，农业集约化，陆地水平衡，水通量，水文模型	45	4 034	6 233	2011.9	地球与环境科学	2.40
数学	185	几类分数微分方程边值问题	分数阶微分方程，分数边界值，非线性分数微分，分数演化方程，正解，分数积分微分方程，分数滑模，分数偏微分方程，边值问题，初值问题，稳定理论，导数	119	2 030	5 458	2011.7	数学	1.71
重症医学	186	危重症病人的营养方案和呼吸管理及其相关的临床护理研究	危重病人，营养，喂养，体外膜氧合，临床实践指南	64	4 476	8 161	2012.3	医学	1.22

续表

研究大类	研究领域ID	研究领域名称	研究领域特征词	核心论文数/篇	施引论文数/篇	总被引次数/次	平均年	所属学科	学科交叉度
心血管疾病	187	二尖瓣、主动脉瓣经导管置换术和传统手术置换治疗效果的对比	经导管主动脉瓣植入，外科主动脉瓣置换术，主动脉瓣狭窄，基于导管的二尖瓣瓣叶修复，mitraclip 疗法，高危患者	55	4 023	11 980	2011.9	医学	1.07
纳米器件	188	二维材料的制备及其在光电器件中的应用	单层二硫化钼，三层二硫化钼片，纳米片气体光电探测器，单层硒化钨，锁模激光器，Q 开关，拓扑绝缘体，石墨烯电子器件，黑磷纳米管，场效应晶体管，过渡金属二卤化物，直接带隙，扭曲的双层石墨烯，六方氮化硼，光响应记忆器件，二硫化铜场效应晶体管	270	8 842	37 718	2013.3	物理学	1.47
妇产科学	189	孕妇产前检查的基因测序方法及子痫前期检测的生物标识物的研究	母亲血浆 DNA 测序，21 三体，13 三体，18 三体，先兆子痫生化标记，产前护理	59	1 738	4 424	2013	医学	1.18
理论物理	190	复杂网络的动力学研究	相互依存网络，多层网络，计算机病毒模型，延时模型，奇异态（chimera state），振子网络，社区发现，随机块模型，Kuramoto 振子，爆炸式同步	104	4 680	9 426	2012.6	交叉学科	2.43
石墨烯及其复合材料的应用	191	石墨烯的电子学研究及其在储能器件中的应用	石墨烯，狄拉克费米子，拓扑相，超级电容，电子-电子相互作用，量子霍尔状态，狄拉克锥，电子运输，密度泛函理论，平均场理论，破缺对称性，能带	34	5 395	7 929	2011.1	物理学	1.17
化学材料	192	碱性燃料电池（燃料电池）	碱性燃料电池，直接甲醇燃料电池，阴离子交换膜，聚合物电解质，电氧化，质子交换膜，嵌段共聚物，循环伏安	40	2 231	4 494	2011.4	交叉学科	1.58
泌尿系统疾病	193	非典型溶血性尿毒症、肾小球病和膜性肾病等肾病的遗传学研究及其抗体治疗	非典型溶血性尿毒综合征，肾小球病，基因，遗传变异，膜性肾病，抗体	52	2 091	3 947	2012.9	医学	1.61

续表

研究大类	研究领域ID	研究领域名称	研究领域特征词	核心论文数/篇	施引论文数/篇	总被引次数/次	平均年	所属学科	学科交叉度
化学材料	194	包含嵌段共聚物的材料制备及其在生物医学领域的应用	嵌段共聚物自组装，可生物降解，多肽，生物医学应用，药物传递，基于嵌段共聚物的纳米结构，嵌段共聚物薄膜	25	3 036	3 682	2011.9	交叉学科	1.88
癌症研究	195	肠道干细胞标志物 Lgr5 及其与肿瘤的相关性	肠道干细胞，Lgr5，肿瘤干细胞，肿瘤学	27	3 526	6 031	2011.5	生物学	1.69
图像处理	196	高维稀疏矩阵处理算法研究及其在图像处理和信号重构等方面的应用	交替方向法，凸优化，稀疏重构，图像重建，压缩感知，矩阵完整化，奇异值分解，总变差，近端梯度算法	133	6 003	10 651	2011.7	数学	2.33
基因组学	197	全基因组选择育种	基因组育种值，参照群体，基因组的关系矩阵，基因组预测，基因选择，SNP，基因组育种值估计，基因组 BLUP 模型	64	4 751	7 260	2012.3	交叉学科	2.53
无线通信	198	第五代移动通信技术 (5G)	5G 蜂窝网络，异构蜂窝网络，无线信息与电力传输，大规模 MIMO 系统，D2D 通信，M2M 网络，空间调制，网络编码，MIMO 合作网络	230	8 570	18 510	2012.6	计算机科学	1.50
纳米生物医药	199	纳米抗癌药物、细胞穿透肽作为药物载体和成像探针在医学领域的应用	细胞穿透肽，药物输送，荧光成像，肿瘤治疗，细胞穿透肽，肿瘤，多肽，纳米结构脂质载体	52	4 123	5 154	2012.6	交叉学科	2.63
石墨烯及其复合材料的应用	200	氧化石墨烯薄膜在吸附、分离领域的应用；缺陷探测方法及力学性质研究	分子筛，氧化石墨烯膜，水处理，接触角，气体运输，氧化石墨烯纸，超薄石墨烯氧化物，拉曼光谱，选择性气体运输通道，	43	4 667	7 061	2011.9	交叉学科	1.70
锂离子电池	201	锂离子电池、钠离子电池正极材料制备及性能研究	锂离子电池，钠离子电池，碳负极材料，石墨烯片，氧化石墨烯，四氧化三锰/氧化石墨烯复合物，锂硅纳米线，石墨烯纳米复合材料，锐钛矿二氧化钛	285	11 854	36 714	2012.4	交叉学科	1.70

续表

研究大类	研究领域ID	研究领域名称	研究领域特征词	核心论文数/篇	施引论文数/篇	总被引次数/次	平均年	所属学科	学科交叉度
纳米生物医药	202	功能化的石墨烯及其氧化物、荧光纳米粒子在生物成像和药物释放中的应用研究	荧光光谱法，功能化的氧化石墨烯，荧光纳米探针，细胞成像，电化学生物传感，基于染料的荧光纳米粒子，两亲荧光聚合物，石墨烯纳米筛，基因毒性，表面修饰的碳纳米管，药物输送	97	6 987	16 593	2012	交叉学科	1.79
心血管疾病	203	多种类型药物治疗Ⅱ型糖尿病效果的比对及其安全性和有效性	Ⅱ型糖尿病，安全性和有效性，治疗，单药治疗，sitagliptin，saxagliptin，alogliptin	144	4 094	11 888	2012.8	医学	1.31
粒子物理与宇宙学	204	量子色动力学(QCD)和重离子碰撞实验研究	量子色动力学，弦理论，大型强子对撞机，量子场论，规范理论，标准模型	143	5 096	13 918	2012.6	物理学	1.03
大气科学	205	基于全球表面建模、遥感和卫星监测的气象模拟及预测研究	土壤水分反演，夏季风模拟，气候预测系统，陆面水文估计，全球能源流动，海平面温度观测，热浪，冷波，极端风暴，海洋盐度	49	6 750	9 462	2011.9	地球与环境科学	1.27
地质学	206	前寒武纪时期华北地区克拉通化	华北克拉通，前寒武纪地壳演化，板块俯冲，锆石年龄，元古代，哥伦比亚超大陆，增生型造山带	201	6 312	15 658	2012.4	地球与环境科学	1.03
脑科学	207	高分辨率活细胞三维成像技术与脑皮质神经回路相关机理的研究	超分辨成像，活细胞，三维成像，脑，皮质神经回路	193	9 131	18 567	2012.8	交叉学科	2.05
粒子物理与宇宙学	208	高红移值星系及恒星形成和演化研究	恒星形成，暗物质晕，主序星，星系介质，高红移值星系，超深空成像	179	8 445	26 962	2012.2	空间科学	1.03
传染病研究	209	轮状病毒疫苗接种效果评价，土壤传播的蠕虫感染、血吸虫病流行病学与防控研究	轮状病毒疫苗，严重轮状病毒胃肠炎，土壤传播的蠕虫感染，血吸虫病，公共卫生	59	3 010	4 806	2012.6	交叉学科	4.05

续表

研究大类	研究领域ID	研究领域名称	研究领域特征词	核心论文数/篇	施引论文数/篇	总被引次数/次	平均年	所属学科	学科交叉度
纳米器件	210	可控性超材料及等离子体低聚物研究	超材料，宽带声学隐身斗篷，等离子体纳米簇，超辐射等离子体共振，各向同性光学超材料，自组装等离子体纳米簇，手性纳米光波界面，太赫兹超材料，等离子体低聚物	102	6 657	15 251	2012.2	物理学	1.32
传染病研究	211	关于碳青霉烯酶的全球传播及其引起的疾病的检测和治疗方案的研究	碳青霉烯酶，碳青霉烯酶的进化和扩散，联合治疗，产生碳青霉烯酶的肠杆菌科，检测和治疗	116	7 429	12 901	2012.2	医学	2.37
心血管疾病	212	心力衰竭和肺动脉高压的治疗药物研究及其手术治疗	心脏衰竭，治疗急性心力衰竭，治疗，肺动脉高压，手术管理，	71	3 497	7 061	2012.9	医学	1.12
癌症研究	213	肿瘤细胞免疫原性死亡和自噬在肿瘤治疗或肿瘤生长中的作用	免疫原性细胞死亡，癌症治疗，自噬，肿瘤生长	81	5 779	9 225	2012.9	医学	2.04
传染病研究	214	H7N9、H5N1、H1N1流感的流行病学与防控策略研究，以及HIV-1包膜三聚体的结构与免疫识别	流感大流行，H7N9，H5N1，H1N1，HIV-1感染，HIV-1包膜三聚体，晶体结构	155	7 006	19 391	2012.9	生物学	2.34
石墨烯及其复合材料的应用	215	等离子体纳米结构的光学性质及其应用研究	表面等离子体共振，等离子体银纳米结构，光催化活性，等离子体光催化剂，贵金属纳米粒子，栅极调谐的石墨烯等离子体，石墨烯等离子体波导，太阳能电池，等离子体增强	186	15 281	33 763	2012	交叉学科	1.66
工程科学	216	系统控制方法	多智能体系统，复杂网络，跳变神经网络，递归神经网络，忆阻器神经网络，细胞神经网络，最优控制，李雅普诺夫稳定性，自触发控制，模糊离散时间系统	452	9 328	29 071	2012.5	工程科学	1.58

续表

研究大类	研究领域ID	研究领域名称	研究领域特征词	核心论文数/篇	施引论文数/篇	总被引次数/次	平均年	所属学科	学科交叉度
大气科学	217	全球气候年代际变化的影响观测、模拟及预测研究	全球变暖放缓，全球表面温度，北极海冰融化，土壤碳储量，全球气候模型，植被物候变化，海平面上升，南极冰架，年代际气候预测，对流层臭氧变化	331	13 404	29 251	2012.7	地球与环境科学	1.56
太阳能电池	218	聚合物太阳能电池、有机场效应晶体管研究	太阳能电池，聚合物太阳能电池，有机太阳能电池，能量转换效率，异质结太阳能电池，非富勒烯基有机太阳能电池，小分子有机光电电池，有机场效应晶体管，氧化石墨烯	290	13 497	48 348	2012.6	交叉学科	1.62
粒子物理与宇宙学	219	标准模型和希格斯玻色子研究	希格斯玻色子，标准模型，暗物质，大型强子对撞机	409	10 354	43 330	2013.2	物理学	1.17
有机化学合成/反应	220	柱芳烃的合成、功能化及应用（超分子聚合物）、自治愈聚合物及超分子凝胶研究	柱芳烃，柱[5]芳烃，柱[6]芳烃，超分子凝胶，低分子量，芳烃，主客体化学，自愈合材料，聚多巴胺，超分子聚合物，超分子囊泡，可自治愈的超分子，糖修饰的两性柱[5]芳烃	179	7 734	19 770	2012.8	化学	1.32
有机化学合成/反应	221	金属催化的有机合成反应	铜催化，直接氨基化，三氟甲基化，不对称氢化，铁催化，铑催化的碳氢键活化，钴催化的碳氢键酰胺化，金属催化剂，过渡金属催化，金属催化的碳氢键活化，铑催化的吲哚合成，钌催化的三组分合成，银催化的水合三氟甲基化，金催化制氢，铑催化的卡宾插入反应	535	17 671	73 419	2012.6	化学	1.05
癌症研究	222	肿瘤的基因突变与精准治疗研究	突变，转移性结肠直肠癌，转移性去势抵抗性前列腺癌，晚期黑色素瘤，结肠直肠癌，非小细胞肺癌，免疫治疗	334	23 048	69 167	2012.6	医学	1.46
纳米催化	223	纳米光电催化剂的制备及其在水氧化、水分解中的应用	水氧化，光电化学水氧化，光催化，电催化剂，生物水氧化，析氧，析氢，金属氧化物薄膜，分子光电化学电池	293	12 954	37 210	2012.8	化学	1.62
超级电容器	224	超级电容器纳米电极材料、超疏水/超亲水材料	高比电容，氧化石墨烯，电化学赝电容材料，石墨烯自组装水凝胶，碳纳米管，介孔复合电极，超级电容器阳极，超疏水表面，油水分离，超亲水膜	225	13 757	35 494	2012.4	交叉学科	1.77

续表

研究大类	研究领域ID	研究领域名称	研究领域特征词	核心论文数/篇	施引论文数/篇	总被引次数/次	平均年	所属学科	学科交叉度
心血管疾病	225	心血管疾病的精准介入治疗和精准药物治疗研究	心肌梗死，动脉粥样硬化，中风，支架，精准医学	433	21 880	58 888	2012.4	医学	1.10
植物学	226	植物激素信号转导通路	茉莉酸反应，生长素信号转导，乙烯信号转导，ABA 诱导，生物钟调节，营养信号，水杨酸信号互作，激素互作	451	18 884	40 310	2012.3	生物学	1.85
微生物学	227	应对病原体的天然免疫反应与细胞死亡机制，肠道菌群与免疫，单核-巨噬细胞起源及发育分化的特征与分子调控	免疫系统，肠道微生物群，益生菌	472	29 380	72 466	2012.4	医学	2.42
凝聚态物理学	228	量子计算与拓扑绝缘体	量子计算物理实现，量子模拟器，外尔半金属，量子自旋液体，硅烯，三维拓扑绝缘体，分数量子霍尔态，量子反常霍尔效应，近藤拓扑绝缘体，拓扑晶体绝缘体，拓扑超导体，floquet 拓扑绝缘体	678	22 224	86 829	2012.5	物理学	1.07
精神与神经系统疾病	229	线粒体功能缺陷、Parkin 蛋白与阿尔茨海默病、帕金森病等神经系统疾病的发病机理研究	阿尔茨海默病，帕金森病，突变，帕金线粒体帕金	387	27 157	61 604	2012.1	医学	2.07
化学材料	230	多孔框架材料制备的分子器件及其应用	沸石咪唑框架，超高交联的多孔有机聚合物，多孔有机分子晶体，共轭半导体聚合物，石墨碳纳米笼，上转换纳米材料，传感器，分离，吸附，荧光探针，荧光成像，生物成像，化学传感器，荧光硫化氢传感器，光电应用，荧光纳米温度计，二氧化碳捕获	499	26 276	71 069	2012.5	化学	1.53

续表

研究大类	研究领域ID	研究领域名称	研究领域特征词	核心论文数/篇	施引论文数/篇	总被引次数/次	平均年	所属学科	学科交叉度
分子生物学与遗传学	231	淋巴细胞白血病的基因突变与精准治疗研究	淋巴细胞白血病，突变，位点突变，精准治疗	341	23 749	66 343	2012.2	交叉学科	1.78
分子生物学与遗传学	232	微小RNA和特殊基因序列作为诊断的标志物及其与疾病关系的研究	微粒，循环微粒，新型生物标志物，检测，预测，预后	442	25 742	68 895	2012	医学	2.08

粉红色底色代表新增研究领域

附录3 研究领域演变轨迹

本附录使用河流图可视化展示演变轨迹。图中的圆圈从左到右分别表示科学结构图谱2002~2007、科学结构图谱2004~2009、科学结构图谱2006~2011、科学结构图谱2008~2013、科学结构图谱2010~2015的研究领域，圆圈的面积与该研究领域的核心论文数成正比。圆圈右上方数字代表研究领域ID号，后面是该研究领域所属的学科分类。第二行是研究领域名称。连线表示研究领域间核心论文有重叠，红色连线代表重叠度在0.2以上，灰色线代表重叠度在0.2以下，线条粗细和重叠度成正比。

演变轨迹顺序按学科组织，学科内部按科学结构图谱2008~2013、科学结构图谱2006~2011、科学结构图谱2004~2009、科学结构图谱2002~2007、科学结构图谱2010~2015的研究领域数量逆序编号。

圆圈的颜色根据中国在各个研究领域的份额确定：蓝色，0；绿色，(0，1%)；黄色，[1%，3%)；橙色，[3%，7%)；紫色，[7%，12%)；红色，[12%，100%]。

1. 物理学：22 个演化流

演变轨迹流 5

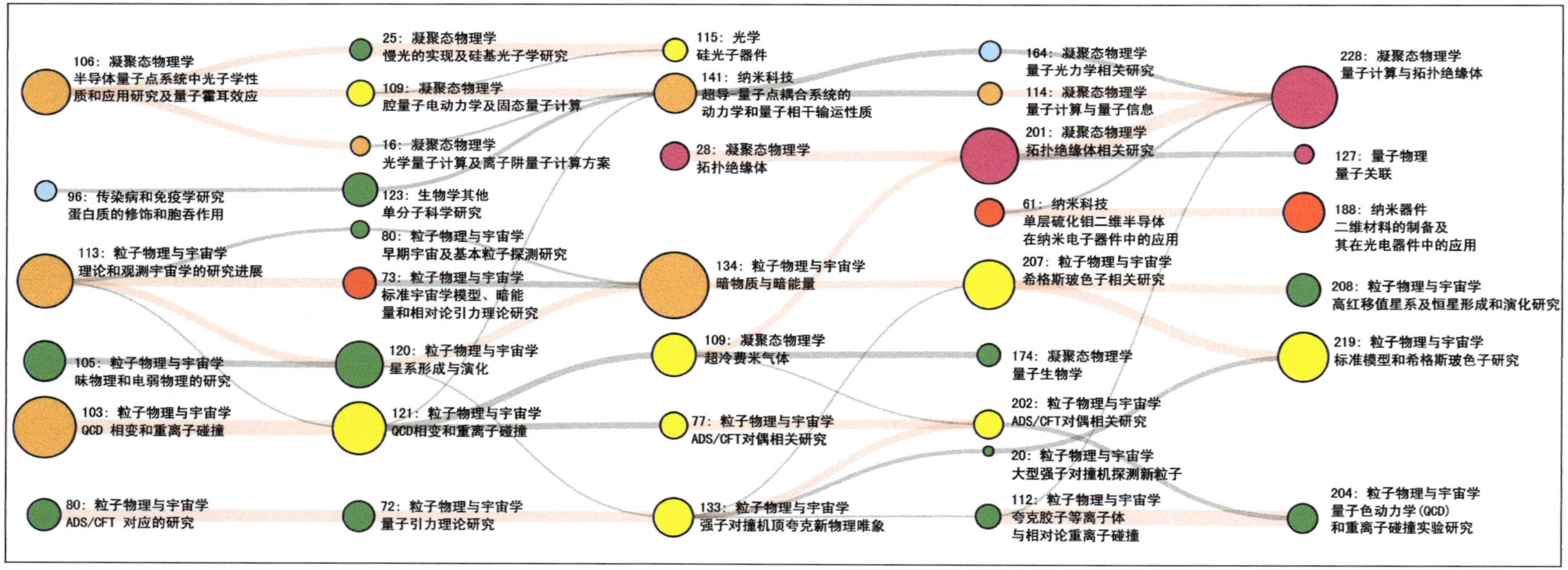

演变轨迹流 17

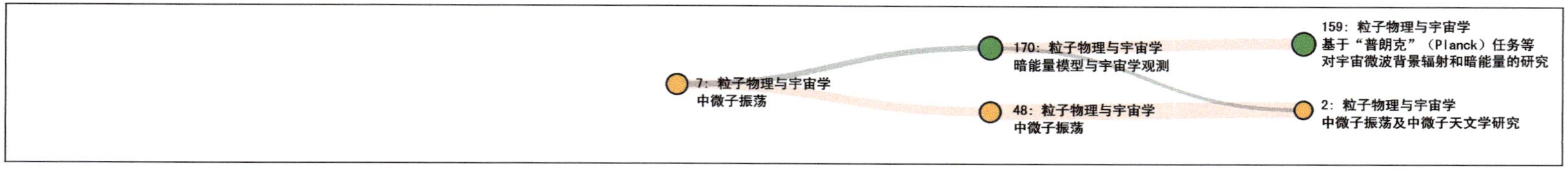

演变轨迹流 39

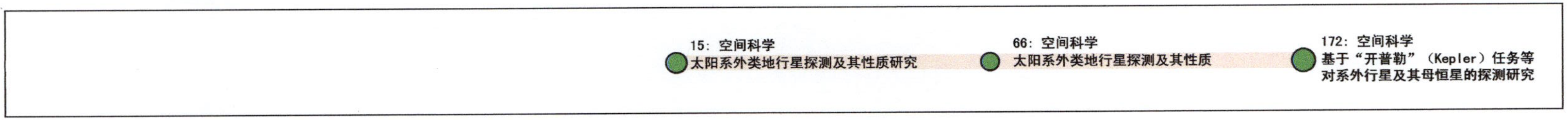

演变轨迹流 41

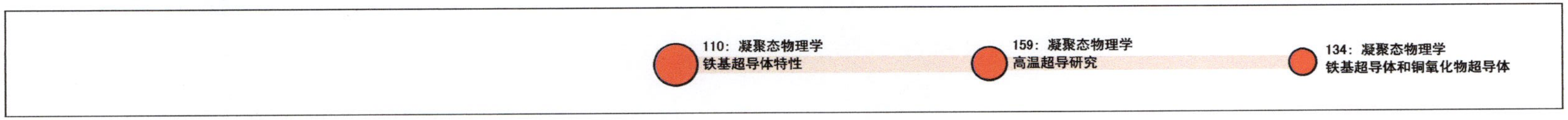

演变轨迹流 49

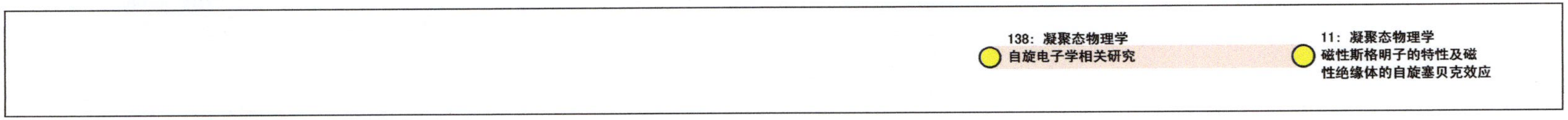

演变轨迹流 52

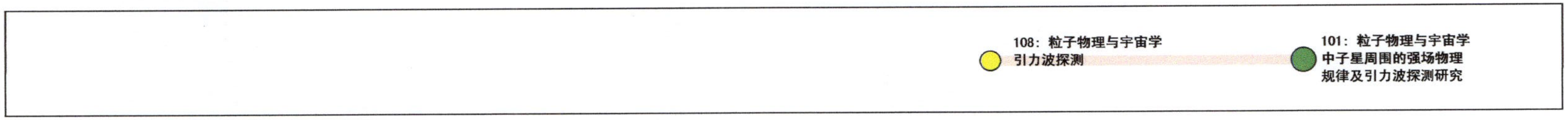

演变轨迹流 100

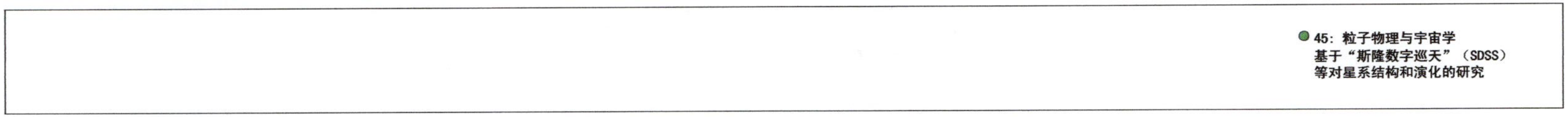

演变轨迹流 108

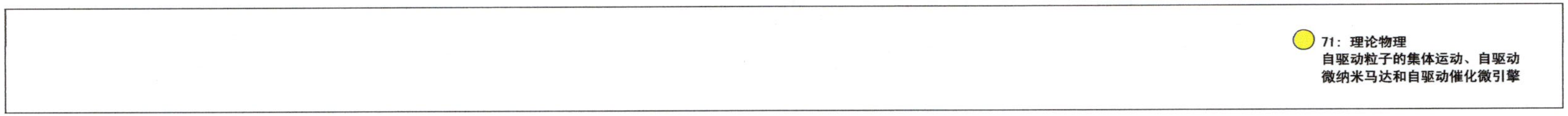

演变轨迹流 110

演变轨迹流 130

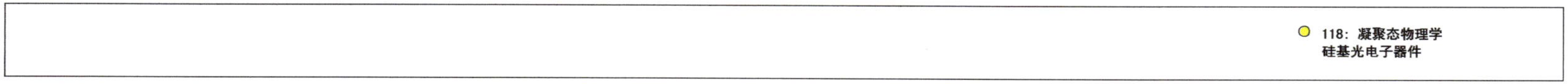

演变轨迹流 152

演变轨迹流 160

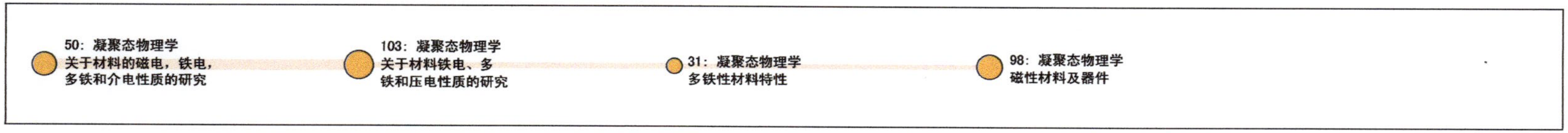

演变轨迹流 201

演变轨迹流 214

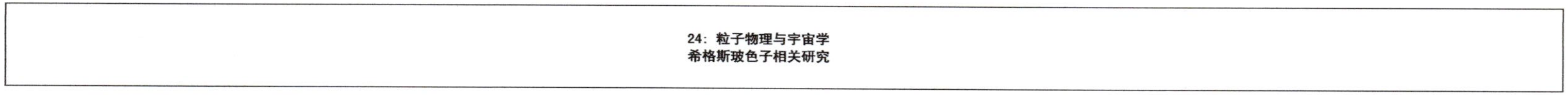

演变轨迹流 240

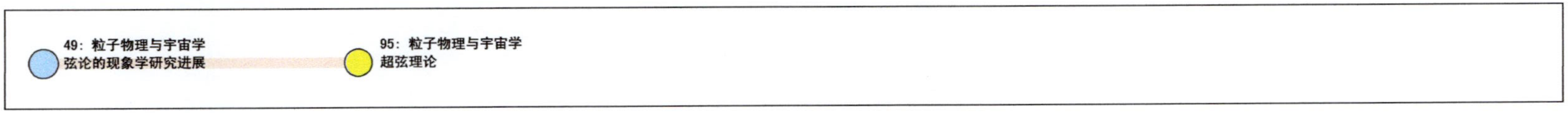

演变轨迹流 271

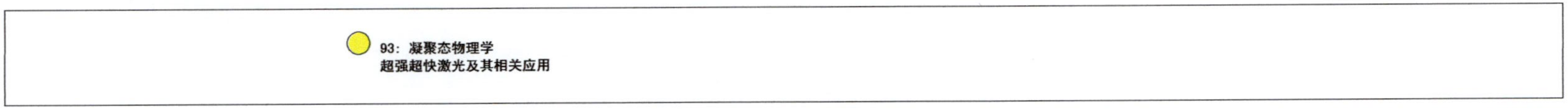

演变轨迹流 282

演变轨迹流 287

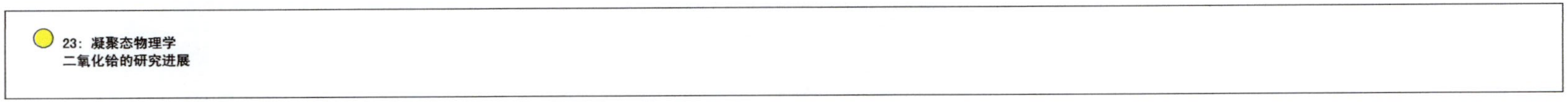

演变轨迹流 291

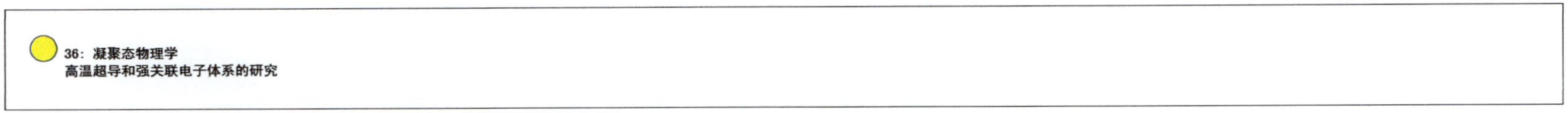

演变轨迹流 293

演变轨迹流 303

演变轨迹流 309

2. 合成与应用化学：25 个演化流

演变轨迹流 4

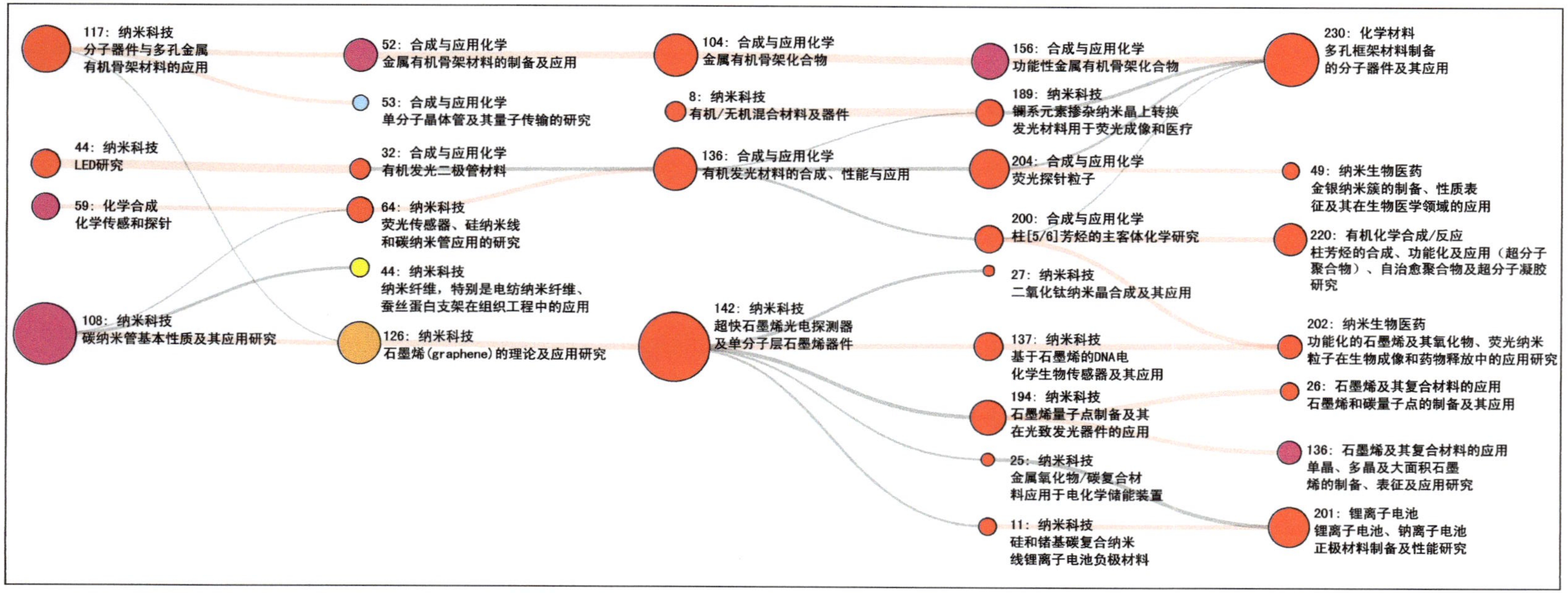

演变轨迹流 6

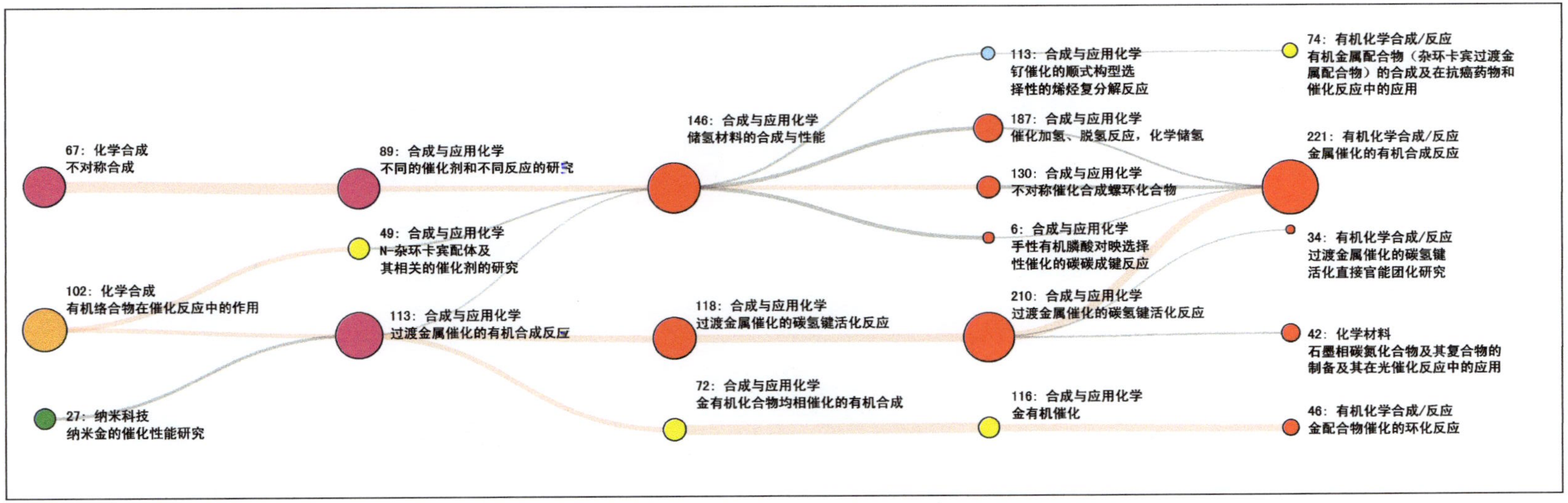

演变轨迹流 15

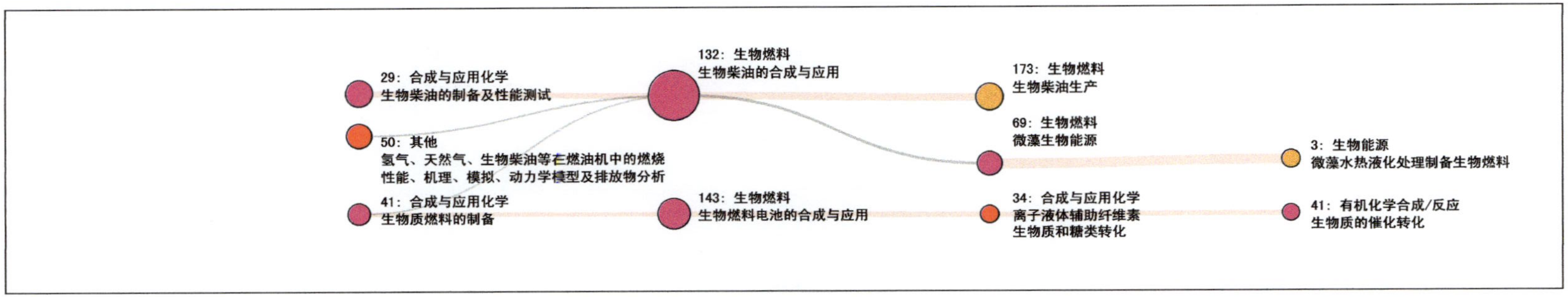

演变轨迹流 33

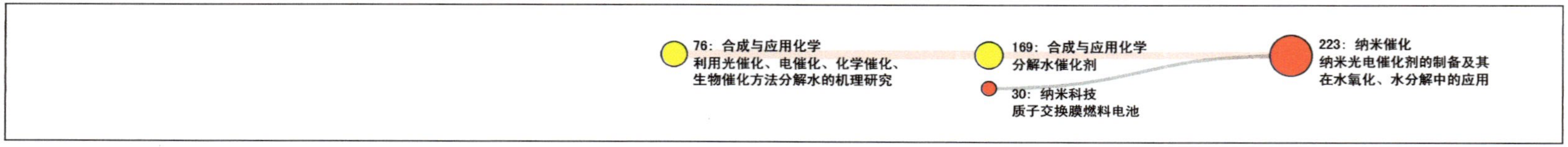

演变轨迹流 38

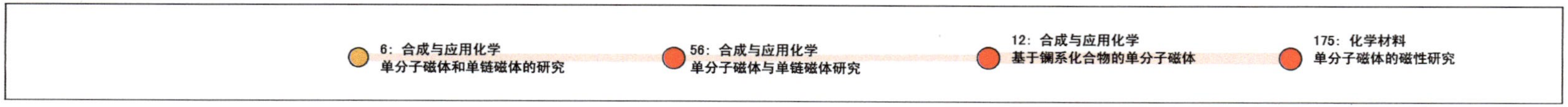

演变轨迹流 45

演变轨迹流 47

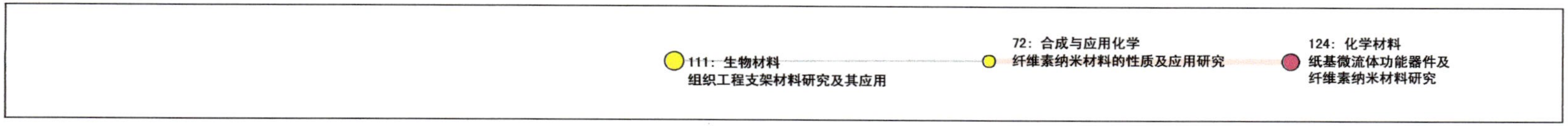

演变轨迹流 74

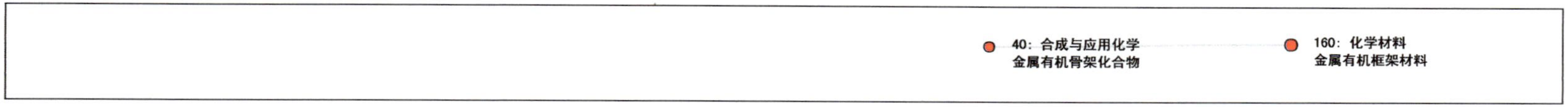

演变轨迹流 84

9：化学材料
金属玻璃性质研究

演变轨迹流 85

13：有机化学合成/反应
二氧化碳与环氧化物的
共聚反应及催化剂研究

演变轨迹流 89

19：化学材料
高效有机发光二极管研究

演变轨迹流 154

192：化学材料
碱性燃料电池（燃料电池）

演变轨迹流 156

194：化学材料
包含嵌段共聚物的材料制备
及其在生物医学领域的应用

演变轨迹流 161

79：合成与应用化学
抗癌金属有机化合物

31：合成与应用化学
自组装主客体化学功能材料体系

演变轨迹流 206

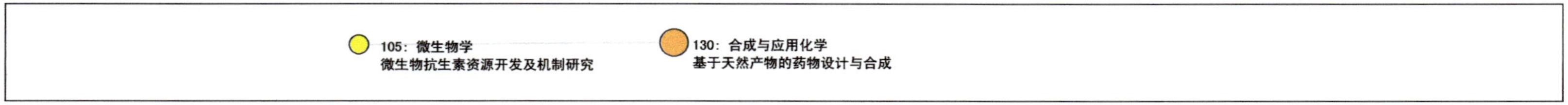

演变轨迹流 211

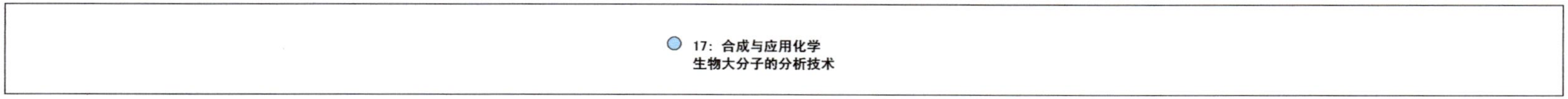

演变轨迹流 215

演变轨迹流 226

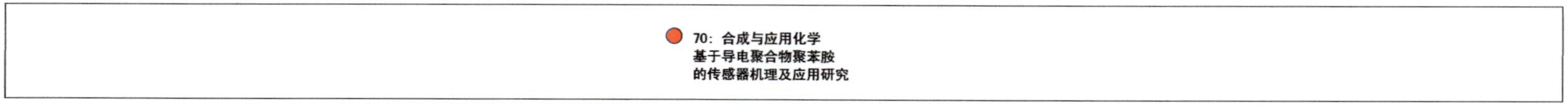

演变轨迹流 227

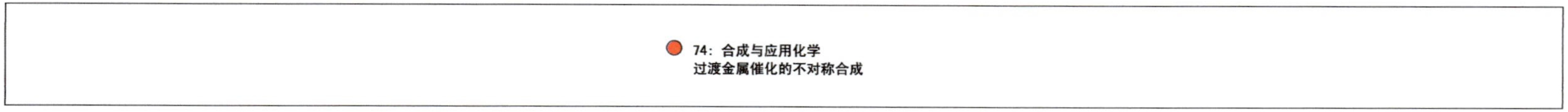

演变轨迹流 241

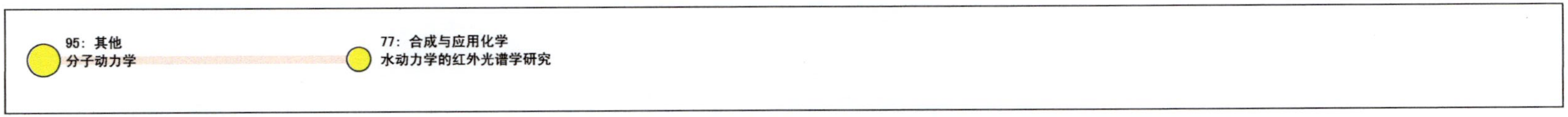

演变轨迹流 252

演变轨迹流 258

演变轨迹流 268

演变轨迹流 294

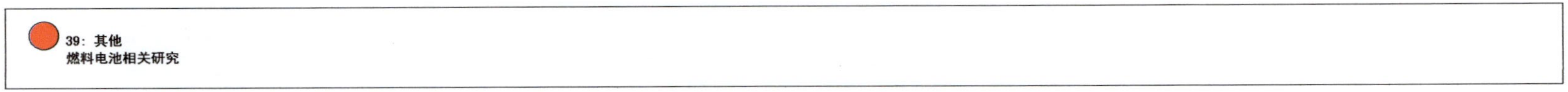

演变轨迹流 296

3. 纳米科技：49 个演化流

演变轨迹流 2

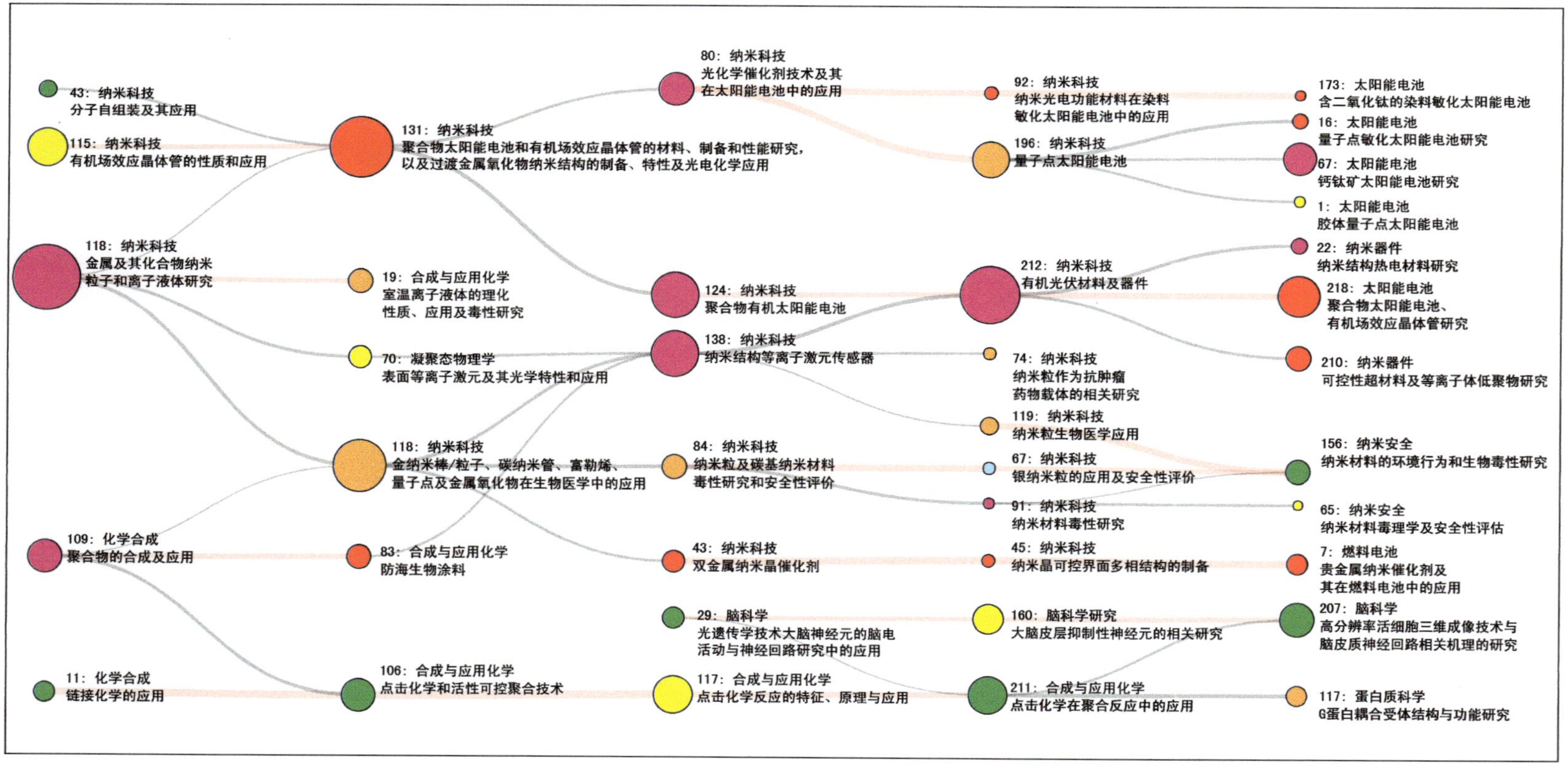

演变轨迹流 4

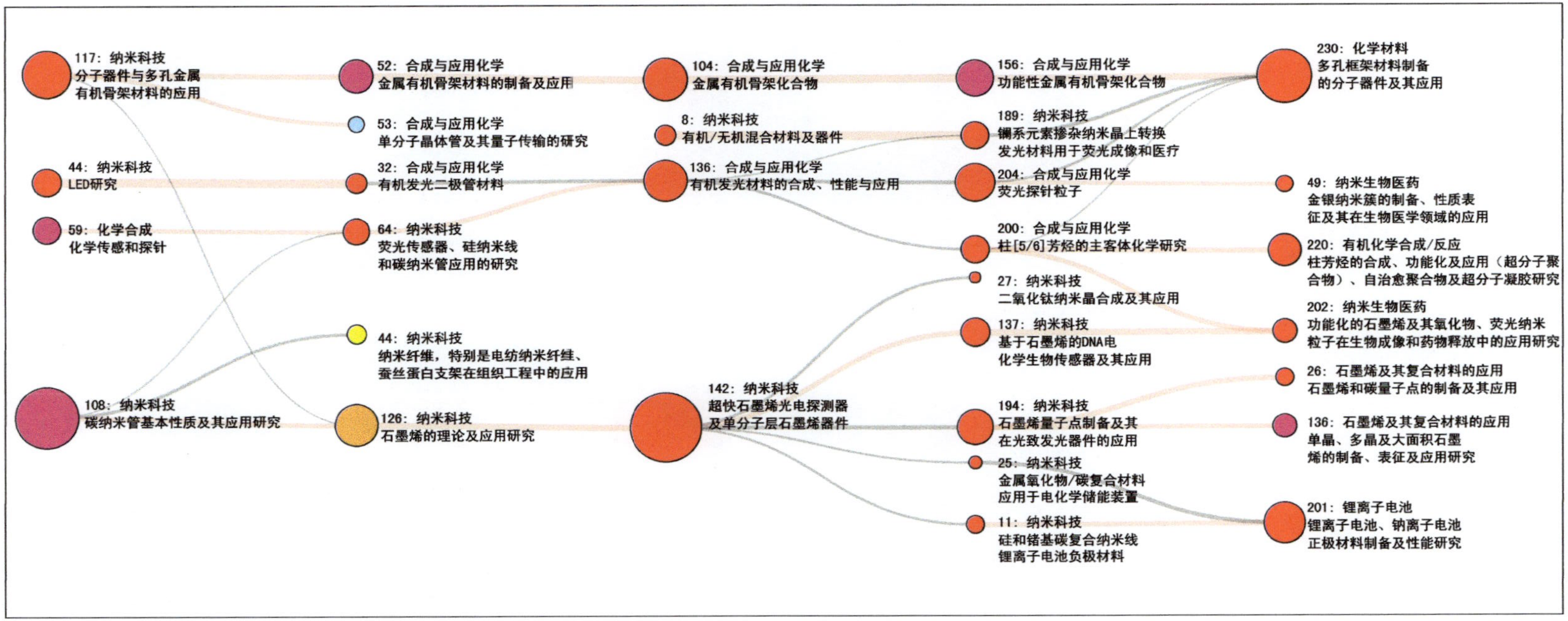

演变轨迹流 24

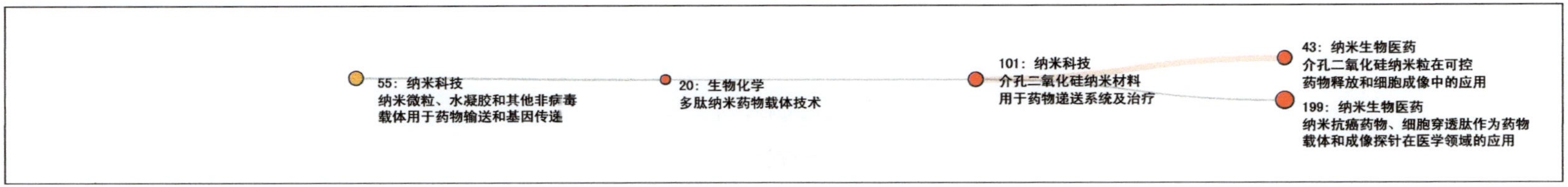

演变轨迹流 33

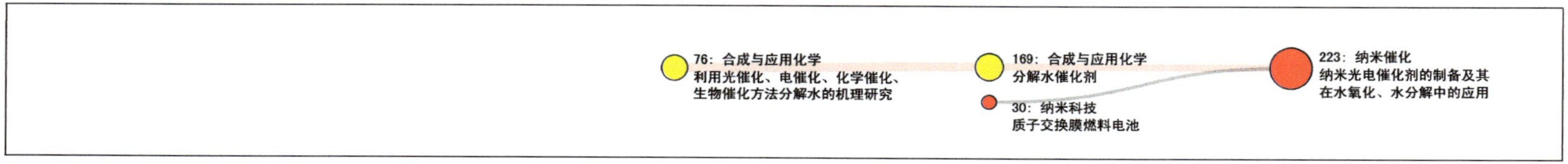

演变轨迹流 34

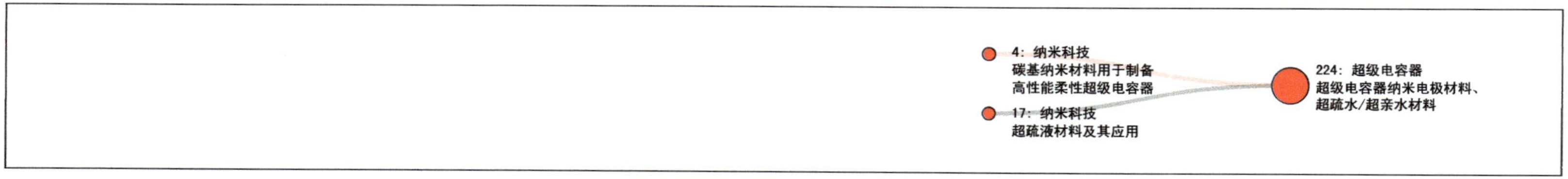

演变轨迹流 35

演变轨迹流 36

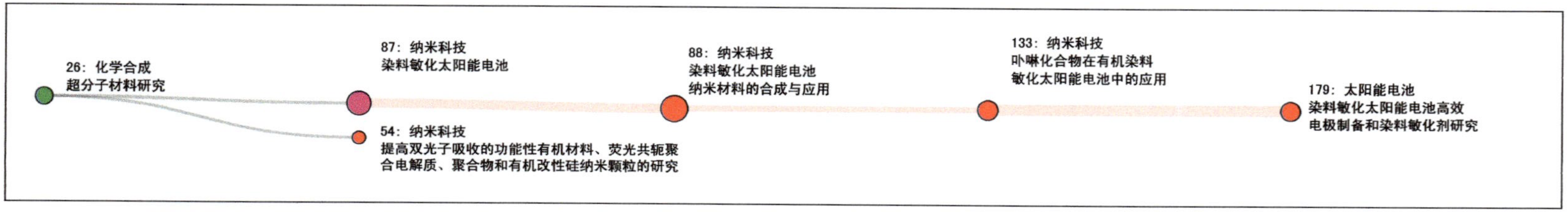

演变轨迹流 54

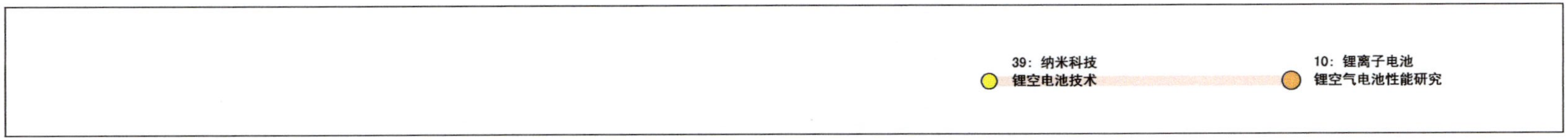

演变轨迹流 66

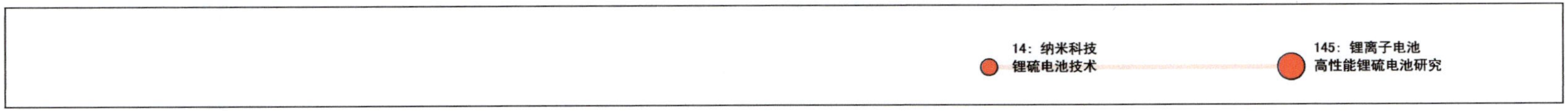

演变轨迹流 78

演变轨迹流 80

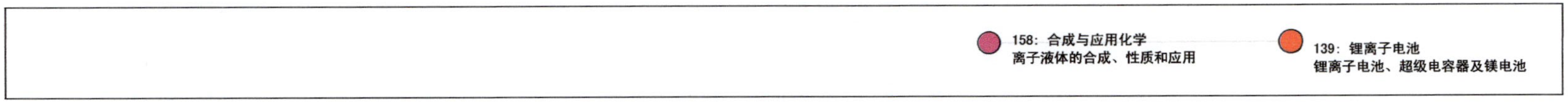

演变轨迹流 81

演变轨迹流 91

演变轨迹流 92

演变轨迹流 103

演变轨迹流 104

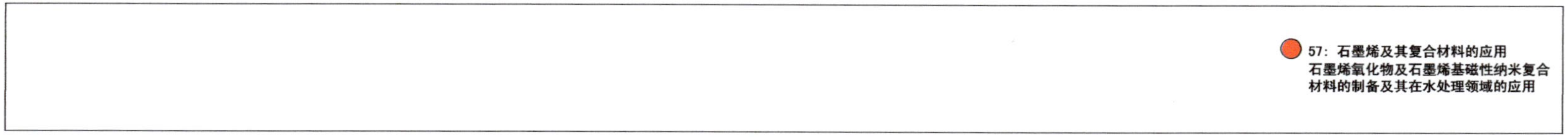

演变轨迹流 107

演变轨迹流 112

78：纳米生物医药
纳米孔对DNA性能的影响、DNA辅助生成的等离子体手性纳米结构研究

演变轨迹流 113

82：纳米生物医药
纳米医药和影响导航的药物输送

演变轨迹流 132

125：锂离子电池
锂离子电池金属氧化物负极材料

演变轨迹流 148

180：纳米发电机
压电/摩擦电纳米发电机及压力传感器技术研究

演变轨迹流 153

191：石墨烯及其复合材料的应用
石墨烯的电子学研究及其在储能器件中的应用

演变轨迹流 157

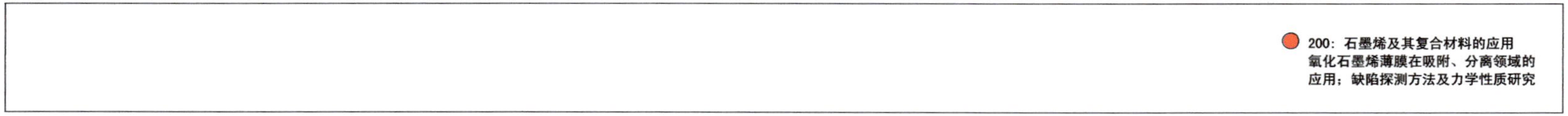

演变轨迹流 163

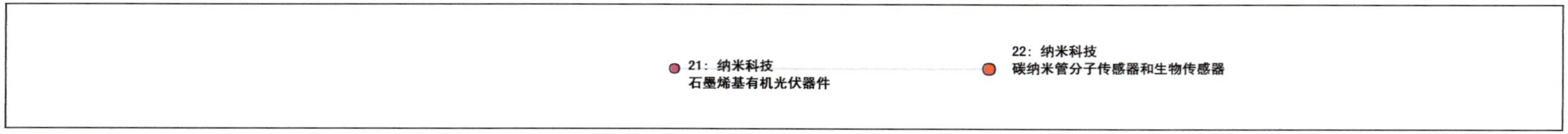

演变轨迹流 164

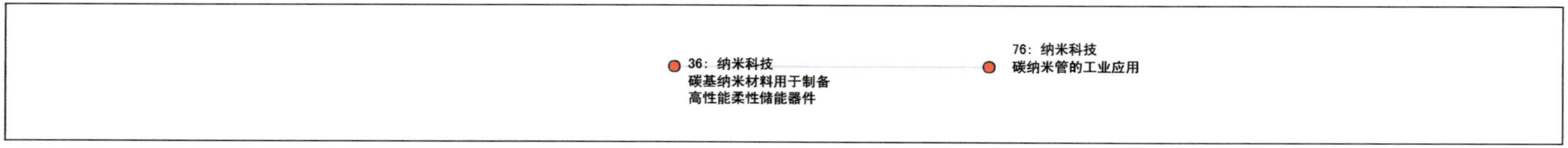

演变轨迹流 165

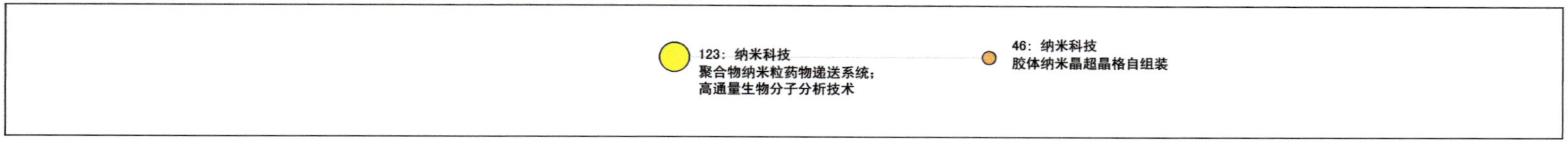

演变轨迹流 170

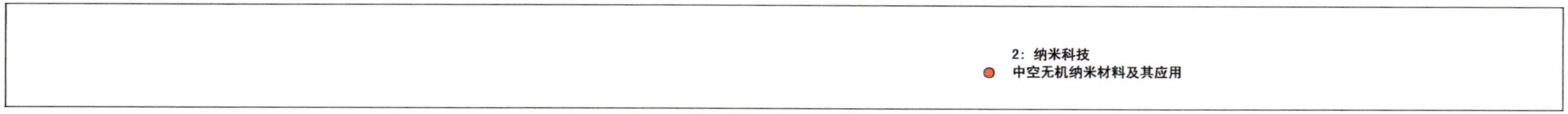

演变轨迹流 172

演变轨迹流 187

演变轨迹流 190

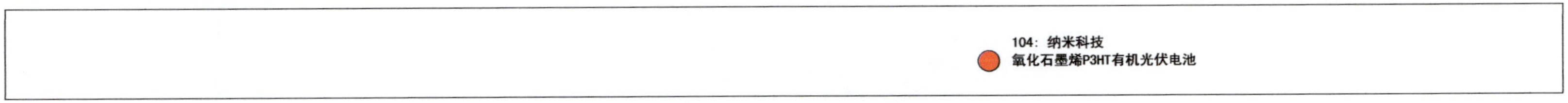

演变轨迹流 191

演变轨迹流 195

演变轨迹流 196

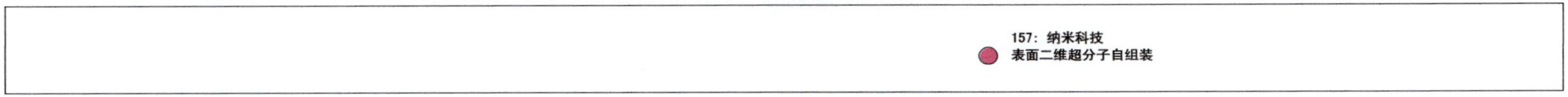

演变轨迹流 204

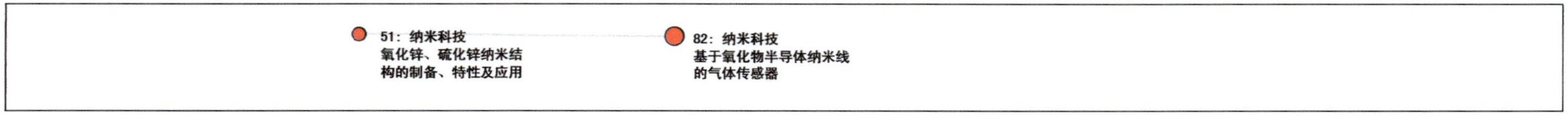

演变轨迹流 205

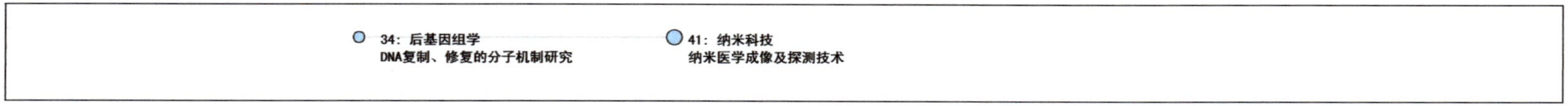

演变轨迹流 207

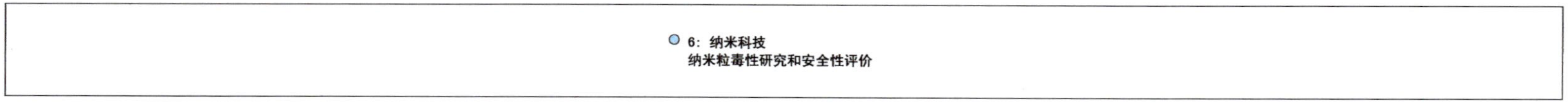

演变轨迹流 209

演变轨迹流 220

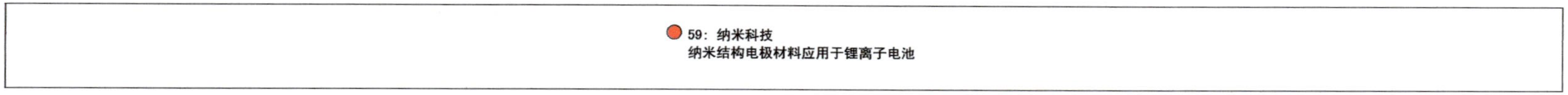

演变轨迹流 221

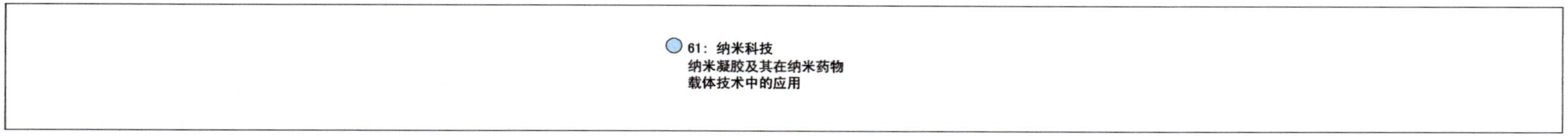

演变轨迹流 225

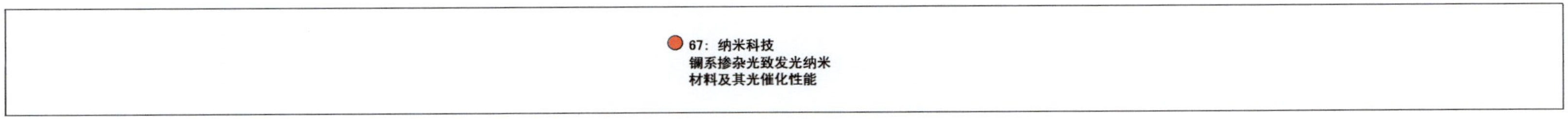

演变轨迹流 234

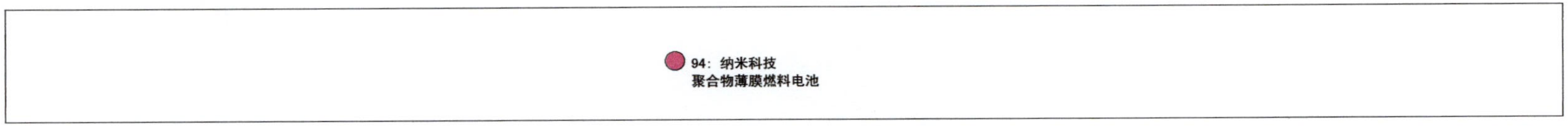

演变轨迹流 237

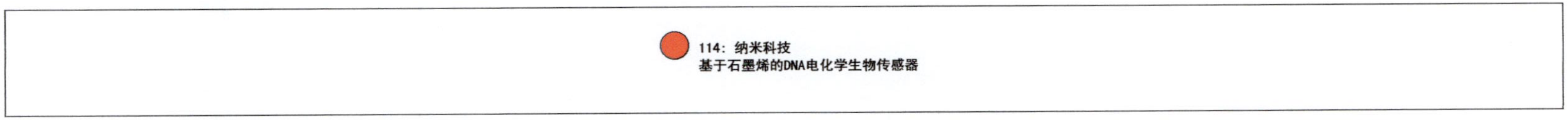

演变轨迹流 242

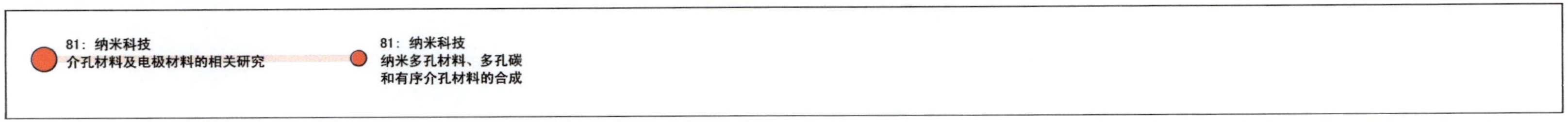

演变轨迹流 253

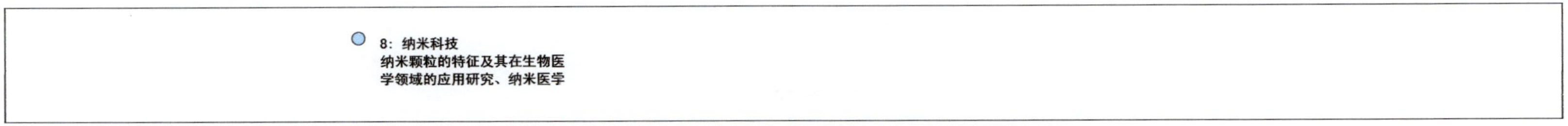

演变轨迹流 269

82：纳米科技
纳米颗粒特别是磁性纳米颗粒的制备及其在催化有机合成、生物、医学领域中的应用，以及微波辐射的有机合成反应

演变轨迹流 270

85：纳米科技
过渡金属氧化物纳米结构的合成、特性和表征

演变轨迹流 273

1：纳米科技
量子点生物影像研究

演变轨迹流 301

60：纳米科技
微流体器件与系统

演变轨迹流 306

78：纳米科技
利用生物分子制备纳米材料

4. 地球与环境科学：22 个演化流

演变轨迹流 1

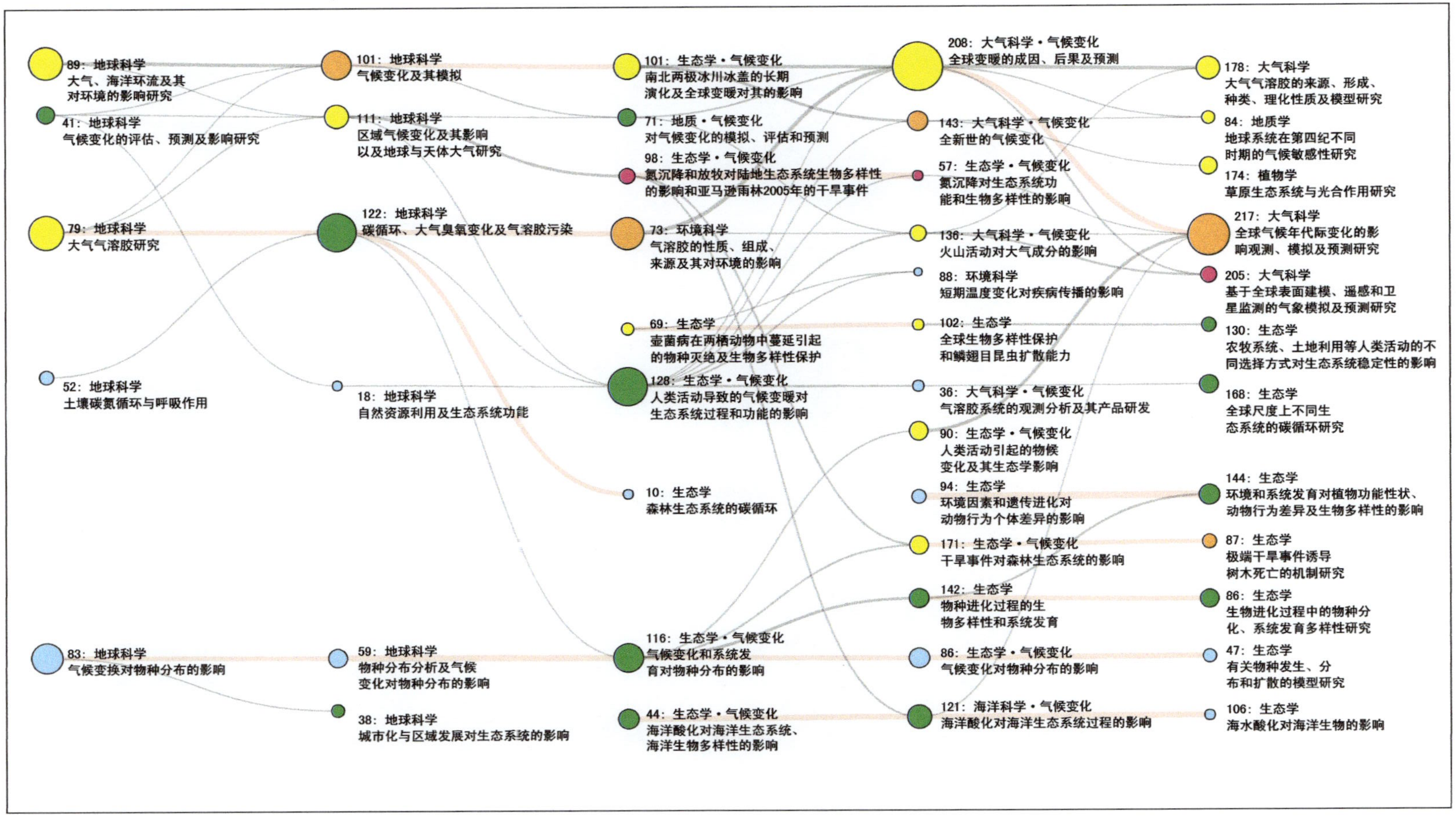

演变轨迹流 31

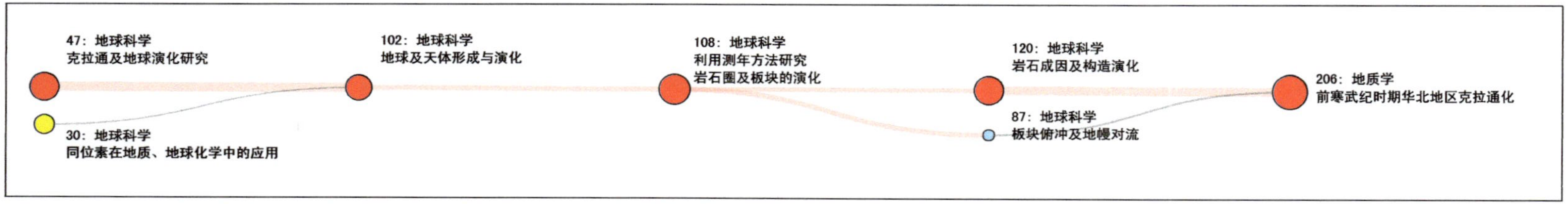

演变轨迹流 37

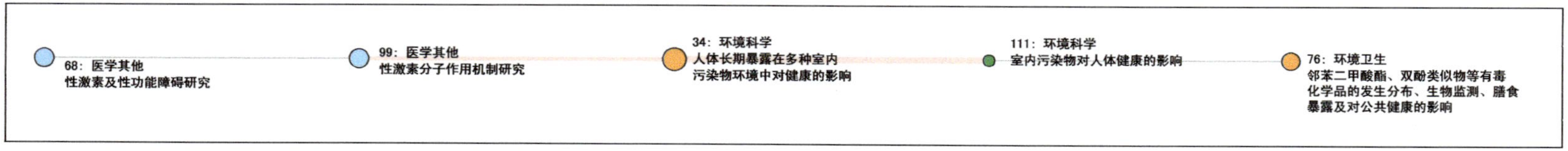

演变轨迹流 50

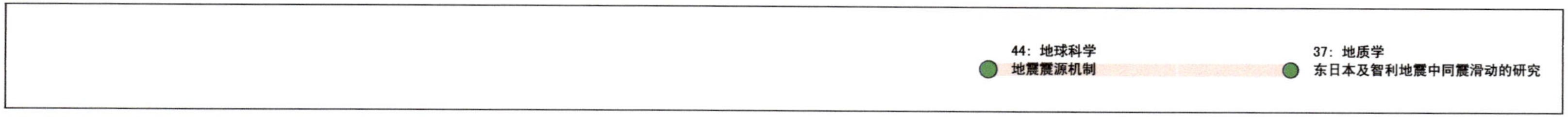

演变轨迹流 53

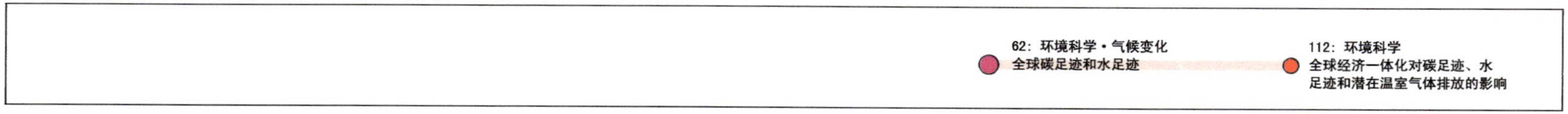

演变轨迹流 59

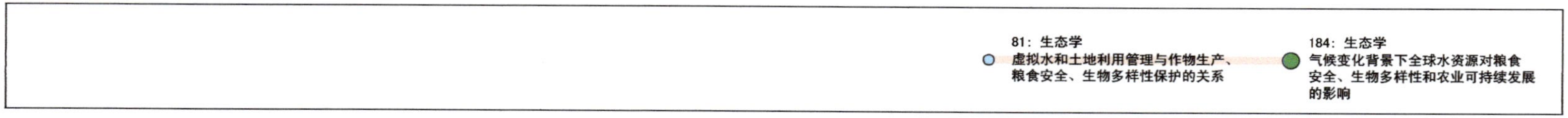

演变轨迹流 61

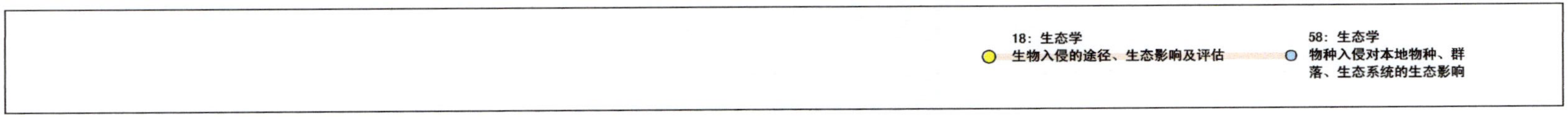

演变轨迹流 63

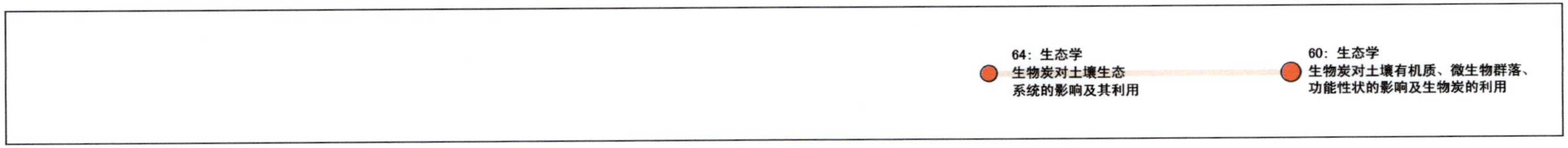

演变轨迹流 64

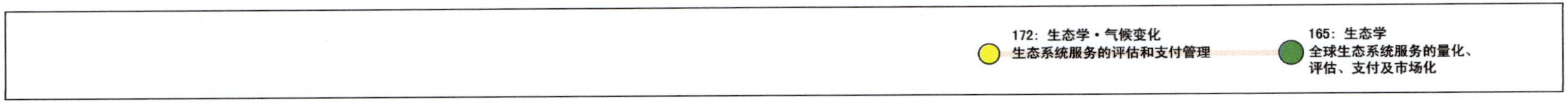

演变轨迹流 120

演变轨迹流 123

附录

演变轨迹流 135

演变轨迹流 144

演变轨迹流 145

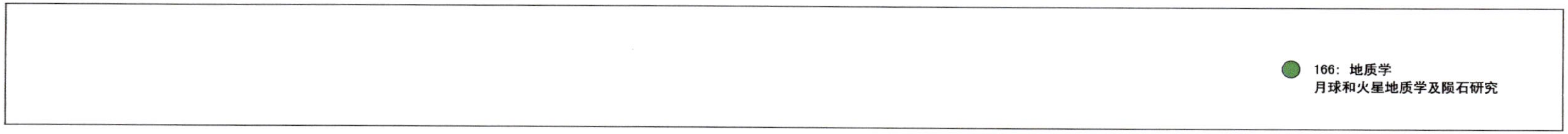

演变轨迹流 147

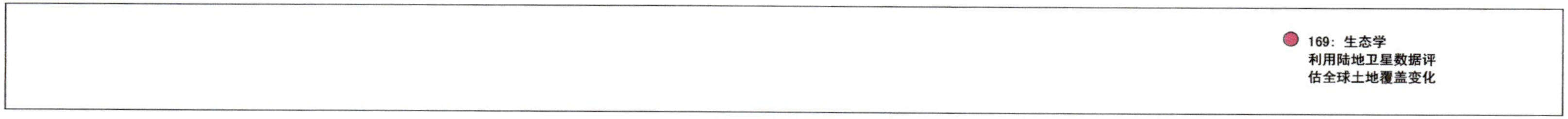

演变轨迹流 199

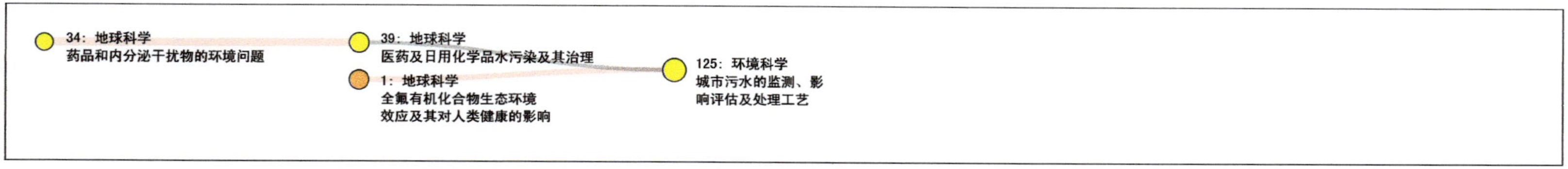

演变轨迹流 216

39：生态学
海洋气候变化对海洋生态系统生产力、浮游生物的影响

演变轨迹流 218

47：地质·气候变化
绝对地址年代的环境危机事件

演变轨迹流 248

97：生物学其他
生物的系统发生、物种鉴定及生物多样性

17：地球科学
DNA技术在生物分类及遗传学中的应用

演变轨迹流 298

48：地球科学
溴代阻燃剂类持久性有机污染物的环境问题

演变轨迹流 300

53：地球科学
苏门答腊地震及静地震的研究

演变轨迹流 310

90：地球科学
金属生物分子的环境行为及分析技术

5. 生物学：46 个演化流

演变轨迹流 3

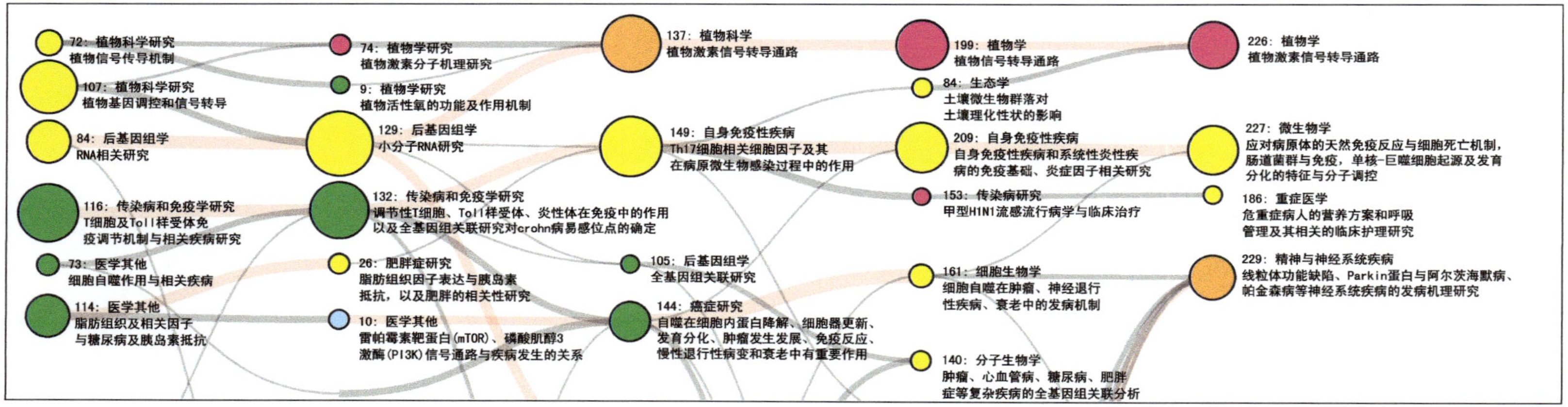

演变轨迹流 15

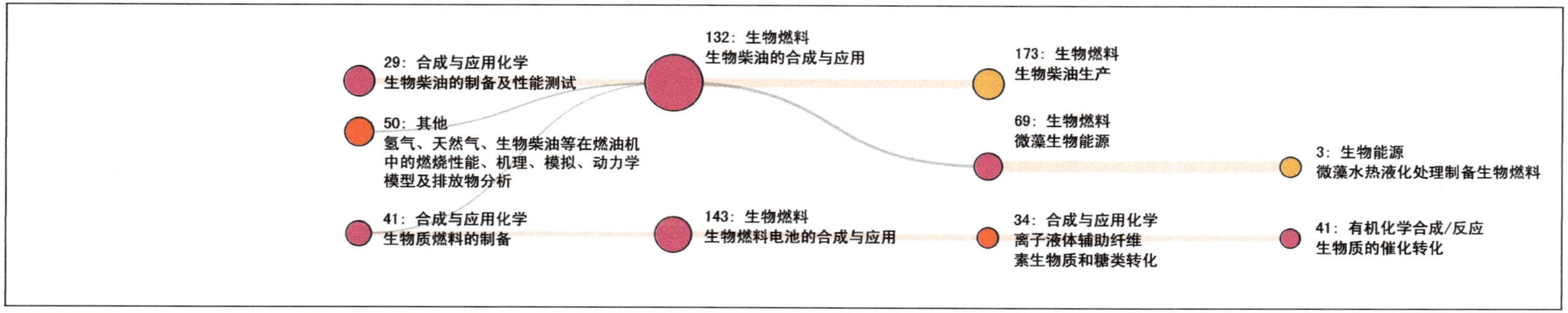

演变轨迹流 16

演变轨迹流 22

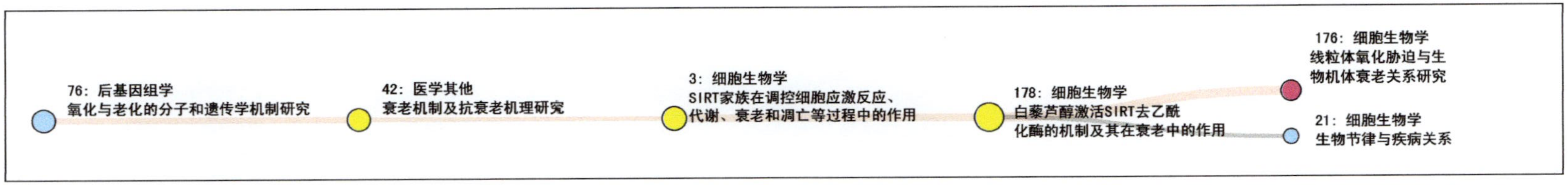

演变轨迹流 30

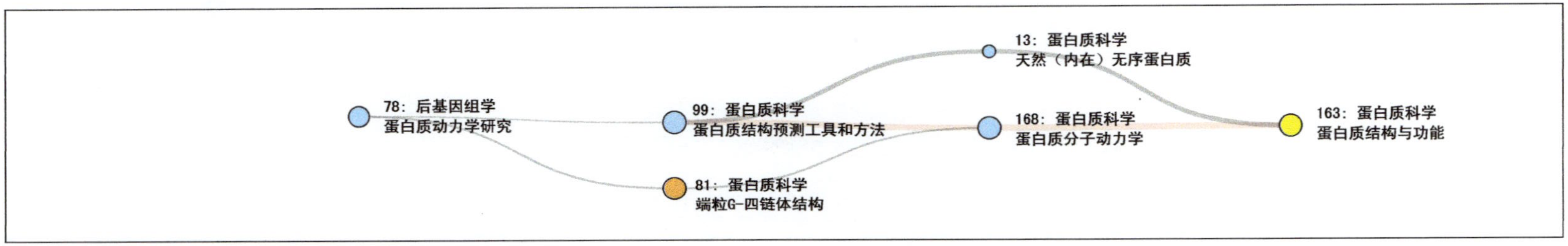

演变轨迹流 44

演变轨迹流 56

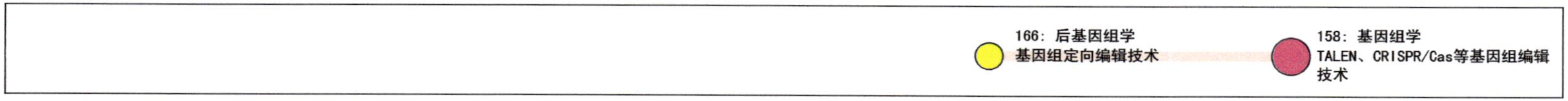

演变轨迹流 57

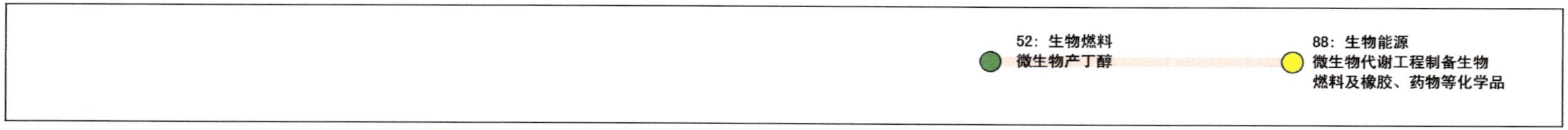

演变轨迹流 60

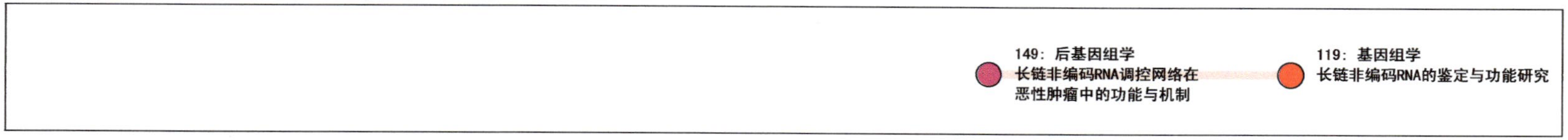

演变轨迹流 68

演变轨迹流 69

129：癌症研究
急性髓性白血病基因突变在临床治疗与预后中的作用

147：分子生物学与遗传学
单细胞测序技术及其在癌症研究及免疫学研究中的应用

演变轨迹流 76

107：植物学
植物全基因组关联分析

197：基因组学
全基因组选择育种

演变轨迹流 77

7：细胞生物学
细胞自噬及其调控机制

70：细胞生物学
T细胞命运调控分子机制

演变轨迹流 82

6：生物学其他
现代人的起源研究

演变轨迹流 83

8：生物能源
微生物产电机制研究

演变轨迹流 96

35：动植物学
细胞壁生物合成调控机制

演变轨迹流 101

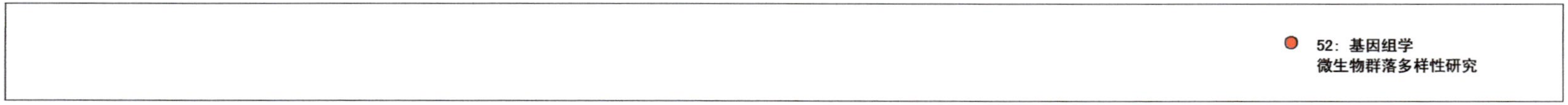

演变轨迹流 106

演变轨迹流 111

演变轨迹流 114

演变轨迹流 126

演变轨迹流 138

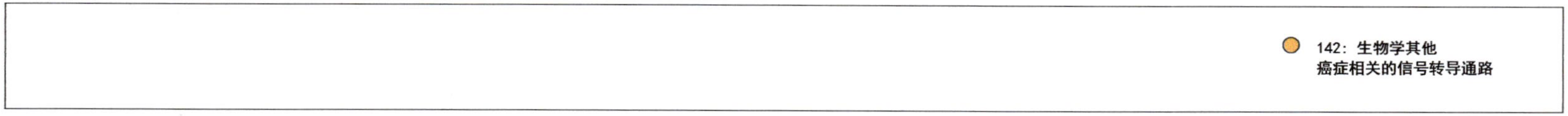

演变轨迹流 139

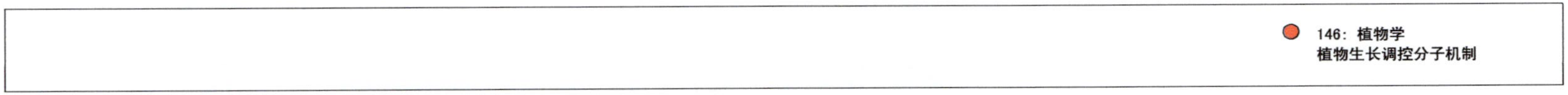

演变轨迹流 141

演变轨迹流 149

演变轨迹流 159

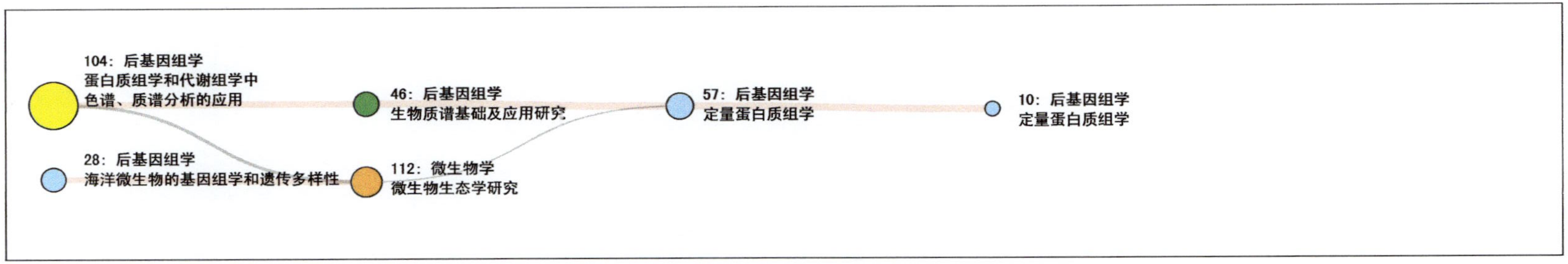

演变轨迹流 188

演变轨迹流 192

110：植物学
植物重金属代谢相关研究

演变轨迹流 212

19：植物科学
植物花青素合成代谢机理

演变轨迹流 223

65：生物材料
生物材料的生物相容性研究

演变轨迹流 231

89：生物学
细胞运动机理

演变轨迹流 232

92：细胞生物学
氧化应激相关性疾病(肿瘤、神经退行性疾病、糖尿病)中线粒体机制的研究进展

演变轨迹流 233

演变轨迹流 235

演变轨迹流 246

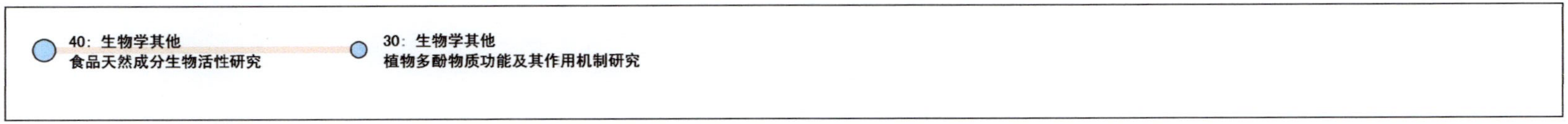

演变轨迹流 247

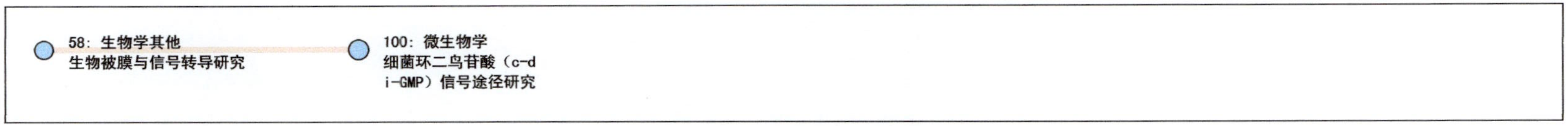

演变轨迹流 260

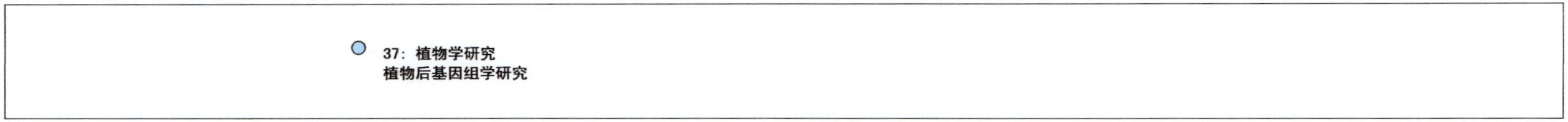

演变轨迹流 277

8：后基因组学
微阵列数据分析

演变轨迹流 279

14：生物学其他
植物香精油的提取分离及活性研究

演变轨迹流 280

15：后基因组学
致病细菌的基因组学研究

演变轨迹流 281

17：后基因组学
微阵列基因表达数据
分析中的统计方法

演变轨迹流 286

22：植物科学研究
拟南芥及其植物生长发育研究

演变轨迹流 289

32：后基因组学
前体mRNA选择性剪切研究

演变轨迹流 290

35：植物科学研究
植物抗逆的分子机制

演变轨迹流 292

37：后基因组学
RNA聚合酶及转录、调控机制研究

演变轨迹流 313

98：后基因组学
人基因组与疾病的相关性研究

6. 医学：119 个演化流

演变轨迹流 3

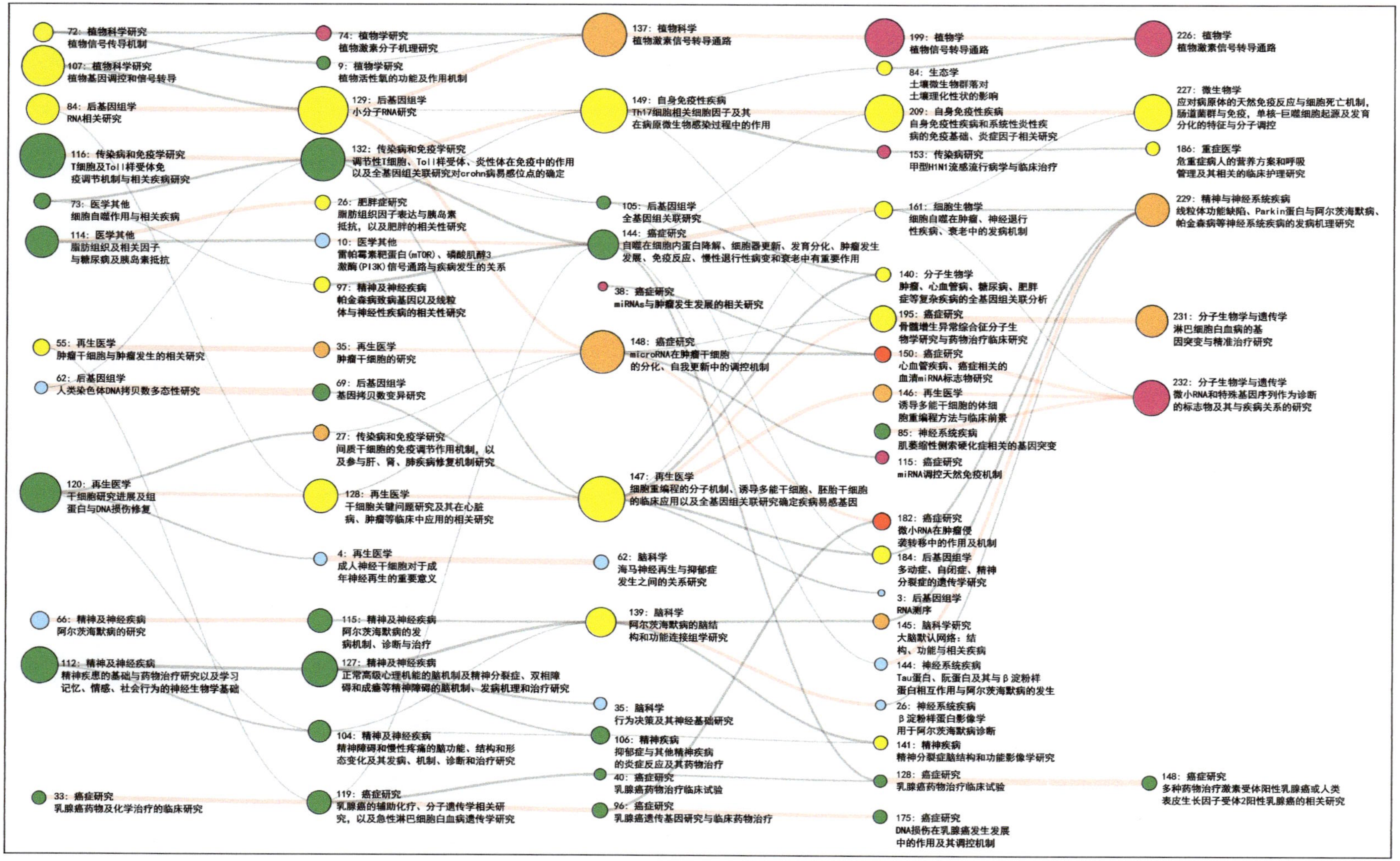

演变轨迹流 7

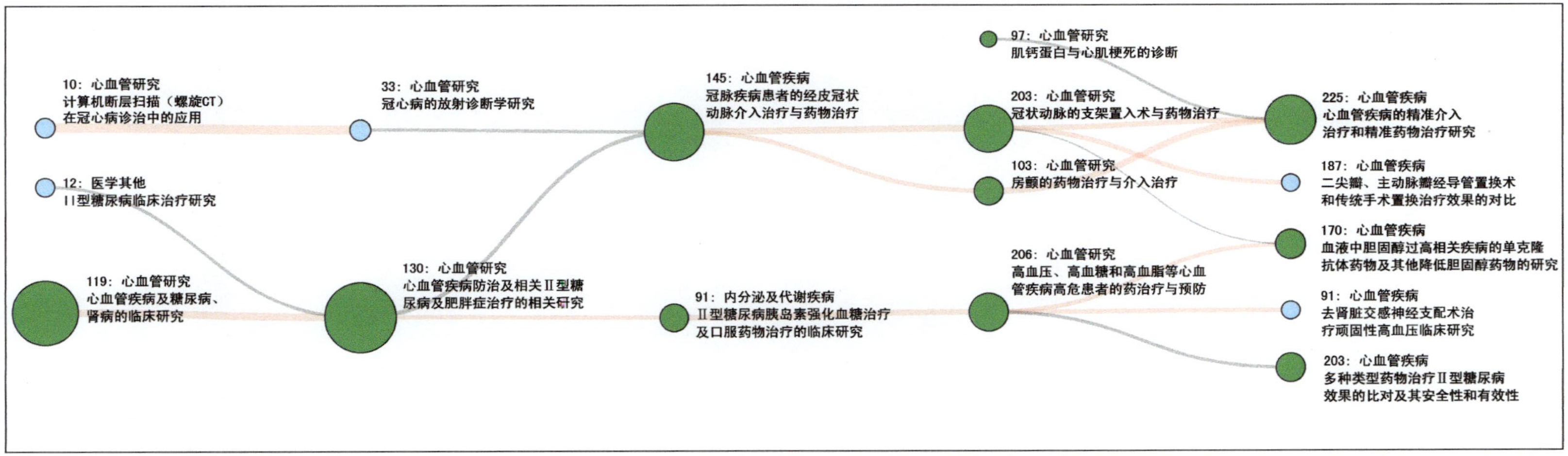

演变轨迹流 8

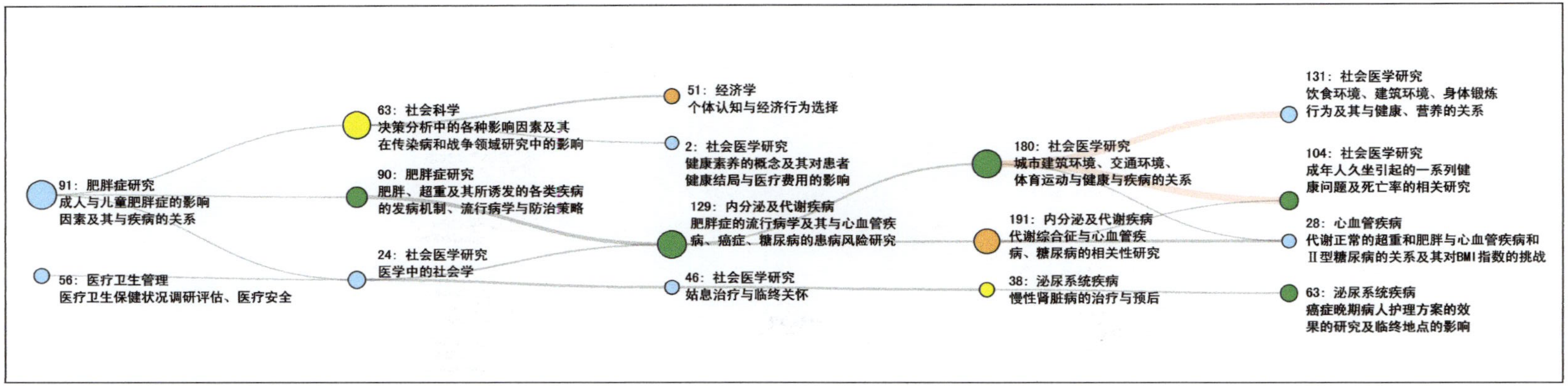

演变轨迹流 10

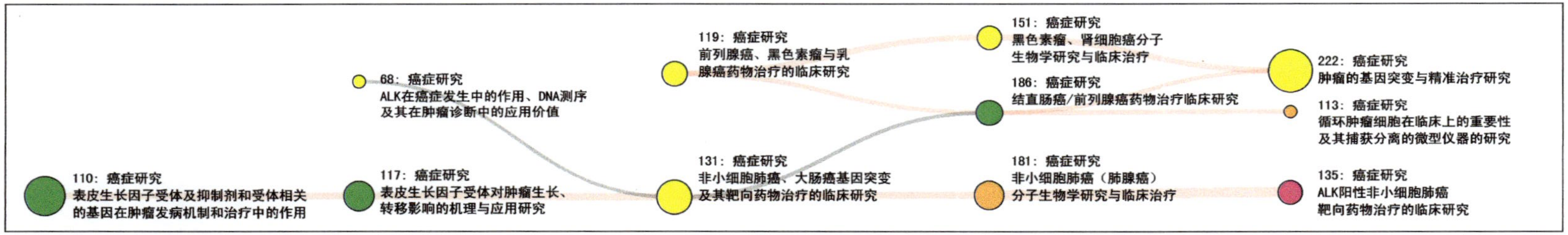

演变轨迹流 11

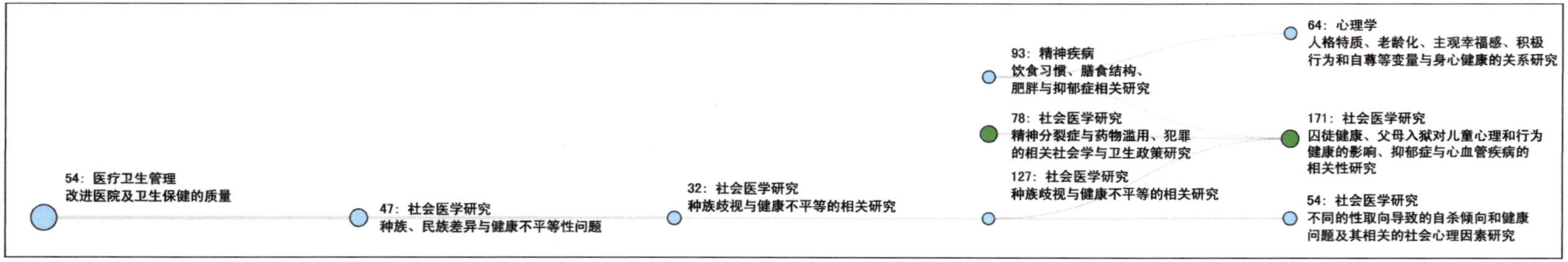

演变轨迹流 13

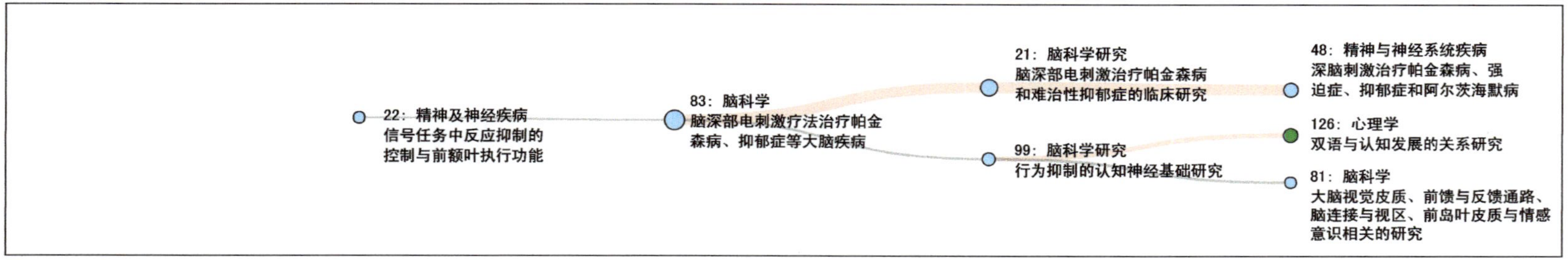

演变轨迹流 18

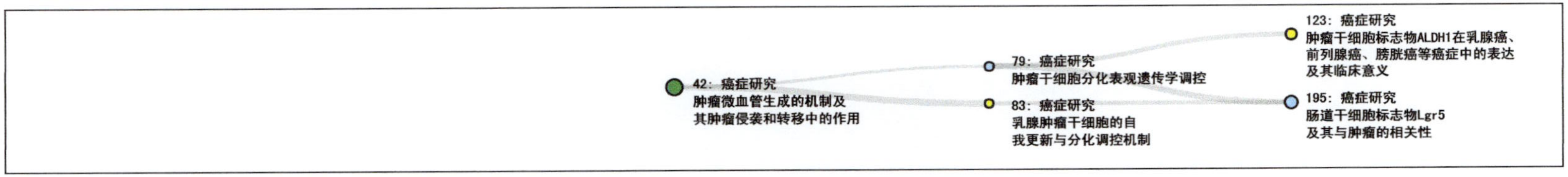

演变轨迹流 19

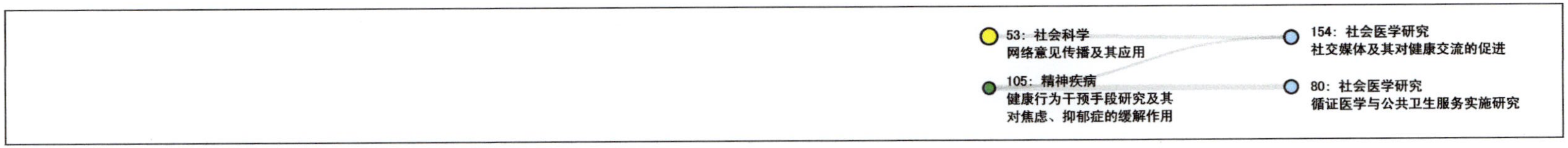

演变轨迹流 21

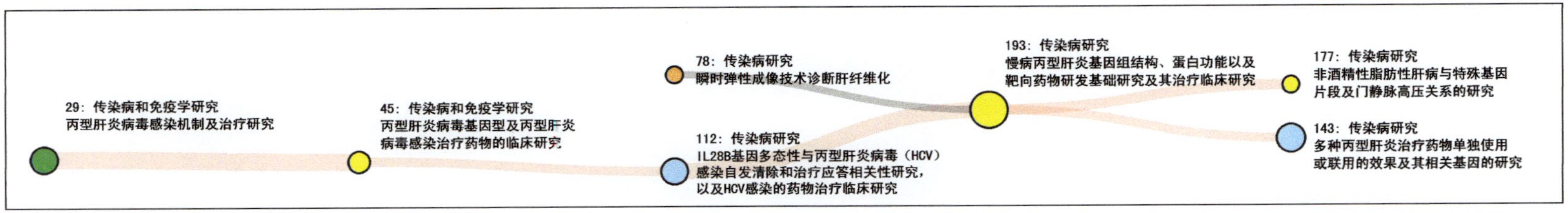

演变轨迹流 26

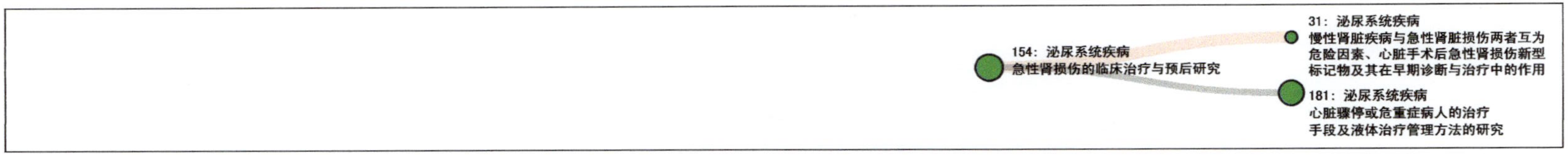

演变轨迹流 28

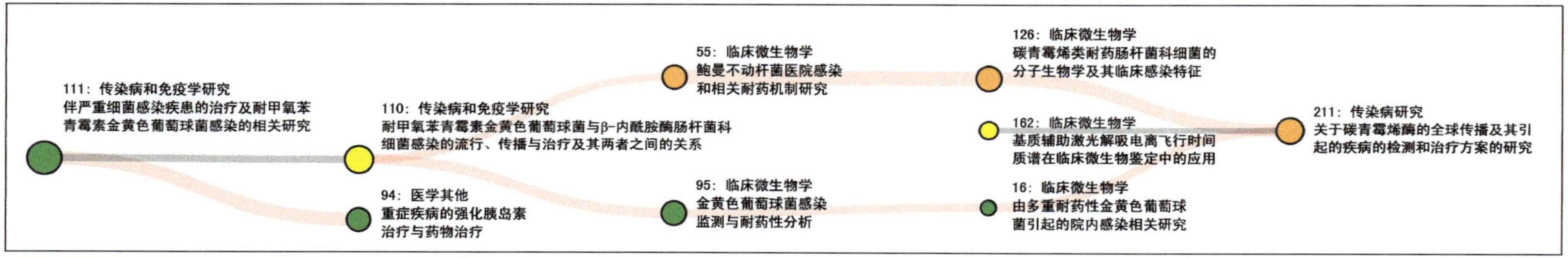

演变轨迹流 32

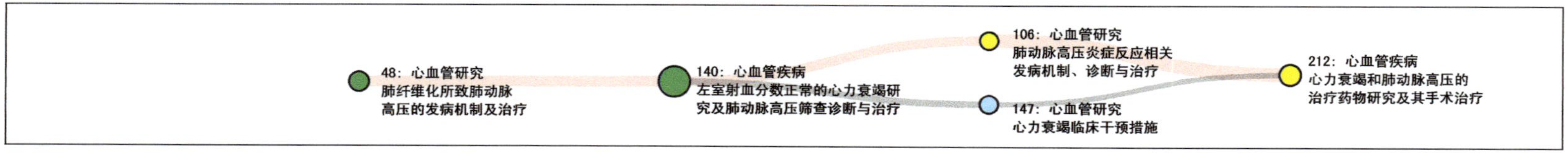

演变轨迹流 40

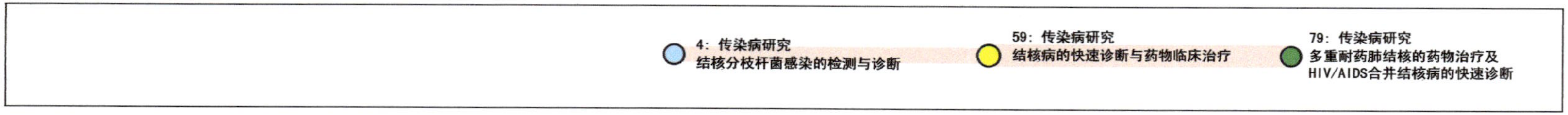

演变轨迹流 43

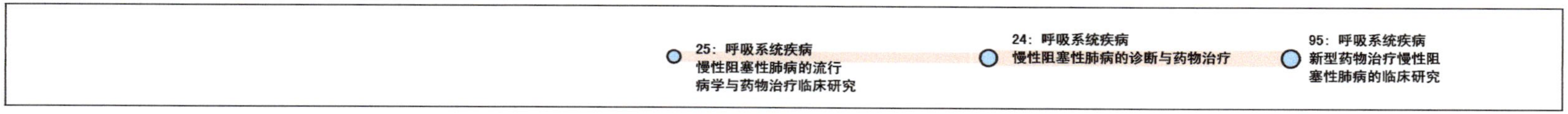

演变轨迹流 46

37：自身免疫性疾病
炎症性肠病与人类免疫缺陷病毒感染的发病机制

165：自身免疫性疾病
HIV、流感广谱中和抗体及其疫苗研究

214：传染病研究
H7N9、H5N1、H1N1流感的流行病学与防控策略研究，以及HIV-1包膜三聚体的结构与免疫识别

演变轨迹流 51

117：癌症研究
多发性骨髓瘤的药物治疗临床研究

12：癌症研究
多发性骨髓瘤药物联合治疗及基于患者基因组信息的精准治疗

演变轨迹流 55

77：癌症研究
人乳头瘤病毒检测筛查早期宫颈癌及接种疫苗的有效性研究

29：癌症研究
浸润性宫颈癌患者人乳头瘤病毒基因分型及HPV两价疫苗（HPV16和HPV18）和四价疫苗（HPV6、HPV11、HPV16、HPV18）的效果评估研究

演变轨迹流 62

56：自身免疫性疾病
银屑病的药物治疗及其伴发疾病

164：自身免疫性疾病
炎症类疾病中针对白介素17A的抗体治疗及其相关细胞研究

演变轨迹流 65

75：自身免疫性疾病
克罗恩病的超声、CT和磁共振成像诊断技术与药物治疗

72：自身免疫性疾病
抗TNF-α单克隆抗体治疗溃疡性结肠炎、克罗恩病等炎症性肠病、风湿病关节炎的临床研究

演变轨迹流 67

192：再生医学
棕色脂肪组织来源的干细胞、脐带间充质干细胞、骨髓间充质干细胞的免疫抑制特性与临床应用

150：代谢组学研究
白色脂肪组织、棕色脂肪组织和淋巴样细胞作用机制的相关研究

演变轨迹流 70

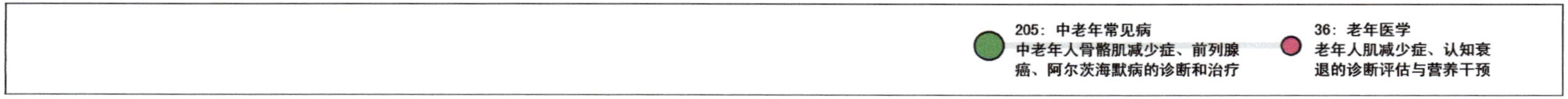

演变轨迹流 71

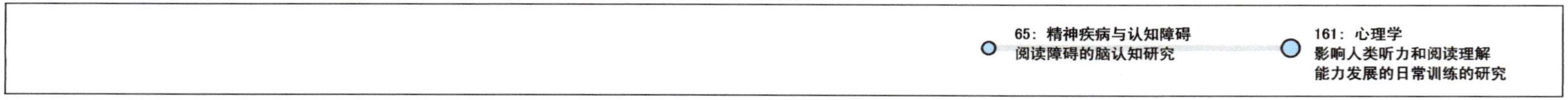

演变轨迹流 72

演变轨迹流 73

演变轨迹流 75

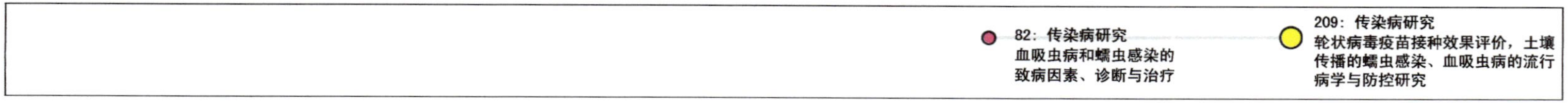

演变轨迹流 86

演变轨迹流 87

17：社会医学研究
电子烟的使用及其效果

演变轨迹流 88

18：呼吸系统疾病
抗IL-5单抗I类药物治疗
嗜酸性粒细胞性哮喘的临床研究

演变轨迹流 93

30：运动医学与脑科学
运动相关脑震荡的评价与处理指南及创伤性脑损伤标志物的研究

演变轨迹流 94

32：心理学
网络欺凌、校园欺凌及自杀倾向的相关研究及其预防与处理策略

演变轨迹流 95

33：精神与神经系统疾病
渐进性多发性硬化症的发病机制与治疗研究及重度抑郁症的神经生物学和药物作用机制研究

演变轨迹流 97

38：精神与神经系统疾病
双极性抑郁症的药物治疗

演变轨迹流 99

40：精神与神经系统疾病
产前感染对子女大脑发育与行为的影响以及致精神分裂症、自闭症的流行病学与抗精神病药物治疗研究

演变轨迹流 102

55：心血管疾病
急性缺血性卒中的溶栓治疗与血管内介入治疗

演变轨迹流 115

89：精神与神经系统疾病
双相情感障碍、重度抑郁症患者血清细胞因子研究

演变轨迹流 116

90：肠道微生物
粪菌移植治疗难辨梭状芽孢杆菌感染和炎症性肠病及肠道微生物群落与炎症性肠病关系研究

演变轨迹流 117

92：社会医学研究
二手烟对健康的影响及无烟立法的效果

演变轨迹流 122

103：精神与神经系统疾病
阿尔茨海默病有关的基因突变位点的发现

演变轨迹流 124

107：精神与神经系统疾病
N-甲基-D-天冬氨酸受体拮抗剂特别是氯胺酮抗抑郁效果的临床研究

演变轨迹流 125

108：环境卫生
长期接受空气污染与心肺疾病及新生儿健康的关系研究

演变轨迹流 128

115：临床流行病学
关于提高生物医学实验价值、减少浪费及实验数据共享的研究

演变轨迹流 129

116：自身免疫性疾病
乳糜泻的流行病学、诊断与治疗

演变轨迹流 131

121：癌症研究
肿瘤细胞自噬、凋亡与炎症反应的分子机制

演变轨迹流 133

128：心理学
语义记忆的神经生物学研究

演变轨迹流 134

129：代谢组学研究
环境与疾病间的关系及代谢组学相关的促进人类健康的研究

演变轨迹流 136

138：精神与神经系统疾病
多动症的脑结构影像学研究及其诊断与治疗，以及与未来发生交通事故的关系

演变轨迹流 137

141：脑科学
脑机接口及康复机器人研究与应用

演变轨迹流 140

152：感染性疾病
危重症的临床治疗方案及其相关诊断生物标志物在临床治疗上的应用

演变轨迹流 142

155：临床流行病学
循证医学GRADE证据质量分级和推荐强度系统及患者报告结局(tient-reported outcomes)在临床实践中的应用

演变轨迹流 146

167：妇产科学
母体及婴儿营养改善方案及儿童早期发育的影响因素的研究

演变轨迹流 150

演变轨迹流 151

演变轨迹流 155

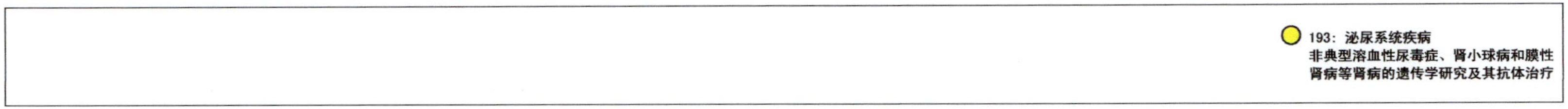

演变轨迹流 158

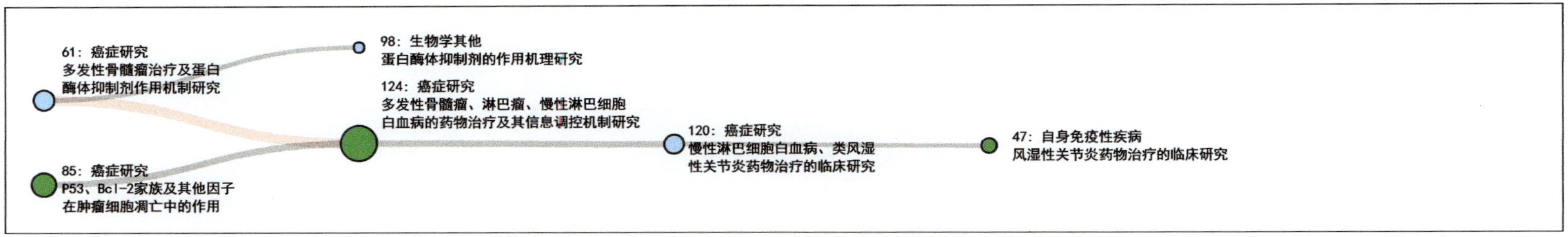

演变轨迹流 162

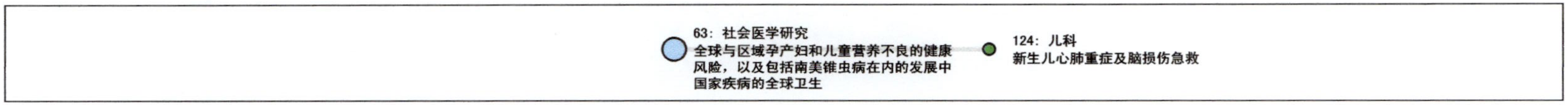

演变轨迹流 166

演变轨迹流 167

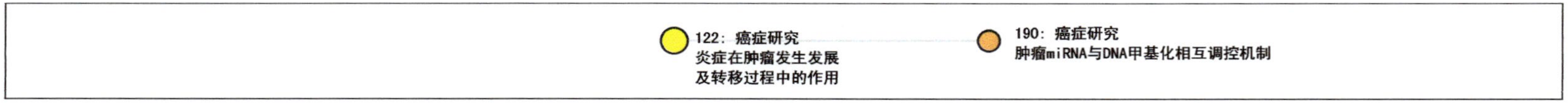

演变轨迹流 168

演变轨迹流 171

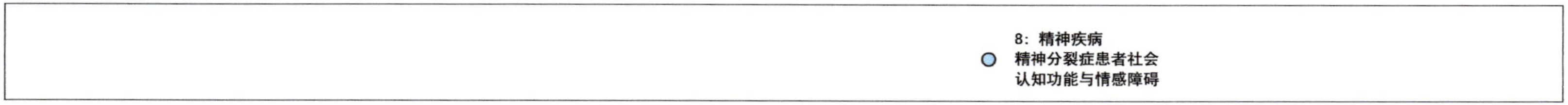

演变轨迹流 174

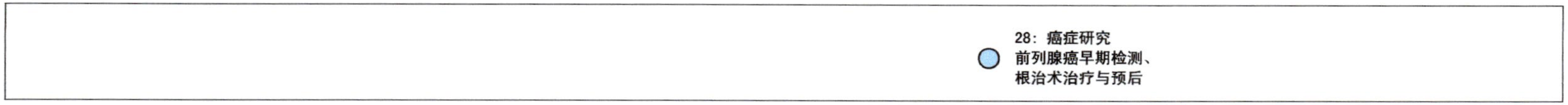

演变轨迹流 175

演变轨迹流 176

33：呼吸系统疾病
囊性纤维化的基因突变分析及导致
慢性阻塞性肺病的诊断与治疗

演变轨迹流 177

35：自身免疫性疾病
益生菌在人体健康和
炎症性肠病中的作用

演变轨迹流 178

42：癌症研究
肝癌的磁共振成像诊断
及其药物治疗临床研究

演变轨迹流 179

43：传染病研究
疟疾的流行病学、
传播模式与防控策略

演变轨迹流 180

50：社会&医学
人类进化的身体结构演化

演变轨迹流 181

51：癌症研究
消化系统癌症药物联合治疗

演变轨迹流 182

演变轨迹流 184

演变轨迹流 185

演变轨迹流 186

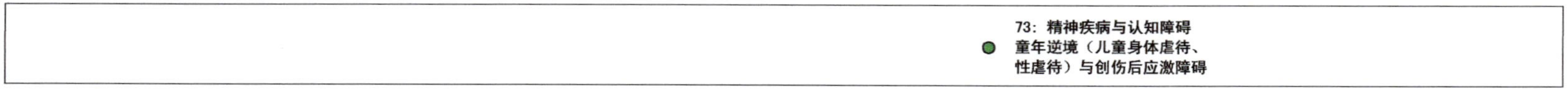

演变轨迹流 197

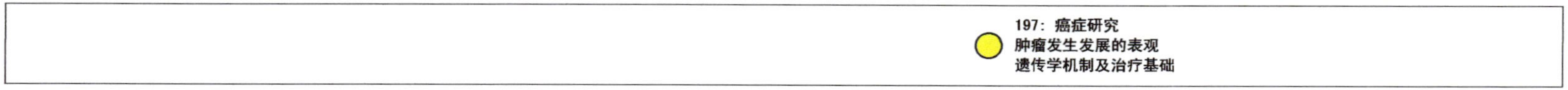

演变轨迹流 200

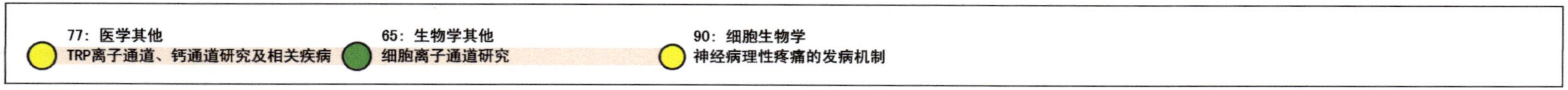

演变轨迹流 203

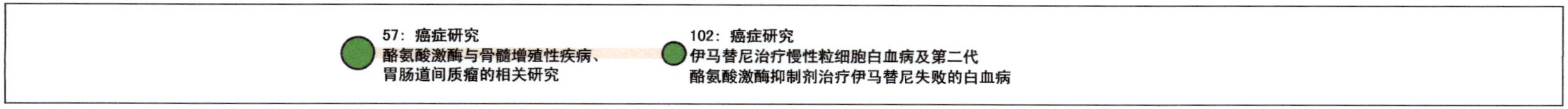

演变轨迹流 210

16：癌症研究
肿瘤细胞生物力学

演变轨迹流 213

23：癌症研究
肾细胞癌的药物治疗临床
试验疗效及其心脏毒性反应

演变轨迹流 217

45：骨科疾病
椎间盘脱出症及其他腰背痛
疾病的药物治疗临床研究

演变轨迹流 219

52：癌症研究
血脑屏障的结构、调控和临床意义

演变轨迹流 222

64：精神疾病
重度抑郁症与其他精神障碍疾病
的药物治疗与心理治疗临床研究

演变轨迹流 224

66：药学研究
高通量药物筛选在新药开发中
的应用及环境毒理学相关研究

演变轨迹流 228

75：再生医学
微小RNA在胚胎干细胞中的功能与机制

演变轨迹流 229

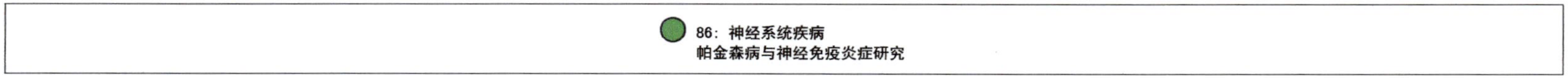

演变轨迹流 230

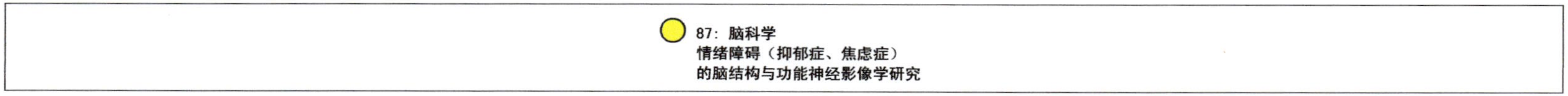

演变轨迹流 236

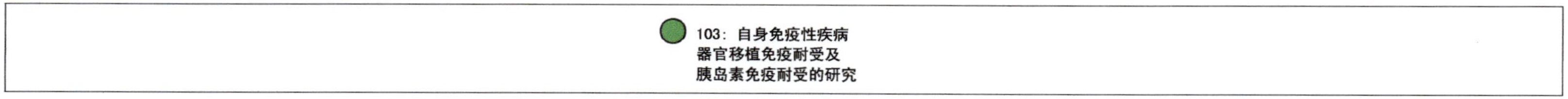

演变轨迹流 238

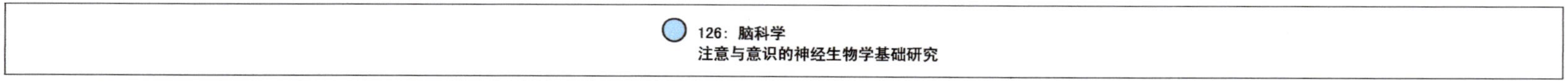

演变轨迹流 239

演变轨迹流 243

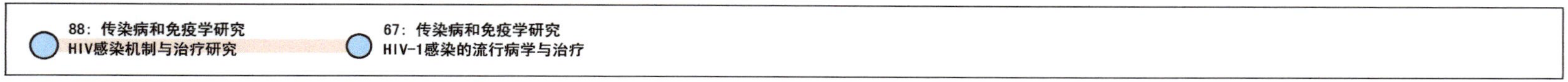

演变轨迹流 244

13：癌症研究
组蛋白去乙酰基酶抑制剂抗癌作用及临床研究

96：癌症研究
组蛋白脱乙酰基酶抑制剂抑制肿瘤的基础与临床研究

演变轨迹流 245

64：癌症研究
缺氧诱导因子抗肿瘤作用机制

92：癌症研究
缺氧诱导因子(HIF)对肿瘤细胞缺氧适应的调控机制

演变轨迹流 251

3：传染病和免疫学研究
CD4+T细胞、CD8+T细胞在HIV免疫过程中的作用及其对HIV的疫苗研发机制的影响

演变轨迹流 254

12：后基因组学
DNA双链断裂修复机理研究

演变轨迹流 255

14：癌症研究
大肠癌的影像学诊断与筛查研究

演变轨迹流 257

23：医学其他
E-钙粘素与β-连环素(β-catenin)相互作用参与上皮细胞的黏附，以及内皮细胞功能的调控、相关特征及影响因素

演变轨迹流 259

36：癌症研究
血管内皮生长因子受体抑制剂
用于治疗癌症的机制与临床研究

演变轨迹流 262

58：精神及神经疾病
多感觉整合的研究：调节与整合机制

演变轨迹流 263

60：医学其他
组胺受体、胆碱能受体、酸离子敏
感通道与神经系统等疾病的相关研究

演变轨迹流 264

61：癌症研究
抗肿瘤免疫疗法

演变轨迹流 265

62：社会医学研究
基于证据的行为干预：理论、类型
与新手段（应用因特网和手机短信）

演变轨迹流 266

66：癌症研究
单克隆抗体及其在肿瘤治疗中的应用，
以及Fc γ受体在其中的参与作用

演变轨迹流 267

71：肥胖症研究
表观遗传异常与肥胖的关系，以及
其中瘦素对神经元细胞的调节机制

演变轨迹流 272

108：癌症研究
影响肿瘤微环境的免疫治疗与
分子靶向治疗的基础与临床研究

演变轨迹流 274

2：肥胖症研究
Obestatin、ghrelin和peptideYY
与食物摄取的关系及作用机制

演变轨迹流 275

5：传染病和免疫学研究
流行病学研究

演变轨迹流 276

7：精神及神经疾病
创伤后应激紊乱及心理健康问题研究

演变轨迹流 278

9：精神及神经疾病
精神分裂症基础研究

演变轨迹流 283

19：精神及神经疾病
多发性硬化症和视神经脊髓炎
的发病机制及治疗研究

演变轨迹流 284

20：医疗卫生管理
医疗信息网络化及应用，
药物不当应用及不良事件

演变轨迹流 288

25：精神及神经疾病
神经系统损伤后的修复与再生

演变轨迹流 295

42：医学其他
基质金属蛋白酶、基质金属
蛋白酶抑制剂应用前景研究

演变轨迹流 297

46：传染病和免疫学研究
自身免疫性疾病发病
机理及临床治疗研究

演变轨迹流 299

51：传染病和免疫学研究
人乳头状瘤病毒感染相关疾病研究

演变轨迹流 304

71：精神及神经疾病
儿童、青少年精神疾患临床
研究，慢性疼痛的临床试验

演变轨迹流 305

75：精神及神经疾病
抑郁症及其他精神障碍的治疗与护理

演变轨迹流 307

82：传染病和免疫学研究
NFkB及姜黄素的作用机制研究

演变轨迹流 308

86：肥胖症研究
膳食结构与疾病和健康的关系

演变轨迹流 311

92：医学其他
慢性阻塞性肺疾病与氧化应激研究

演变轨迹流 312

94：传染病和免疫学研究
造血细胞移植的临床
研究及真菌感染的治疗

演变轨迹流 314

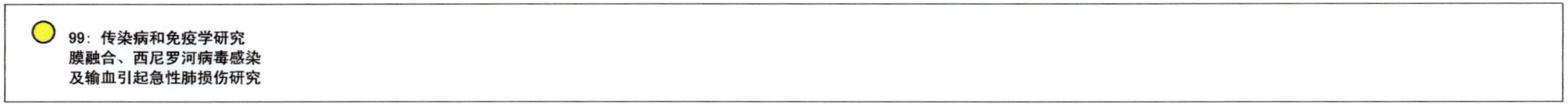

演变轨迹流 315

7. 社会科学：9 个演化流

演变轨迹流 14

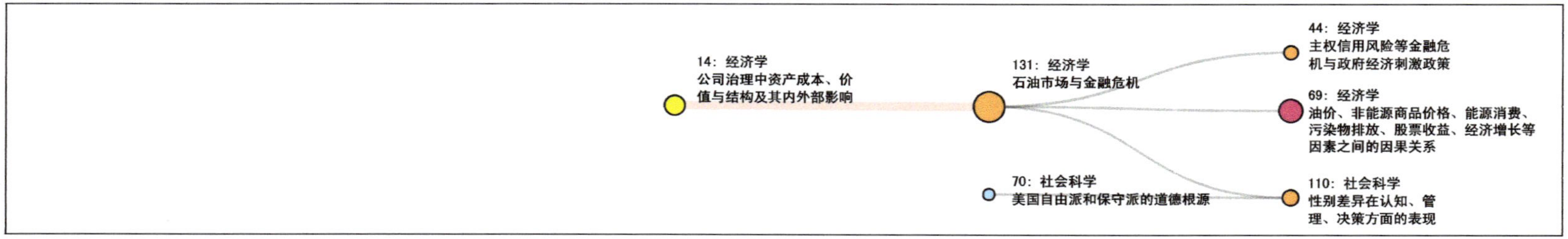

演变轨迹流 105

演变轨迹流 173

演变轨迹流 180

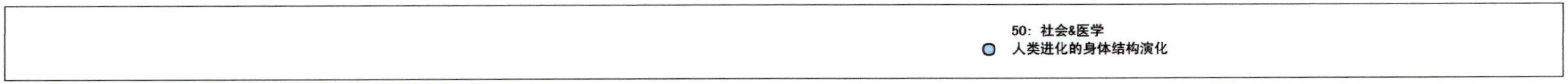

演变轨迹流 182

演变轨迹流 193

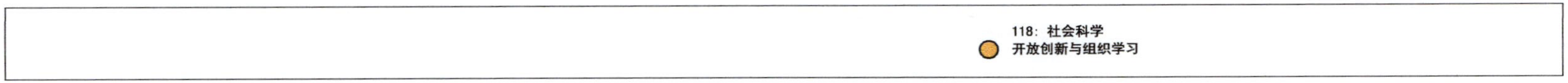

演变轨迹流 249

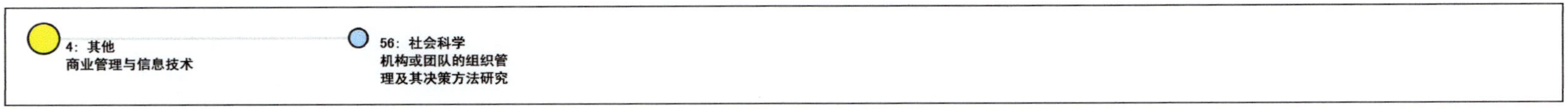

演变轨迹流 250

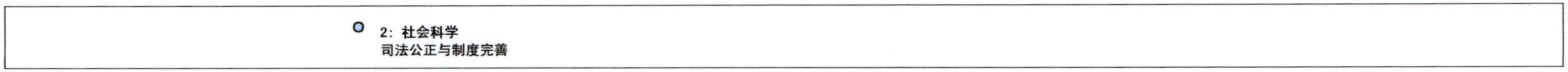

演变轨迹流 256

8. 数学、计算机科学与工程科学：22 个演化流

演变轨迹流 9

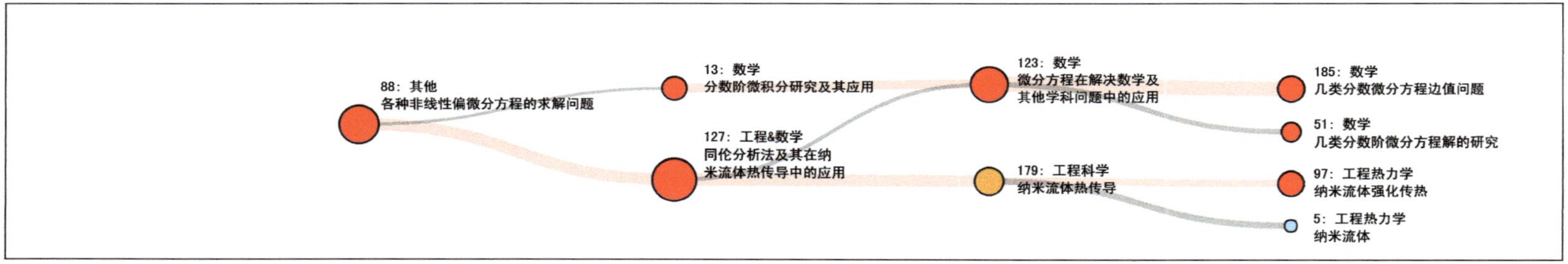

演变轨迹流 12

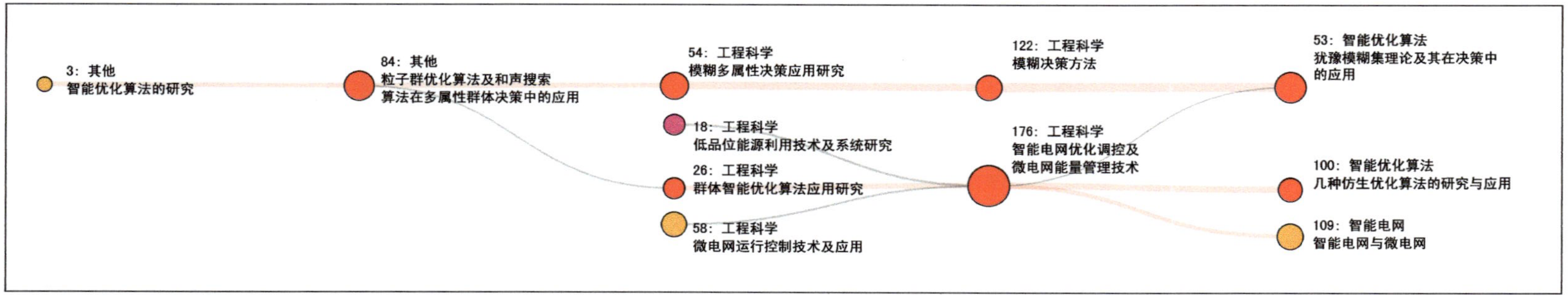

演变轨迹流 20

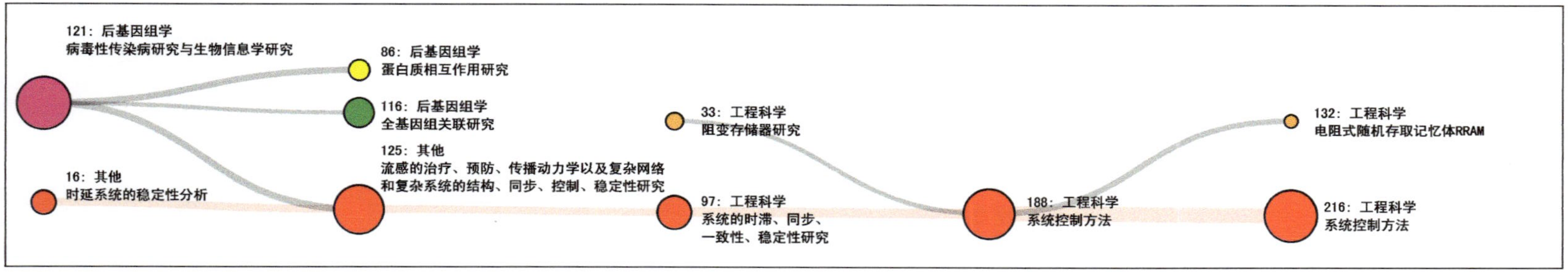

演变轨迹流 23

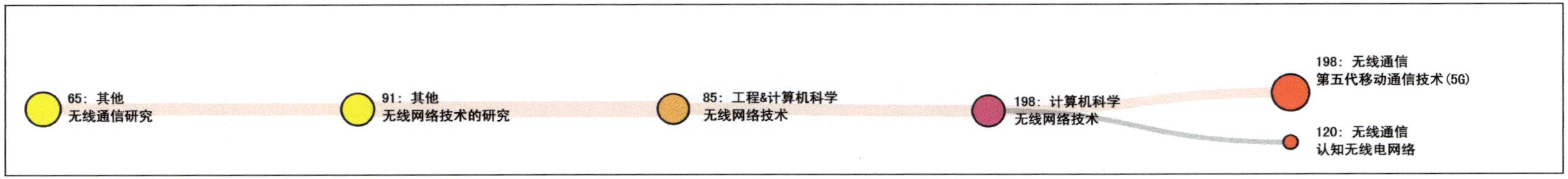

演变轨迹流 25

演变轨迹流 27

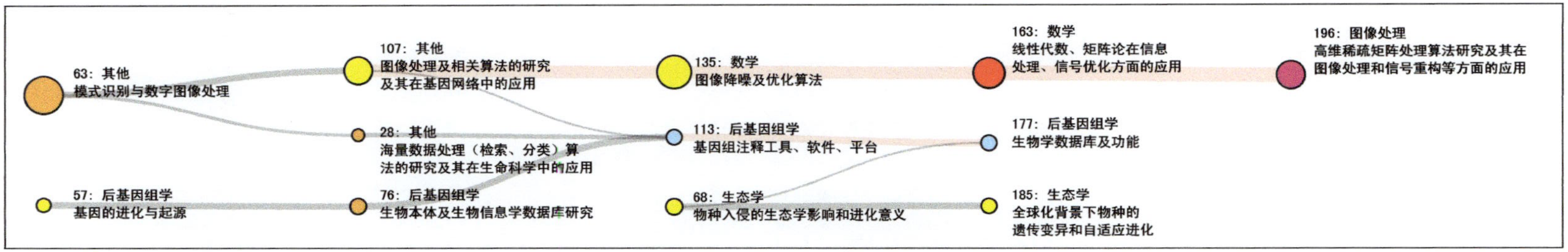

演变轨迹流 42

演变轨迹流 58

演变轨迹流 98

演变轨迹流 109

演变轨迹流 118

演变轨迹流 119

演变轨迹流 121

演变轨迹流 127

演变轨迹流 143

演变轨迹流 169

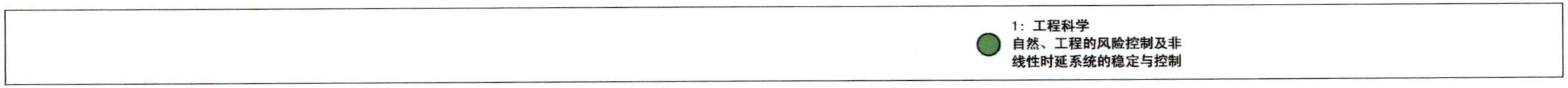

演变轨迹流 183

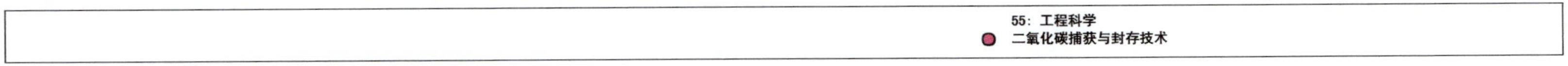

演变轨迹流 198

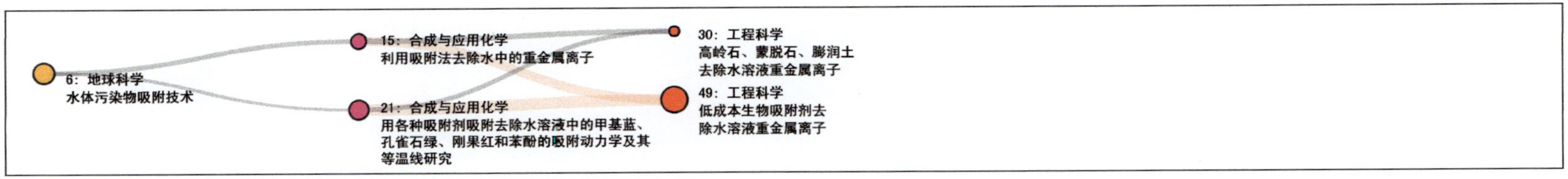

演变轨迹流 202

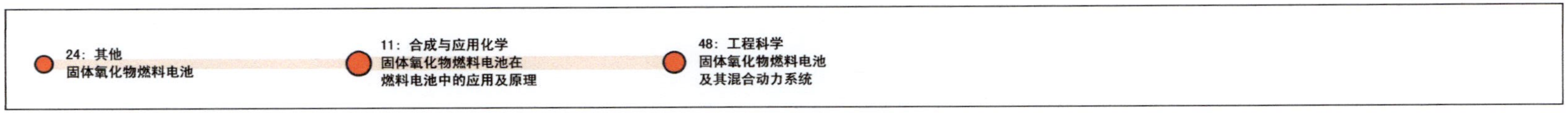

演变轨迹流 261

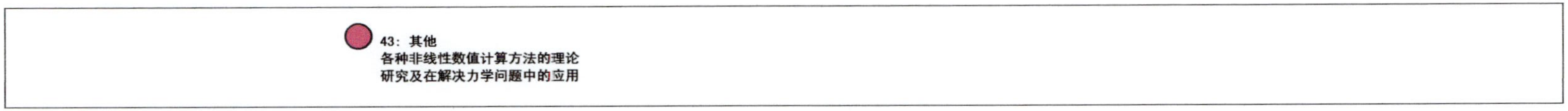

演变轨迹流 285

演变轨迹流 302

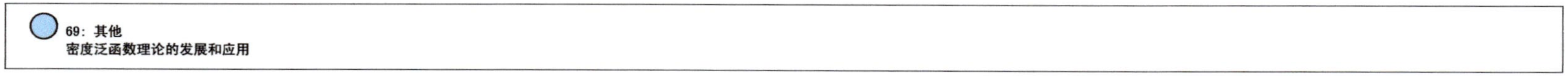

9. 农业：6 个演化流

演变轨迹流 48

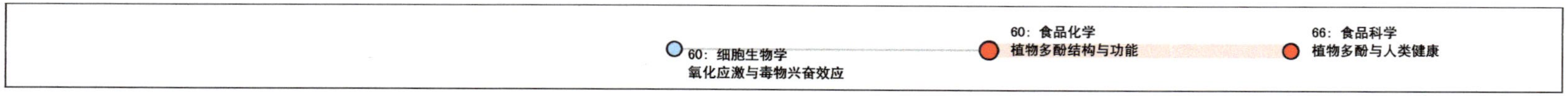

演变轨迹流 79

演变轨迹流 90

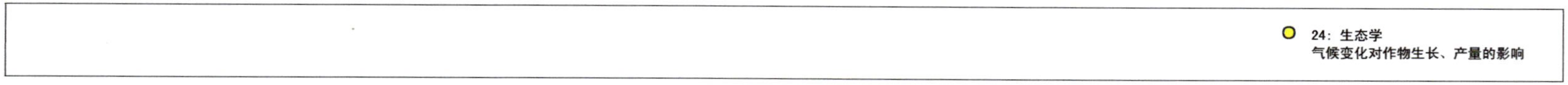

演变轨迹流 189

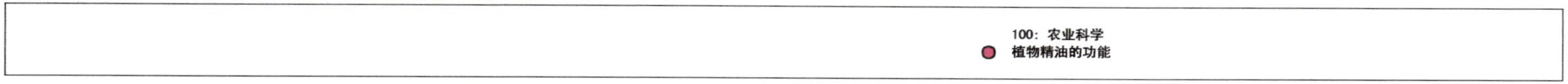

演变轨迹流 194

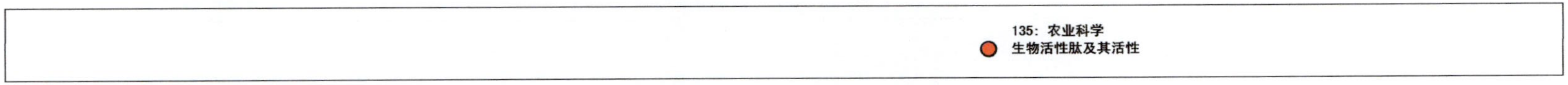

演变轨迹流 208

附录 4　各国在科学结构图谱 2010~2015 研究领域中核心论文份额及国际合著率

研究大类	研究领域 ID	研究领域名称	核心论文数 / 篇	中国		美国		德国		英国		日本		法国		澳大利亚		韩国		印度		巴西		俄罗斯		南非	
				S	A	S	A	S	A	S	A	S	A	S	A	S	A	S	A	S	A	S	A	S	A	S	A
粒子物理与宇宙学	2	中微子振荡及中微子天文学研究	54	5.8	88	26	93	9.2	100	5.6	92	9.9	100	5.3	80	—	—	2.1	86	—	—	0.9	100	1.9	100	—	—
	45	基于“斯隆数字巡天”(SDSS)等对星系结构和演化的研究	14	0.8	100	59	73	20	89	13	86	—	—	1.2	100	0.1	100	—	—	—	—	0.8	100	—	—	—	—
	101	中子星周围的强场物理规律及引力波探测研究	101	0.8	100	46	75	18	89	3	100	6.9	95	4.5	94	0.4	100	0.6	100	0.3	100	0.6	100	0.2	100	0.1	100
	159	基于“普朗克”任务等对宇宙微波背景辐射和暗能量的研究	89	0.5	100	44	94	5.9	98	9.2	100	0.5	100	12	100	3.1	100	0.2	100	0.1	100	0.1	100	0.2	100	0.5	100
	204	量子色动力学 (QCD) 和重离子碰撞实验研究	143	0.9	100	39	62	12	92	2.9	97	5.6	90	3.6	97	0	100	0.9	100	2.7	97	1.2	100	1.9	96	0.3	100
	208	高红移值星系及恒星形成和演化研究	179	0.4	100	42	86	14	98	12	100	3.1	95	6.9	100	0.8	100	0	100	0	100	0.1	100	—	—	0.7	100
	219	标准模型和希格斯玻色子研究	409	2.9	92	35	65	13	89	7.6	94	1.8	100	5.2	96	0.8	100	1.2	97	1.6	83	0.3	100	1.1	100	0	100
凝聚态物理	11	磁性斯格明子的特性及磁性绝缘体的自旋塞贝克效应	80	3	100	26	66	13	69	0.6	100	25	56	12	58	—	—	3.8	100	—	—	2.2	100	0.4	100	—	—
	118	硅基光电子器件	17	2.4	100	35	44	9.3	50	18	60	—	—	1.2	100	—	—	—	—	—	—	—	—	—	—	—	—
	134	铁基超导体和铜氧化物超导体	122	21	56	31	70	14	97	4.3	94	9.9	84	4.5	100	—	—	0.3	100	0.1	100	—	—	0.5	100	—	—
	228	量子计算与拓扑绝缘体	678	10	64	44	55	11	83	2.6	89	5.9	56	3.4	90	1.5	93	0.3	100	0.5	92	0.2	50	0.2	100	0	100

续表

研究大类	研究领域ID	研究领域名称	核心论文数/篇	中国		美国		德国		英国		日本		法国		澳大利亚		韩国		印度		巴西		俄罗斯		南非	
				S	A	S	A	S	A	S	A	S	A	S	A	S	A	S	A	S	A	S	A	S	A	S	A
理论物理	71	自驱动粒子的集体运动、自驱动微纳米马达和自驱动催化微引擎	72	2.5	75	38	42	20	47	11	82	3.2	75	7.7	92	1.3	100	—	—	2	50	0.1	100	—	—	—	—
	190	复杂网络的动力学研究	104	27	64	19	70	5.2	78	4.4	82	1.4	100	0.7	100	1	0	0.7	100	1.6	50	0.2	100	0.2	100	—	—
量子物理	127	量子关联	59	11	50	6.9	88	13	86	12	86	0	100	2.4	67	1.2	100	0	100	0	100	15	27	0	100	—	—
光学	75	超快磁动力学和阿秒脉冲探测	37	—	—	17	88	33	87	2	100	1.5	100	14	82	—	—	2	100	—	—	—	—	0.7	100	—	—
纳米科技	1	胶体量子点太阳能电池	20	2.8	100	71	33	—	—	—	—	—	—	—	—	—	—	—	—	—	—	—	—	—	—	—	—
	4	锂离子电池磷酸铁锂正极材料改性研究	29	33	50	15	63	—	—	—	—	11	25	—	—	5.7	100	12	60	—	—	—	—	—	—	—	—
	7	贵金属纳米催化剂及其在燃料电池中的应用	72	16	58	55	39	9.7	75	0.6	100	3	50	—	—	—	—	2.6	100	—	—	—	—	—	—	—	—
	10	锂空气电池性能研究	54	4.4	75	50	34	4	33	11	57	3.6	50	0.5	100	1.5	100	4.1	100	—	—	—	—	—	—	—	—
	16	量子点敏化太阳能电池研究	40	33	44	9.2	60	5.8	33	0.2	100	2.3	100	5	0	2.5	0	10	0	0.5	100	—	—	—	—	—	—
	22	纳米结构热电材料研究	43	8.4	100	82	34	0.4	100	1.4	100	0.3	100	1.5	100	—	—	—	—	2.3	0	—	—	0.4	100	—	—
	25	锂离子电池电极材料	23	78	20	4.4	100	—	—	—	—	0.4	100	—	—	4.4	0	3	100	—	—	—	—	—	—	—	—
	26	石墨烯和碳量子点的制备及其应用	54	67	20	9	50	1.5	100	0.2	100	2	50	—	—	1.4	100	5.6	0	7.1	40	—	—	—	—	0.4	100
	27	超级电容器及锂离子电池材料	24	42	71	2.7	100	—	—	—	—	11	100	—	—	12	100	6.9	75	—	—	—	—	0.9	100	—	—
	43	介孔二氧化硅纳米粒在可控药物释放和细胞成像中的应用	33	39	20	34	25	—	—	—	—	—	—	—	—	—	—	5.4	67	—	—	—	—	—	—	—	—

续表

研究大类	研究领域ID	研究领域名称	核心论文数/篇	中国		美国		德国		英国		日本		法国		澳大利亚		韩国		印度		巴西		俄罗斯		南非	
				S	A	S	A	S	A	S	A	S	A	S	A	S	A	S	A	S	A	S	A	S	A	S	A
纳米科技	49	金银纳米簇的制备、性质表征及其在生物医学领域的应用	48	22	53	41	52	5	100	—	—	3.8	75	—	—	—	—	1.3	100	—	—	—	—	—	—	—	—
	56	石墨烯–金属纳米复合材料的合成及电催化性能和应用研究	23	56	29	0.5	100	—	—	—	—	1.9	100	—	—	—	—	21	40	4.4	0	—	—	—	—	—	—
	57	石墨烯氧化物及石墨烯基磁性纳米复合材料的制备及其在水处理领域的应用	65	82	18	4.1	75	—	—	—	—	2.2	75	0.2	100	—	—	3.1	0	3.1	0	—	—	—	—	—	—
	65	纳米材料毒理学及安全性评估	14	1	100	46	57	6.1	100	11	50	—	—	—	—	—	—	—	—	—	—	—	—	—	—	—	—
	67	钙钛矿太阳能电池研究	179	11	50	22	33	2.7	83	16	46	5.4	54	1.2	33	2.2	50	9.9	30	1	50	—	—	—	—	—	—
	68	二维材料电子器件	15	8.3	100	57	54	8.3	100	0.8	100	—	—	—	—	—	—	6.7	0	3	100	—	—	—	—	—	—
	78	纳米孔对DNA性能的影响、DNA辅助生成的等离子体手性纳米结构研究	61	5.1	75	63	24	10	67	5.7	80	2.4	100	0.8	100	—	—	0.3	100	—	—	—	—	—	—	—	—
	82	纳米医药和影响导航的药物输送	35	—	—	42	25	3.8	100	—	—	—	—	15	50	—	—	14	0	2.9	0	—	—	—	—	—	—
	98	N掺杂的碳基复合物催化的氧化还原反应、金属氧化物及硫化物/石墨烯基纳米复合结构在锂离子电池正极材料中的应用	20	35	40	22	57	6.6	100	—	—	—	—	—	—	18	50	4	100	5	0	—	—	—	—	—	—
	125	锂离子电池金属氧化物负极材料	32	59	48	11	71	—	—	2	100	3.1	0	—	—	1.3	100	4.4	50	—	—	—	—	—	—	—	—

续表

研究大类	研究领域ID	研究领域名称	核心论文数/篇	中国		美国		德国		英国		日本		法国		澳大利亚		韩国		印度		巴西		俄罗斯		南非	
				S	A	S	A	S	A	S	A	S	A	S	A	S	A	S	A	S	A	S	A	S	A	S	A
纳米科技	136	单晶、多晶及大面积石墨烯的制备、表征及应用研究	94	11	56	53	27	4.1	71	4.5	80	0.6	100	2.2	80	1.1	0	6.9	69	—	—	—	—	—	—	0.3	100
	139	锂离子电池、超级电容器及镁电池	92	52	28	19	43	1.5	75	0.2	100	1.5	67	0.8	50	0.8	100	7.1	14	1.7	50	—	—	—	—	0.1	100
	145	高性能锂硫电池研究	117	33	36	39	32	5.9	50	1	100	1.7	0	0.9	0	3.4	57	3.7	20	—	—	—	—	—	—	—	—
	156	纳米材料的环境行为和生物毒性研究	97	1	100	39	49	9.6	45	4	89	1	0	1.2	90	3.3	67	3	33	—	—	—	—	—	—	—	—
	173	含二氧化钛的染料敏化太阳能电池	18	69	7.7	3.9	50	—	—	—	—	—	—	—	—	14	33	5.6	0	—	—	—	—	—	—	—	—
	179	染料敏化太阳能电池高效电极制备和染料敏化剂研究	62	56	33	2.7	50	0.6	100	—	—	6.5	50	—	—	1.6	0	1.6	0	0.1	100	—	—	—	—	—	—
	180	压电 / 摩擦电纳米发电机及压力传感器技术研究	88	22	88	63	66	0.2	100	1.1	0	1.3	50	—	—	1.4	50	10	50	—	—	—	—	—	—	—	—
	188	二维材料的制备及其在光电器件中的应用	270	23	58	43	49	1.3	92	6.2	63	1.9	89	1.4	71	0.5	100	3.7	65	1.3	71	0.4	100	0.2	100	—	—
	191	石墨烯的电子学研究及其在储能器件中的应用	34	5.9	67	60	58	—	—	5.7	100	3.4	100	—	—	—	—	1.5	100	—	—	—	—	0.5	100	—	—
	199	纳米抗癌药物、细胞穿透肽作为药物载体和成像探针在医学领域的应用	52	18	45	37	44	8.6	33	4.5	0	1.3	100	1.9	50	—	—	1	100	—	—	—	—	—	—	—	—
	200	氧化石墨烯薄膜在吸附、分离领域的应用；缺陷探测方法及力学性质研究	43	15	60	50	17	4.8	67	6.2	100	—	—	0.2	100	2	100	5.2	33	—	—	6.3	33	—	—	—	—
	201	锂离子电池、钠离子电池正极材料制备及性能研究	285	38	40	26	41	3.6	57	0.8	100	2.9	58	1.7	70	4.1	78	6.8	44	1	33	—	—	—	—	—	—

续表

研究大类	研究领域ID	研究领域名称	核心论文数/篇	中国		美国		德国		英国		日本		法国		澳大利亚		韩国		印度		巴西		俄罗斯		南非	
				S	A	S	A	S	A	S	A	S	A	S	A	S	A	S	A	S	A	S	A	S	A	S	A
纳米科技	202	功能化的石墨烯及其氧化物、荧光纳米粒子在生物成像和药物释放中的应用研究	97	66	12	7.3	56	—	—	—	—	1	0	—	—	0.1	100	3.3	50	1	0	—	—	—	—	—	—
	210	可控性超材料及等离子体低聚物研究	102	18	50	38	46	8.8	89	4.2	100	1.8	67	2.6	60	1.8	100	1.1	100	—	—	—	—	0.2	100	—	—
	215	等离子体纳米结构的光学性质及其应用研究	186	21	43	46	42	4.7	79	2.4	82	3.8	55	1.2	80	1.4	80	1.6	75	—	—	—	—	1	100	—	—
	218	聚合物太阳能电池、有机场效应晶体管研究	290	25	34	36	48	6.1	52	6	81	3.1	56	0.7	33	1.2	89	4.8	50	0.4	100	—	—	—	—	—	—
	223	纳米光电催化剂的制备及其在水氧化、水分解中的应用	293	20	54	44	32	5.4	69	1	80	1.6	75	1.2	89	3.3	93	2.4	70	—	—	—	—	0.2	100	—	—
	224	超级电容器纳米电极材料、超疏水 / 超亲水材料	225	56	19	17	45	1.5	25	0.8	100	0.1	100	1	75	1.1	83	3.7	55	0.4	0	—	—	—	—	—	—
合成与应用化学	9	金属玻璃性质研究	13	29	25	35	33	23	0	—	—	6.8	100	0.9	100	—	—	—	—	—	—	—	—	—	—	—	—
	13	二氧化碳与环氧化物的共聚反应及催化剂研究	32	7.8	33	12	40	11	25	22	0	13	0	6.3	0	—	—	—	—	—	—	—	—	—	—	—	—
	19	高效有机发光二极管研究	46	26	8.3	2.5	50	2.2	100	2	100	40	11	—	—	0.2	100	20	20	0.2	100	—	—	—	—	—	—
	23	密度泛函理论与耦合簇方法研究及应用	51	—	—	22	41	41	38	11	63	—	—	3.2	67	0.6	100	—	—	—	—	—	—	—	—	—	—
	34	过渡金属催化的碳氢键活化直接官能团化研究	12	33	0	25	0	8.3	0	17	0	—	—	—	—	—	—	—	—	—	—	—	—	—	—	—	—
	41	生物质的催化转化	49	11	17	35	26	5.7	60	1.1	100	4.1	0	2	0	2	0	—	—	—	—	—	—	—	—	—	—
	42	石墨相碳氮化合物及其复合物的制备及在光催化反应中的应用	57	76	37	4.7	100	6.9	75	0.3	100	2.4	100	—	—	2.5	100	0.6	100	—	—	—	—	—	—	—	—

续表

研究大类	研究领域ID	研究领域名称	核心论文数/篇	中国		美国		德国		英国		日本		法国		澳大利亚		韩国		印度		巴西		俄罗斯		南非	
				S	A	S	A	S	A	S	A	S	A	S	A	S	A	S	A	S	A	S	A	S	A	S	A
合成与应用化学	46	金配合物催化的环化反应	44	16	0	20	0	26	17	4	50	—	—	12	17	—	—	2.3	0	—	—	—	—	—	—	—	—
	74	有机金属配合物（杂环卡宾过渡金属配合物）的合成及在抗癌药物和催化反应中的应用	37	2	100	18	14	33	47	8.4	25	1.4	100	2	100	—	—	—	—	0.7	100	—	—	0.9	100	—	—
	124	纸基微流体功能器件及纤维素纳米材料研究	47	8.3	40	47	32	1.1	100	4.8	33	5.7	50	2.2	50	8.5	0	1.2	100	—	—	1.3	100	—	—	—	—
	160	金属有机框架材料	24	18	67	52	40	5.6	50	4.3	100	4.2	0	5.1	67	2.1	100	—	—	—	—	—	—	4.5	100	—	—
	175	单分子磁体的磁性研究	82	22	39	16	50	6.8	100	12	73	3.5	80	7.2	100	0.9	100	—	—	0.2	100	—	—	—	—	—	—
	192	碱性燃料电池	40	38	33	23	38	3.8	50	6.7	80	5	0	2.5	0	—	—	2.1	100	2.5	0	1.3	100	—	—	2.5	0
	194	包含嵌段共聚物的材料制备及其在生物医学领域的应用	25	13	50	51	14	—	—	—	—	—	—	4.7	100	4	0	4	0	4	0	—	—	—	—	—	—
	220	柱芳烃的合成、功能化及应用（超分子聚合物）、自治愈聚合物及超分子凝胶研究	179	42	17	18	59	6.4	47	10	36	7.7	20	0.5	100	0.7	50	4.1	50	1.9	40	—	—	—	—	—	—
	221	金属催化的有机合成反应	535	32	14	24	17	15	13	2.1	23	7.7	2.4	2.2	15	—	—	3.2	0	1.6	10	—	—	0.1	100	—	—
	230	多孔框架材料制备分子器件及其应用	499	29	39	24	44	7.3	58	5	65	6.1	26	1.2	80	1.2	80	6.6	51	2.4	33	—	—	0.1	100	0.2	100
地球科学	37	东日本及智利地震中同震滑动的研究	37	0.5	100	33	63	6.7	80	0.8	100	37	53	4.4	75	2.9	100	1.1	100	—	—	—	—	—	—	—	—
	84	地球系统在第四纪不同时期的气候敏感性研究	33	2.2	100	34	77	10	91	23	88	1.5	100	1.9	100	11	90	0.1	100	—	—	—	—	0.6	100	—	—
	96	地球早期海洋氧化事件与动物进化的关系	45	4.7	100	52	78	11	85	6.9	80	1.5	100	1.3	100	4	88	—	—	0.3	100	—	—	0.5	100	1	100

续表

研究大类	研究领域ID	研究领域名称	核心论文数/篇	中国		美国		德国		英国		日本		法国		澳大利亚		韩国		印度		巴西		俄罗斯		南非	
				S	A	S	A	S	A	S	A	S	A	S	A	S	A	S	A	S	A	S	A	S	A	S	A
地球科学	166	月球和火星地质学及陨石研究	49	0.6	100	70	67	3.3	75	6.7	100	1.5	100	9.9	93	1.7	100	—	—	—	—	—	—	0.4	100	—	—
	178	大气气溶胶的来源、形成、种类、理化性质及模型研究	105	1.5	100	52	61	9.8	94	13	75	0.3	100	1.7	100	0.2	100	—	—	0	100	0.2	100	0.3	100	—	—
	205	基于全球表面建模、遥感和卫星监测的气象模拟及预测研究	49	9.7	83	44	63	5.6	71	5.7	100	1.3	100	7	100	6.7	86	0.8	100	0.7	100	0.3	100	—	—	—	—
	206	前寒武纪时期华北地区克拉通化	201	53	65	15	66	2.6	93	4.7	93	3.4	96	3.9	89	7.9	91	0.1	100	0.4	100	—	—	0.9	100	0.6	80
	217	全球气候年代际变化的影响观测、模拟及预测研究	331	4.1	86	49	66	6.3	92	13	91	2.3	90	4.6	93	4.1	89	0.4	100	0.1	100	0.1	100	0.4	100	0.1	100
生态学	24	气候变化对作物生长、产量的影响	21	1	100	22	78	20	92	4.6	100	—	—	8.6	90	5.2	67	—	—	0.4	100	0.1	100	—	—	—	—
	47	有关物种发生、分布和扩散的模型研究	34	—	—	43	48	5.7	100	4.3	75	—	—	5.7	100	18	56	—	—	—	—	—	—	—	—	0.4	100
	58	物种入侵对本地物种、群落、生态系统的生态影响	17	—	—	11	83	5.8	100	5	100	—	—	1.6	100	6.4	67	—	—	—	—	—	—	—	—	8.6	100
	60	生物炭对土壤有机质、微生物群落、功能性状的影响及生物炭的利用	62	13	100	25	50	4.6	60	9.4	78	—	—	2.5	50	12	50	3.2	100	1	100	1.5	100	0.3	100	—	—
	86	生物进化过程中的物种分化、系统发育多样性研究	66	1	100	52	51	1.1	100	5.1	90	0.3	100	6.9	43	6.5	75	—	—	—	—	3.7	86	0.3	100	0.1	100
	87	极端干旱事件诱导树木死亡的机制研究	38	5.2	80	28	71	4.6	80	6.9	100	—	—	8.7	67	5.8	88	—	—	—	—	8.3	88	—	—	—	—
	105	人类活动和气候变化引起的水生态系统健康问题研究	59	6.5	100	43	71	2.8	100	1.8	50	—	—	3.3	100	8.4	78	0.4	100	—	—	0.4	100	—	—	—	—

续表

研究大类	研究领域ID	研究领域名称	核心论文数/篇	中国		美国		德国		英国		日本		法国		澳大利亚		韩国		印度		巴西		俄罗斯		南非	
				S	A	S	A	S	A	S	A	S	A	S	A	S	A	S	A	S	A	S	A	S	A	S	A
生态学	106	海水酸化对海洋生物的影响	20	—	—	21	63	25	43	3.4	100	—	—	4.2	100	29	63	—	—	—	—	—	—	—	—	—	—
	130	农牧系统、土地利用等人类活动的不同选择方式对生态系统稳定性的影响	40	0	100	22	90	0.9	100	18	88	0.3	100	13	82	8.4	92	0	100	0.3	100	3.7	100	0	100	1.4	100
	144	环境和系统发育对植物功能性状、动物行为差异及生物多样性的影响	81	0.1	100	34	60	12	70	13	86	0.1	100	9.2	93	6.5	95	—	—	—	—	0.3	67	0	100	0.3	100
	165	全球生态系统服务的量化、评估、支付及市场化	96	0.2	100	27	55	13	56	14	72	—	—	0.4	67	6.9	82	—	—	—	—	1.3	100	—	—	0.5	100
	168	全球尺度不同生态系统的碳循环研究	67	0.4	100	42	84	7.1	100	6.1	95	2.7	100	5	100	2.4	100	0	100	0.1	100	1.8	100	0.3	100	0.3	100
	169	利用陆地卫星数据评估全球土地覆盖变化	33	11	100	47	48	5.3	100	6	83	—	—	3.3	67	2.2	100	—	—	0.1	100	0.1	100	0.7	100	0.1	100
	184	气候变化背景下全球水资源对粮食安全、生物多样性和农业可持续发展的影响	45	0.8	100	25	88	22	83	15	93	4.7	90	0.9	100	0.5	100	—	—	0.2	100	—	—	—	—	—	—
环境科学	73	可持续生物能源发展与土地利用的关系及其影响	33	7.1	33	35	15	3.7	50	2.7	50	—	—	0.2	100	—	—	3	0	—	—	—	—	—	—	1	0
	76	邻苯二甲酸酯、双酚类似物等有毒化学品的发生分布、生物监测、膳食暴露及对公共健康的影响	60	4.5	75	49	49	10	60	3.6	50	—	—	3.5	67	—	—	2.6	67	—	—	0.2	100	—	—	—	—
	112	全球经济一体化对碳足迹、水足迹和潜在温室气体排放的影响	38	21	69	18	64	1.9	100	5	100	2.4	100	1.3	100	10	71	—	—	—	—	—	—	—	—	0.5	100

续表

研究大类	研究领域ID	研究领域名称	核心论文数/篇	中国		美国		德国		英国		日本		法国		澳大利亚		韩国		印度		巴西		俄罗斯		南非	
				S	A	S	A	S	A	S	A	S	A	S	A	S	A	S	A	S	A	S	A	S	A	S	A
环境科学	133	城市污水中的抗生素可能引发的人类健康和环境风险	45	21	27	29	38	0.6	100	2.7	100	—	—	1.7	100	1.9	100	—	—	—	—	—	—	—	—	—	—
	162	全球历史上人类活动对全球汞循环的影响	46	16	92	38	52	0.3	100	5.7	50	0.4	100	2.5	67	3.5	100	—	—	4.4	0	1.5	100	1.9	100	0.2	100
生物学	3	微藻水热液化处理制备生物燃料	56	6.1	25	35	19	1.8	0	11	14	—	—	1.8	0	8.6	20	1.8	0	0.4	100	1.3	100	—	—	1.8	0
	6	现代人的起源研究	26	3.8	100	20	94	16	100	12	100	—	—	6.3	100	1.4	100	—	—	0.1	100	—	—	3.5	100	0.2	100
	8	微生物产电机制研究	21	11	50	53	50	8.8	50	2.8	100	8.4	67	—	—	4.8	0	—	—	—	—	—	—	—	—	—	—
	15	器官芯片及组织工程	24	—	—	72	26	1.7	100	1.6	100	0.6	100	0.8	100	.4	100	4.6	50	—	—	—	—	—	—	—	—
	20	蛋白质结构与功能预测	33	43	75	18	90	0.5	100	0.7	100	—	—	—	—	2.7	100	—	—	3	0	—	—	—	—	—	—
	21	生物节律与疾病关系	34	—	—	56	32	2	50	18	50	—	—	3.5	50	0.4	100	—	—	—	—	—	—	—	—	—	—
	35	细胞壁生物合成调控机制	50	3.4	80	51	45	2.8	100	9.2	78	6	0	5.9	86	—	—	—	—	—	—	0.4	100	—	—	—	—
	50	小麦基因组多样性分析	29	16	89	18	93	14	100	11	78	4.2	50	5.3	100	7.1	100	—	—	0.1	100	—	—	—	—	—	—
	52	微生物群落多样性研究	19	12	50	53	27	—	—	0.5	100	—	—	—	—	3.5	100	—	—	—	—	—	—	—	—	1.8	100
	61	基因组测序技术	34	10	50	52	43	1.1	100	14	70	3.5	67	1.3	67	5.4	75	—	—	—	—	—	—	4.7	67	—	—
	62	遗传图谱的构建与应用	78	3.6	100	53	51	5.1	82	5.3	91	0.9	100	4.6	80	0.3	100	0.1	100	12	62	—	—	—	—	—	—
	70	T 细胞命运调控分子机制	53	0.4	100	84	32	3.8	0	2.2	100	0.2	100	0.3	100	0.1	100	—	—	—	—	—	—	0.1	100	—	—
	77	小 RNA 的鉴定与功能研究	66	25	55	40	42	0.4	100	4.6	60	1.5	0	6.4	20	0.8	100	—	—	0.5	100	—	—	—	—	—	—
	83	蛋白互作网络研究	20	0.3	100	32	67	0.3	100	12	100	—	—	1.5	100	0.3	100	—	—	0.9	100	—	—	—	—	—	—
	88	微生物代谢工程制备脂肪酸、橡胶、药物等化学品	58	1.6	100	68	24	1.8	50	7.5	20	0.6	100	0.4	100	—	—	3.5	33	—	—	—	—	0	100	—	—
	111	蜜蜂健康影响研究	38	0.1	100	32	27	7	75	17	83	—	—	8.6	50	0.3	100	—	—	—	—	—	—	—	—	—	—

续表

研究大类	研究领域ID	研究领域名称	核心论文数/篇	中国		美国		德国		英国		日本		法国		澳大利亚		韩国		印度		巴西		俄罗斯		南非	
				S	A	S	A	S	A	S	A	S	A	S	A	S	A	S	A	S	A	S	A	S	A	S	A
生物学	117	G蛋白耦合受体结构与功能研究	69	3.5	100	61	57	4.4	100	14	50	3.3	100	2.2	100	5.4	67	0.6	100	—	—	—	—	—	—	—	—
	119	长链非编码RNA的鉴定与功能研究	85	34	6.7	35	51	9.7	58	1.3	100	5.5	50	0.8	100	2.4	0	—	—	—	—	—	—	—	—	—	—
	142	癌症相关的信号转导通路	32	4.8	75	65	36	3.4	50	3.2	50	—	—	0.5	100	6.3	0	0.3	100	—	—	—	—	—	—	—	—
	146	植物生长调控分子机制	30	14	33	37	25	9.7	83	2.1	100	4.7	67	7.3	100	—	—	0.5	100	—	—	—	—	—	—	—	—
	153	细菌生物膜与感染研究	28	2.4	100	36	31	12	25	1.8	100	—	—	2	100	2.9	100	3.6	0	—	—	—	—	—	—	—	—
	158	TALEN、CRISPR/Cas等基因组编辑技术	188	8.6	77	66	42	6.5	59	2.2	83	2.6	67	1	100	0.1	100	2.7	0	—	—	—	—	0.2	100	—	—
	163	蛋白质结构与功能	65	2.5	100	41	47	13	69	1.9	100	0.1	100	2.2	75	—	—	—	—	—	—	—	—	2.5	100	—	—
	174	草原生态系统与光合作用研究	58	2.4	100	31	76	11	50	8	93	2.3	100	1.7	100	15	79	—	—	0.3	100	1.1	100	—	—	4.3	89
	176	线粒体氧化胁迫与生物机体衰老关系研究	59	7.4	78	47	62	5.6	50	5.2	71	0.2	100	2.9	75	0.3	100	1.3	100	2.8	50	—	—	—	—	—	—
	182	基于分子动力学的生物分子结构研究	54	1.9	50	40	52	6.9	86	11	67	4.1	33	5.7	100	5.2	86	1.9	50	0.7	100	—	—	—	—	—	—
	197	全基因组选择育种	64	4.3	75	38	81	3.8	75	8.1	92	0.1	100	4.9	100	5.6	88	0.1	100	—	—	2.7	100	0.1	100	0.5	100
	226	植物激素信号转导通路	451	8.6	68	25	60	10	78	11	78	8.7	45	6.6	77	4.4	78	1	100	0.3	50	0.2	100	0	100	—	—
医学	12	多发性骨髓瘤药物联合治疗及基于患者基因组信息的精准治疗	66	0.5	100	38	65	3.3	100	12	82	2.6	83	9	93	0.3	100	0	100	—	—	0.1	100	0.4	100	—	—
	14	肿瘤中端粒酶逆转录酶（TERT）启动子的突变及其对预后的影响、胰腺神经内分泌肿瘤的基因突变与药物治疗	38	0.3	100	43	71	21	100	0.8	100	2.7	100	2.7	100	0.1	100	0.1	100	—	—	0.3	100	0.1	100	—	—

续表

研究大类	研究领域ID	研究领域名称	核心论文数/篇	中国		美国		德国		英国		日本		法国		澳大利亚		韩国		印度		巴西		俄罗斯		南非	
				S	A	S	A	S	A	S	A	S	A	S	A	S	A	S	A	S	A	S	A	S	A	S	A
医学	17	电子烟的使用与效果	64	—	—	70	20	3.1	0	4.6	89	—	—	—	—	0.9	100	1.2	100	—	—	—	—	—	—	—	—
	18	抗 IL—5 单抗 1 类药物治疗嗜酸性粒细胞性哮喘的临床研究	23	0.7	100	52	70	4.7	100	11	100	—	—	3	100	7	100	—	—	—	—	0.7	100	—	—	1.1	100
	28	代谢正常的超重和肥胖与心血管疾病和 II 型糖尿病的关系及其对身体质量指数（BMI 指数）的挑战	34	—	—	48	50	—	—	7.5	60	0.3	100	7.5	100	2.9	0	0.9	100	—	—	—	—	—	—	—	—
	29	浸润性宫颈癌患者人乳头瘤病毒基因分型及 HPV 两价疫苗（HPV16 和 HPV18）和四价疫苗（HPV6、HPV11、HPV16、HPV18）的效果评估研究	56	1	100	44	47	0.7	100	6.4	92	0	100	3.6	100	12	64	0	100	0.3	100	0.7	100	—	—	0.1	100
	30	运动相关脑震荡的评价与处理指南及创伤性脑损伤标志物的研究	20	—	—	78	32	—	—	7.7	100	—	—	0.4	100	1.8	100	—	—	—	—	—	—	—	—	—	—
	31	慢性肾脏疾病与急性肾脏损伤两者互为危险因素、心脏手术后急性肾损伤新型标记物及其在早期诊断与治疗中的作用	25	0.6	100	69	71	6.1	100	0.9	100	0.7	100	0.3	100	1.8	100	—	—	—	—	—	—	—	—	—	—
	32	网络欺凌、校园欺凌及自杀倾向的相关研究及其预防与处理策略	29	—	—	57	26	—	—	15	75	1.7	100	—	—	1.2	100	—	—	—	—	—	—	—	—	—	—
	33	渐进性多发性硬化症的发病机制与治疗研究及重度抑郁症的神经生物学和药物作用机制研究	21	0.3	100	52	76	1.5	100	15	86	4	100	—	—	4.5	100	—	—	—	—	—	—	—	—	—	—

研究大类	研究领域ID	研究领域名称	核心论文数 / 篇	中国		美国		德国		英国		日本		法国		澳大利亚		韩国		印度		巴西		俄罗斯		南非	
				S	A	S	A	S	A	S	A	S	A	S	A	S	A	S	A	S	A	S	A	S	A	S	A
医学	36	老年人肌减少症、认知衰退的诊断评估与营养干预	45	8.2	86	24	65	1.8	100	6.3	86	5	60	5.7	100	3.9	67	0.2	100	—	—	—	—	—	—	—	—
	38	双极性抗抑郁症的药物治疗	17	—	—	35	79	2.9	100	16	100	0.2	100	3.3	100	0.9	100	1.8	100	—	—	0.9	100	—	—	0.5	100
	40	产前感染对子女大脑发育与行为的影响及致精神分裂症、自闭症的流行病学与抗精神病药物治疗研究	16	—	—	56	20	2.4	100	10	50	—	—	—	—	—	—	—	—	—	—	—	—	—	—	1.8	100
	48	深脑刺激治疗帕金森病、强迫症、抑郁症和阿尔茨海默病	26	—	—	48	58	14	100	7.9	33	—	—	1.9	100	—	—	—	—	—	—	—	—	—	—	—	—
	54	不同的性取向导致的自杀倾向和健康问题及其相关的社会心理因素研究	31	—	—	100	3.2	—	—	—	—	—	—	—	—	—	—	—	—	—	—	—	—	—	—	—	—
	55	急性缺血性卒中的溶栓治疗与血管内介入治疗	53	1.8	100	30	83	13	78	6.7	92	0.2	100	5.8	82	9.7	92	1.3	100	0.2	100	—	—	—	—	—	—
	63	癌症晚期病人护理方案的效果的研究及临终地点的影响	51	0.3	100	60	31	1	100	12	69	—	—	—	—	2.6	50	0.3	100	—	—	0.7	100	—	—	—	—
	64	人格特质、老龄化、主观幸福感、积极行为和自尊等变量与身心健康的关系研究	27	—	—	76	22	6	67	4.5	100	—	—	0.4	100	—	—	—	—	—	—	—	—	1.9	100	—	—
	72	抗 TNF—α 单克隆抗体治疗溃疡性结肠炎、克罗恩病等炎症性肠病、风湿病关节炎的临床研究	45	—	—	31	77	3.9	83	3.8	100	0.1	100	9.6	93	1.5	100	0.1	100	—	—	—	—	—	—	—	—
	79	多重耐药肺结核的药物治疗及 HIV/AIDS 合并结核病的快速诊断	62	0.8	100	25	95	3.6	100	8.5	100	0.2	100	1.2	100	0	100	1.8	100	1.4	100	0.3	100	0.3	100	15	100

续表

研究大类	研究领域ID	研究领域名称	核心论文数/篇	中国		美国		德国		英国		日本		法国		澳大利亚		韩国		印度		巴西		俄罗斯		南非	
				S	A	S	A	S	A	S	A	S	A	S	A	S	A	S	A	S	A	S	A	S	A	S	A
医学	80	循证医学与公共卫生服务实施研究	30	—	—	77	4.2	—	—	13	100	—	—	—	—	4.4	100	—	—	—	—	—	—	—	—	—	—
	81	大脑视觉皮质、前馈与反馈通路、脑连接与视区、前岛叶皮质与情感意识相关的研究	16	—	—	32	80	5.8	100	34	38	—	—	13	100	—	—	—	—	—	—	—	—	—	—	—	—
	89	双相情感障碍、重度抑郁症患者血清细胞因子研究	17	—	—	31	43	1.2	100	0.7	100	1.2	100	3.3	100	7.1	100	—	—	—	—	15	75	—	—	—	—
	90	粪菌移植治疗难辨梭状芽孢杆菌感染和炎症性肠病及肠道微生物群落与炎症性肠病关系研究	30	—	—	42	67	3.6	100	10	67	—	—	0.3	100	3.2	100	—	—	—	—	—	—	—	—	—	—
	91	去肾脏交感神经支配术治疗顽固性高血压临床研究	58	—	—	31	74	21	87	4	88	—	—	2.4	83	8.6	93	—	—	—	—	5	33	0.3	100	—	—
	92	二手烟对健康的影响及无烟立法的效果	29	—	—	35	50	1.3	100	16	57	—	—	0.3	100	18	57	—	—	—	—	—	—	—	—	—	—
	95	新型药物治疗慢性阻塞性肺病的临床研究	49	—	—	29	93	5.8	100	18	100	2	0	0.4	100	0.8	100	—	—	—	—	1	100	0.2	100	1.1	100
	103	阿尔茨海默病有关的基因突变位点的发现	37	0.3	100	62	71	3.7	100	11	94	—	—	1.6	100	0.5	100	—	—	—	—	0.2	100	—	—	0.3	100
	104	成年人久坐引起的一系列健康问题及死亡率的相关研究	59	0.2	100	21	75	—	—	18	61	0.9	100	0.2	100	35	66	—	—	0.2	100	0.7	100	—	—	0.3	100
	107	NMDA 受体拮抗剂特别是氯胺酮抗抑郁效果的临床研究	48	2.1	0	71	24	0.2	100	2.5	100	—	—	0.9	100	4.2	0	0.4	100	—	—	—	—	—	—	—	—
	108	长期接受空气污染与心肺疾病间及与新生儿健康的关系的研究	55	3.7	33	28	78	7.1	100	5.8	100	1.8	0	2.3	100	0.3	100	0.2	100	0.3	100	0.1	100	—	—	0.6	100

续表

研究大类	研究领域ID	研究领域名称	核心论文数/篇	中国		美国		德国		英国		日本		法国		澳大利亚		韩国		印度		巴西		俄罗斯		南非	
				S	A	S	A	S	A	S	A	S	A	S	A	S	A	S	A	S	A	S	A	S	A	S	A
医学	113	循环肿瘤细胞在临床上的重要性及其捕获分离的微型仪器的研究	30	5.9	100	43	50	8.6	83	14	20	—	—	4.7	67	1.1	100	—	—	—	—	—	—	—	—	—	—
	115	关于提高生物医学实验价值、减少浪费及实验数据共享的研究	30	1.2	100	33	42	—	—	32	79	—	—	0.4	100	5.8	100	—	—	1.9	100	—	—	—	—	2.2	100
	116	乳糜泻的流行病学、诊断与治疗	71	—	—	32	68	6	100	17	78	0.2	100	0.9	100	12	45	—	—	—	—	—	—	—	—	—	—
	121	肿瘤细胞自噬、凋亡与炎症反应的分子机制	17	16	100	53	60	—	—	8.8	100	—	—	5.2	100	1.9	100	6.4	100	—	—	—	—	—	—	1	100
	123	肿瘤干细胞标志物 ALDH1 在乳腺癌、前列腺癌、膀胱癌等癌症中的表达及其临床意义	19	1.8	100	81	35	—	—	1.3	100	—	—	3.6	100	—	—	1.3	100	—	—	—	—	—	—	—	—
	126	双语与认知发展的关系研究	26	1	100	35	69	6.9	50	21	75	—	—	1.1	100	0.6	100	0.6	100	—	—	—	—	—	—	—	—
	128	语义记忆的神经生物学研究	46	2.2	0	41	39	13	56	14	85	—	—	1.5	100	0.5	100	—	—	—	—	—	—	—	—	—	—
	129	环境与疾病间的关系及代谢组学相关的促进人类健康的研究	17	25	20	38	38	—	—	8.5	100	—	—	11	75	—	—	—	—	—	—	—	—	—	—	—	—
	131	饮食环境、建筑环境、身体锻炼行为及其与健康、营养的关系	45	—	—	55	26	—	—	13	50	—	—	8.2	67	5.7	80	0.2	100	—	—	—	—	—	—	—	—
	135	ALK 阳性非小细胞肺癌靶向药物治疗的临床研究	102	8	84	45	67	4.6	100	2.7	100	9.2	71	4	95	0.6	100	4.6	86	0.1	100	0.4	100	0.6	100	0.2	100
	137	成瘾障碍和行为决策与延迟折扣的关系、相关神经机制与认知矫正策略研究	59	0.3	100	61	44	11	60	7.6	90	—	—	—	—	0.2	100	2.3	50	—	—	—	—	—	—	—	—

续表

研究大类	研究领域ID	研究领域名称	核心论文数/篇	中国		美国		德国		英国		日本		法国		澳大利亚		韩国		印度		巴西		俄罗斯		南非	
				S	A	S	A	S	A	S	A	S	A	S	A	S	A	S	A	S	A	S	A	S	A	S	A
医学	138	多动症的脑结构影像学研究及其诊断与治疗，以及与未来发生交通事故的关系	30	5.6	50	23	64	7.4	100	20	82	1.6	100	1.5	100	6.7	0	—	—	—	—	—	—	—	—	—	—
	141	脑机接口及康复机器人研究与应用	28	—	—	68	43	8.3	75	11	86	—	—	—	—	—	—	—	—	—	—	0.4	100	0.7	100	—	—
	143	多种丙型肝炎治疗药物单独使用或联用的效果及其相关基因的研究	140	—	—	53	61	6.7	82	0.9	100	6.5	40	5.5	95	1.5	100	0.1	100	—	—	0.2	100	0.1	100	—	—
	147	单细胞测序技术及其在癌症研究及免疫学研究中的应用	35	9.9	100	47	52	4.1	100	14	71	1.1	100	—	—	0.2	100	—	—	—	—	—	—	—	—	—	—
	148	多种药物治疗激素受体阳性乳腺癌或人类表皮生长因子受体2阳性乳腺癌的相关研究	72	0.6	100	52	63	10	92	4.8	100	0.5	100	7.2	86	0.9	100	1.3	100	0.2	100	1.6	100	1.6	100	0.1	100
	150	白色脂肪组织、棕色脂肪组织和淋巴样细胞的作用机制的相关研究	82	3.1	75	41	62	7.5	94	9.3	84	3.9	67	4.8	100	1	100	1.3	50	—	—	—	—	—	—	—	—
	151	与心肾病相关的纤维母细胞生长因子和维生素D对心血管作用的研究	77	—	—	54	50	4.3	93	9.1	78	0.3	100	1.4	100	3.9	71	—	—	0.2	100	1.4	50	—	—	—	—
	152	危重症的临床治疗方案及其相关诊断生物标志物在临床治疗上的应用	42	0.9	100	35	48	7	78	4.5	100	4.8	33	7.8	71	12	78	—	—	0.1	100	0.2	100	—	—	0.1	100
	154	社交媒体及其对健康交流的促进	32	—	—	36	29	0.5	100	6.8	67	—	—	0.8	100	30	58	0.5	100	—	—	—	—	—	—	—	—

续表

研究大类	研究领域ID	研究领域名称	核心论文数/篇	中国		美国		德国		英国		日本		法国		澳大利亚		韩国		印度		巴西		俄罗斯		南非	
				S	A	S	A	S	A	S	A	S	A	S	A	S	A	S	A	S	A	S	A	S	A	S	A
医学	155	循证医学GRADE证据质量分级和推荐强度系统以及患者报告结局（patient-reported outcomes）在临床实践中的应用	80	0.1	100	37	82	3.3	100	17	91	0.3	100	1.9	80	0.8	100	—	—	—	—	0.2	100	—	—	0.1	100
	161	影响人类听力和阅读理解能力发展的日常训练的研究	42	—	—	27	33	6	60	16	55	—	—	7.7	83	3	50	—	—	—	—	0.3	100	—	—	—	—
	164	炎症类疾病中针对白介素17A的抗体治疗及其相关细胞研究	46	1.6	100	43	86	13	90	6.8	100	0.6	100	5.4	100	0.7	100	0.9	100	—	—	—	—	0.6	100	—	—
	167	母体及婴儿营养改善方案及儿童早期发育的影响因素的研究	24	0.5	100	37	91	0.1	100	14	100	0.2	100	0.1	100	5.5	100	0.1	100	3.9	100	1	100	0.1	100	5.1	100
	170	血液中胆固醇过高相关疾病的单克隆抗体药物及其他降低胆固醇药物的研究	152	0.5	100	50	67	2.5	89	7.6	97	0.1	100	2.2	95	1.9	100	0.7	0	0.1	100	0.4	100	0.2	100	1.9	100
	171	囚徒健康、父母入狱对儿童心理和行为健康的影响、抑郁症与心血管疾病的相关性研究	51	0.5	100	49	27	1.7	100	17	80	—	—	0.8	100	4.5	75	—	—	—	—	—	—	—	—	—	—
	177	非酒精性脂肪性肝病与特殊基因片段及门静脉高压关系的研究	50	2	100	22	50	6.4	100	9.3	83	5.5	71	12	82	0.2	100	0.3	100	0.2	100	0.2	100	—	—	—	—
	181	心脏骤停或危重症病人的治疗手段及液体治疗管理方法的研究	106	0.9	0	28	56	0.5	67	15	62	3.1	25	5	50	9.9	63	0.1	100	0.9	0	—	—	—	—	1.1	50
	183	第二代整合酶链转移抑制剂dolutegravir	40	0.2	100	46	74	1.5	100	9.8	100	2.6	100	6.7	92	2	100	—	—	—	—	0.8	100	0.4	100	0.4	100

续表

研究大类	研究领域ID	研究领域名称	核心论文数/篇	中国		美国		德国		英国		日本		法国		澳大利亚		韩国		印度		巴西		俄罗斯		南非	
				S	A	S	A	S	A	S	A	S	A	S	A	S	A	S	A	S	A	S	A	S	A	S	A
医学	186	危重症病人的营养方案和呼吸管理及其相关的临床护理研究	64	1.6	0	33	58	2.3	100	9.5	70	—	—	14	60	4.5	80	—	—	—	—	1.2	100	—	—	—	—
	187	二尖瓣、主动脉瓣经导管置换术和传统手术置换治疗效果的对比	55	—	—	39	54	20	50	3.6	90	—	—	8.7	63	0.1	100	—	—	—	—	—	—	—	—	—	—
	189	孕妇产前检查的基因测序方法及子痫前期检测的生物标识物的研究	59	14	50	45	24	1.5	100	27	32	—	—	0.3	100	0.1	100	—	—	—	—	—	—	—	—	—	—
	193	非典型溶血性尿毒症、肾小球病和膜性肾病等肾病的遗传学研究及其抗体治疗	52	1.4	100	43	64	11	88	8.1	80	4.3	75	16	46	—	—	—	—	1.9	0	—	—	—	—	—	—
	195	肠道干细胞标志物 Lgr5 及其与肿瘤的相关性	27	—	—	64	45	1.4	100	9	50	0.4	100	1.7	100	—	—	—	—	—	—	—	—	—	—	—	—
	203	多种类型药物治疗Ⅱ型糖尿病效果的比对及其安全性和有效性	144	0.1	100	39	78	20	80	7.5	90	2.5	40	2.2	94	1.4	80	1.3	86	0.3	100	0.5	100	—	—	0.1	100
	207	高分辨率活细胞三维成像技术与脑皮质神经回路相关机理的研究	193	0.5	100	69	41	11	63	3.6	75	4	50	1.7	90	0.2	100	0.3	100	0	100	—	—	0.1	100	—	—
	209	轮状病毒疫苗接种效果评价，土壤传播的蠕虫感染、血吸虫病的流行病学与防控研究	59	1.3	100	29	83	8.3	80	14	90	0.2	100	1.7	100	0.6	100	0.1	100	0.7	100	0.8	100	—	—	0.7	100
	211	关于碳青霉烯酶的全球传播及其引起的疾病的检测和治疗方案的研究	116	4.5	29	38	47	4.8	67	5.1	88	—	—	10	67	6.2	81	—	—	0.7	100	—	—	0.1	100	—	—

续表

研究大类	研究领域ID	研究领域名称	核心论文数/篇	中国		美国		德国		英国		日本		法国		澳大利亚		韩国		印度		巴西		俄罗斯		南非	
				S	A	S	A	S	A	S	A	S	A	S	A	S	A	S	A	S	A	S	A	S	A	S	A
医学	212	心力衰竭和肺动脉高压的治疗药物的研究及其手术治疗	71	1.1	100	50	75	7.6	96	6.4	100	0.3	100	6.3	95	0.5	100	0.1	100	0.4	100	0.5	100	0.4	100	0.1	100
	213	肿瘤细胞免疫原性死亡和自噬在肿瘤治疗或肿瘤生长中的作用	81	2.2	75	46	42	4.1	92	2.1	89	1.4	67	18	59	2.4	100	—	—	—	—	0	100	0	100	—	—
	214	H7N9、H5N1、H1N1 流感的流行病学与防控策略研究，以及 HIV—1 包膜三聚体的结构与免疫识别	155	14	35	66	62	1.5	92	3.9	94	1.5	100	1.6	75	0.8	100	—	—	0	100	0.1	100	—	—	1	83
	222	肿瘤的基因突变与精准治疗研究	334	1.5	56	56	60	7	90	8	93	1.1	86	3.5	97	3.5	94	0.1	100	0.1	100	0.1	100	0.4	100	0.1	100
	225	心血管疾病的精准介入治疗和精准药物治疗研究	433	0.4	100	33	75	13	81	6.6	93	1.1	95	6.5	88	1.9	95	2.2	74	0.4	100	0.5	100	0.1	100	0	100
	227	应对病原体的天然免疫反应与细胞死亡机制，肠道菌群与免疫，单核-巨噬细胞起源及发育分化的特征与分子调控	472	1.5	73	48	53	5.5	87	8.1	80	2.3	90	5.6	83	2.8	94	0.5	89	0	100	0.3	100	0	100	0	100
	229	线粒体功能缺陷、Parkin 蛋白与阿尔茨海默病、帕金森病等神经系统疾病的发病机理研究	387	3	70	57	53	4	90	11	83	2.6	83	2	93	4.4	83	0.8	86	—	—	0.3	75	0.1	100	0.1	100
	231	淋巴细胞白血病的基因突变与精准治疗研究	341	3.4	93	58	52	6.3	84	9.4	89	2	81	4.9	92	0.2	100	0	100	—	—	0.1	100	0.1	100	—	—
	232	微小 RNA 和特殊基因序列作为诊断的标志物及其与疾病关系的研究	442	10	44	51	45	6.9	78	5.2	82	5.6	43	2	71	1.8	80	0.1	100	0	100	0	100	0.1	100	—	—
工程科学	5	纳米流体	25	—	—	7.2	50	—	—	—	—	—	—	8.7	67	0.8	100	8	0	8	0	—	—	—	—	—	—

续表

研究大类	研究领域ID	研究领域名称	核心论文数/篇	中国		美国		德国		英国		日本		法国		澳大利亚		韩国		印度		巴西		俄罗斯		南非	
				S	A	S	A	S	A	S	A	S	A	S	A	S	A	S	A	S	A	S	A	S	A	S	A
工程科学	39	有机朗肯循环	37	30	0	5.4	0	2.7	0	—	—	—	—	—	—	0.5	100	—	—	2.2	100	—	—	—	—	—	—
	93	低碳供应链的设计、管理、优化及评价	79	12	69	20	56	6.5	33	7.1	63	1.1	100	1.3	0	2.4	67	—	—	1.3	100	0.8	100	—	—	—	—
	94	生物燃料的燃烧性能、排放特性及其化学动力学研究	77	14	47	28	71	6.4	100	3.8	25	0.6	100	4.4	89	—	—	0.4	100	3.5	33	—	—	0.2	100	0.4	100
	97	Cu-水纳米流体强化传热	111	12	20	9.7	97	—	—	0.2	100	—	—	0.9	0	1.9	33	—	—	2	33	—	—	0.9	100	1.7	100
	99	绿色屋顶、节能建筑等城市环境舒适性设计方案研究	49	0.7	100	11	17	1.3	100	3.1	50	—	—	8.8	20	4.1	0	8.2	0	4.1	0	—	—	—	—	—	—
	109	智能电网与微电网	112	5.9	82	16	43	1.1	50	1.9	75	2.7	25	0.9	0	2.9	60	2.4	25	1.9	75	—	—	—	—	0.2	100
	122	流固耦合问题及其求解	113	3.4	91	40	68	13	91	5.8	100	6.1	100	1.1	67	1.3	67	2	100	1.3	75	—	—	0.2	100	—	—
	132	电阻式随机存取记忆体RRAM	30	3.3	0	50	32	3.3	0	6.7	0	6	67	—	—	2.2	100	9.3	33	—	—	—	—	—	—	—	—
	140	剪切变形理论	86	7.6	29	4.4	40	—	—	1.9	100	—	—	—	—	2.6	100	0.7	100	1.2	0	—	—	—	—	—	—
	149	图像和三维模型检索	89	53	76	10	75	0.4	100	4.6	92	—	—	5.3	67	11	91	0.6	100	—	—	—	—	—	—	—	—
	157	最大功率点跟踪	41	3.1	50	16	14	2.8	50	8.5	50	2.8	100	2.4	0	—	—	2.4	0	2.9	50	2.4	0	—	—	—	—
	216	人工神经网络理论及其应用	452	68	48	7.3	75	2.5	92	3.7	98	—	—	0.6	50	3.9	100	3.2	53	0.6	100	—	—	0	100	—	—
数学	51	几类分数阶微分方程解的研究	63	16	63	8.7	29	3.2	0	—	—	2.4	50	—	—	9	57	—	—	—	—	—	—	—	—	1.6	100
	85	度量空间中的不动点定理	135	0.2	100	3.2	91	—	—	—	—	—	—	0.4	100	—	—	1.8	100	4.5	67	—	—	—	—	0.3	100
	114	几类偏微分方程解的适定性研究	133	21	44	12	72	13	54	1.1	100	2.8	25	2.2	100	—	—	1.8	33	—	—	3	0	—	—	—	—
	185	几类分数微分方程边值问题	119	33	49	18	43	—	—	0.3	100	—	—	1.7	0	1.3	100	2.1	100	2.5	80	1.3	100	—	—	—	—
	196	高维稀疏矩阵处理算法研究及其在图像处理和信号重构等方面的应用	133	9.9	55	58	33	5.9	67	2.4	67	—	—	8.3	47	—	—	0.3	100	—	—	0.4	100	—	—	—	—

研究大类	研究领域ID	研究领域名称	核心论文数/篇	中国		美国		德国		英国		日本		法国		澳大利亚		韩国		印度		巴西		俄罗斯		南非	
				S	A	S	A	S	A	S	A	S	A	S	A	S	A	S	A	S	A	S	A	S	A	S	A
计算机科学	53	犹豫模糊集理论及其在决策中的应用	161	60	17	0.8	100	—	—	2.2	100	—	—	—	—	—	—	0.5	100	0.6	0	0.6	0	—	—	—	—
	100	几种仿生优化算法的研究与应用	96	20	50	4.2	100	—	—	9.1	80	—	—	—	—	3.5	50	—	—	11	38	—	—	—	—	—	—
	120	认知无线电网络	34	21	70	10	86	0.7	100	3.7	100	—	—	2.2	100	3.9	50	5.2	50	5.9	0	0.7	100	—	—	—	—
	198	新一代蜂窝无线网路	230	13	83	38	53	4.6	79	4	95	0.8	75	4	92	2.7	73	3.7	83	0.4	100	0.1	100	—	—	—	—
社会科学	59	应对气候变化的适应能力与区域经济产业弹性和可持续发展	49	—	—	15	40	4.7	50	26	38	—	—	—	—	5.5	80	—	—	2	0	—	—	—	—	0.1	100
	110	性别差异在认知、管理、决策方面的表现	42	4	100	37	20	—	—	4.2	67	—	—	—	—	—	—	—	—	0.6	100	—	—	—	—	—	—
经济学	44	主权信用风险等金融危机与政府经济刺激政策	32	3.1	0	61	19	15	43	12	86	—	—	0.2	100	—	—	—	—	—	—	—	—	—	—	—	—
	69	油价、非能源商品价格、能源消费、污染物排放、股票收益、经济增长等因素之间的因果关系	90	8.7	30	21	69	1.1	100	1.5	100	1.4	50	3.9	83	15	44	—	—	0.7	100	0.6	100	—	—	0.8	100
食品科学	66	植物多酚与人类健康	39	16	43	24	58	1.4	100	16	75	0.9	100	2.9	50	0.3	100	—	—	2.6	0	—	—	—	—	—	—
	102	高附加值产品的提取方法与技术	18	21	25	2.3	100	—	—	—	—	—	—	20	50	1.9	100	—	—	17	0	—	—	—	—	—	—
空间科学	172	基于“开普勒”任务等对系外行星及其母恒星的探测研究	90	0.2	100	70	66	2.3	100	4.2	95	1	100	5.5	100	1.8	100	0.2	100	0.3	100	—	—	0.2	100	—	—

① S：核心论文份额（%）；A：国际合著率（%）

② 核心论文份额（非美国）：粉色为无；蓝色为 0%；绿色为（0，1%）；黄色为［1%，3%）；橙色为［3%，7%）；紫色为［7%，12%）；红色为［12%，100%）

③ 核心论文份额（美国）：粉色为无；蓝色为 0%；绿色为（0，20%）；黄色为［20%，40%）；橙色为［40%，60%）；紫色为［60%，80%）；红色为［80%，100%）

④ 国际合著率：粉色为无；蓝色为 0；绿色为（0，20%）；黄色为［20%，50%）；橙色为［50%，80%）；紫色为［80%，100%）；红色为 100%

附录 5 资助论文在科学结构图谱 2010~2015 中的分布

研究大类	研究领域 ID	研究领域名称	核心论文数 / 篇	国家政府资助论文数量 / 篇												资助机构资助论文数量 / 篇								国家在研究领域发表的论文数量 / 篇											
				美国	中国	德国	英国	日本	法国	澳大利亚	韩国	印度	巴西	俄罗斯	南非	NSF	NIH	NSFC	973 计划	DFG	RCUK	JSPS	JST	美国	中国	德国	英国	日本	法国	澳大利亚	韩国	印度	巴西	俄罗斯	南非
粒子物理与宇宙学	2	中微子振荡及中微子天文学研究	54	27	5	13	12	13	6	—	7	—	6	7	—	18	—	5	—	13	12	7	—	30	8	22	12	15	10	—	7	—	7	14	—
	45	基于“斯隆数字巡天”（SDSS）等对星系结构和演化的研究	14	10	2	10	5	2	1	—	1	—	3	—	—	9	—	1	1	5	3	—	—	11	1	9	7	—	3	1	—	—	1	—	—
	101	中子星周围的强场物理规律及引力波探测研究	101	62	3	30	15	11	1	4	3	4	1	—	—	34	—	3	—	19	11	9	—	77	9	44	18	19	17	6	6	6	3	6	2
	159	基于“普朗克”（Planck）任务等对宇宙微波背景辐射和暗能量的研究	89	63	4	34	28	8	24	3	4	—	—	—	1	38	—	2	2	7	24	2	—	82	11	61	63	14	44	12	4	29	3	31	34
	204	量子色动力学 (QCD) 和重离子碰撞实验研究	143	87	28	44	27	24	29	5	19	21	28	25	15	47	—	25	—	23	27	13	—	95	30	51	31	30	36	6	22	30	30	27	17
	208	高红移值星系及恒星形成和演化研究	179	123	13	47	54	12	29	4	4	1	2	—	3	69	—	3	2	23	40	4	—	152	12	90	90	21	64	20	2	2	2	—	12
	219	标准模型和希格斯玻色子研究	409	207	55	101	80	35	56	22	24	24	41	43	14	133	1	52	3	76	77	24	—	239	66	147	102	39	100	27	36	36	44	52	15
凝聚态物理	11	磁性斯格明子的特性及磁性绝缘体的自旋塞贝克效应	80	26	6	14	4	24	8	—	6	—	2	—	—	20	—	5	1	13	4	8	8	32	8	16	1	27	12	—	7	—	3	2	—
	118	硅基光电子器件	17	2	1	1	3	—	—	—	1	—	—	—	—	1	—	1	—	1	2	—	—	9	2	2	5	—	2	—	—	—	—	—	—
	134	铁基超导体和铜氧化物超导体	122	48	31	19	10	16	3	—	1	—	—	3	—	29	—	28	15	14	10	13	3	63	34	38	18	25	18	—	2	1	—	3	—
	228	量子计算与拓扑绝缘体	678	391	88	83	44	59	14	20	4	6	2	1	—	252	4	76	34	65	42	38	9	410	106	136	56	70	49	27	11	12	2	11	1

研究大类	研究领域ID	研究领域名称	核心论文数/篇	国家政府资助论文数量/篇												资助机构资助论文数量/篇								国家在研究领域发表的论文数量/篇											
				美国	中国	德国	英国	日本	法国	澳大利亚	韩国	印度	巴西	俄罗斯	南非	NSF	NIH	NSFC	973计划	DFG	RCUK	JSPS	JST	美国	中国	德国	英国	日本	法国	澳大利亚	韩国	印度	巴西	俄罗斯	南非
理论物理	71	自驱动粒子的集体运动、自驱动微纳米马达和自驱动催化微引擎	72	25	4	10	9	3	1	1	—	—	—	—	—	23	3	1	—	9	8	1	—	36	4	19	17	4	13	2	—	2	1	—	—
	190	复杂网络的动力学研究	104	17	31	7	5	1	—	—	2	—	1	1	—	10	2	30	3	7	5	1	—	33	42	9	11	2	2	1	2	2	1	1	—
量子物理	127	量子关联	59	7	7	6	11	—	—	3	7	2	8	—	—	4	—	7	2	3	10	—	—	8	10	14	21	1	3	3	1	1	11	1	—
光学	75	阿秒脉冲探测和磁性薄膜的超快动力学	37	16	—	12	6	—	7	—	1	—	—	2	—	4	—	—	—	12	6	—	—	17	—	23	6	4	11	—	1	—	—	3	—
纳米科技	1	胶体量子点太阳能电池	20	16	2	—	—	—	—	—	—	—	—	—	—	13	1	—	—	—	—	—	—	18	5	—	—	—	—	—	—	—	—	—	—
	4	锂离子电池磷酸铁锂正极材料改性研究	29	3	11	—	—	2	—	2	5	—	—	—	—	—	—	6	2	—	—	1	—	8	12	—	—	4	—	3	5	—	—	—	—
	7	贵金属纳米催化剂及其在燃料电池中的应用	72	41	16	7	1	2	—	—	5	—	—	—	—	18	—	9	1	7	1	2	—	46	19	12	1	4	—	—	6	—	—	—	—
	10	锂空气电池性能研究	54	16	3	—	7	—	—	1	5	—	1	—	—	7	—	2	1	—	7	—	—	32	4	3	7	2	2	1	5	—	—	—	—
	16	量子点敏化太阳能电池研究	40	4	14	1	—	1	1	1	2	—	—	—	—	—	—	14	4	—	—	—	1	5	16	3	1	4	2	1	4	1	—	—	—
	22	纳米结构热电材料研究	43	36	6	—	—	—	—	—	—	—	—	—	—	11	1	4	4	—	—	—	—	41	8	1	2	1	2	—	—	1	—	1	—
	25	锂离子电池电极材料	23	2	17	—	—	—	—	1	1	—	—	—	—	1	—	15	3	—	—	—	—	4	20	—	—	1	—	1	1	—	—	—	—
	26	石墨烯和碳量子点的制备及其应用	54	6	41	1	—	—	—	—	3	3	—	—	—	4	—	41	15	1	—	—	—	6	41	1	1	2	—	1	3	5	—	—	1
	27	超级电容器及锂离子电池材料	24	1	10	—	—	2	—	3	1	—	—	—	—	1	—	10	2	—	—	1	—	2	17	—	—	5	—	6	4	—	—	1	—

续表

研究大类	研究领域ID	研究领域名称	核心论文数/篇	国家政府资助论文数量/篇												资助机构资助论文数量/篇								国家在研究领域发表的论文数量/篇											
				美国	中国	德国	英国	日本	法国	澳大利亚	韩国	印度	巴西	俄罗斯	南非	NSF	NIH	NSFC	973计划	DFG	RCUK	JSPS	JST	美国	中国	德国	英国	日本	法国	澳大利亚	韩国	印度	巴西	俄罗斯	南非
纳米科技	43	介孔二氧化硅纳米粒在可控药物释放和细胞成像中的应用	33	11	12	—	—	—	—	—	3	—	—	—	—	7	3	12	6	—	—	—	—	12	15	—	—	—	—	—	3	—	—	—	—
	49	金银纳米簇的制备、性质表征及其在生物医学领域的应用	48	22	13	3	—	2	—	—	1	—	—	—	—	5	3	13	7	3	—	1	—	29	15	3	—	4	—	—	1	—	—	—	—
	56	石墨烯-金属纳米复合材料的合成及电催化性能和应用研究	23	—	14	—	—	1	—	—	1	—	—	—	—	—	—	14	2	—	—	1	—	1	14	—	—	2	—	—	5	1	—	—	—
	57	石墨烯氧化物及石墨烯基磁性纳米复合材料的制备及其在水处理领域的应用	65	4	49	—	—	—	—	—	1	2	—	—	—	2	1	45	14	—	—	—	—	4	56	—	—	4	1	—	2	2	—	—	—
	65	纳米材料毒理学及安全性评估	14	5	—	1	—	—	—	—	—	—	—	—	—	2	3	—	—	1	—	—	—	7	1	3	2	—	—	—	—	—	—	—	—
	67	钙钛矿太阳能电池研究	179	35	25	6	30	8	2	3	15	2	—	—	—	20	1	18	10	4	30	1	7	46	26	12	35	13	3	6	20	2	—	—	—
	68	二维材料电子器件	15	8	3	2	2	—	—	—	1	—	—	—	—	4	—	2	1	1	2	—	—	13	4	3	1	—	—	—	1	2	—	—	—
	78	纳米孔对DNA性能的影响、DNA辅助生成的等离子体手性纳米结构研究	61	41	5	8	6	2	1	—	1	—	—	—	—	23	28	5	3	7	4	—	1	45	4	9	5	2	1	—	2	—	—	—	—
	82	纳米医药和影响导航的药物输送	35	13	—	—	—	—	1	—	4	1	—	—	—	2	12	—	—	—	—	—	—	16	—	4	—	—	8	—	5	1	—	—	—
	98	N掺杂的碳基复合物催化的氧化还原反应、金属氧化物及硫化物/石墨烯基纳米复合结构在锂离子电池正极材料中的应用	20	4	7	2	—	—	—	3	1	1	—	—	—	3	—	7	3	1	—	—	—	7	10	3	—	—	—	4	1	1	—	—	—

续表

研究大类	研究领域ID	研究领域名称	核心论文数/篇	国家政府资助论文数量/篇												资助机构资助论文数量/篇								国家在研究领域发表的论文数量/篇											
				美国	中国	德国	英国	日本	法国	澳大利亚	韩国	印度	巴西	俄罗斯	南非	NSF	NIH	NSFC	973计划	DFG	RCUK	JSPS	JST	美国	中国	德国	英国	日本	法国	澳大利亚	韩国	印度	巴西	俄罗斯	南非
纳米科技	125	锂离子电池金属氧化物负极材料	32	3	21	—	1	—	—	—	2	—	—	—	—	1	—	20	2	—	1	—	—	7	21	—	2	1	—	4	2	—	—	—	—
	136	单晶、多晶及大面积石墨烯的制备、表征及应用研究	94	62	14	6	5	1	1	—	10	—	—	—	—	36	3	14	8	5	4	—	1	66	16	7	5	3	5	1	13	—	—	—	1
	139	锂离子电池、超级电容器及镁电池	92	12	41	1	—	1	—	1	7	1	—	—	—	3	—	39	7	—	—	—	1	23	53	4	1	3	2	2	7	2	—	—	1
	145	高性能锂硫电池研究	117	33	46	2	—	2	—	—	4	—	—	—	—	9	—	33	15	—	—	—	1	53	47	12	3	2	1	7	5	—	—	—	—
	156	纳米材料的环境行为和生物毒性研究	97	40	2	10	4	2	1	4	—	—	—	—	—	23	6	1	—	6	4	—	—	49	4	11	9	1	10	6	3	—	—	—	—
	173	含二氧化钛的染料敏化太阳能电池	18	—	12	—	—	—	—	3	1	—	—	—	—	—	—	11	3	—	—	—	—	2	13	—	—	—	—	3	1	—	—	—	—
	179	染料敏化太阳能电池高效电极制备和染料敏化剂研究	62	3	39	2	—	—	—	1	3	—	—	—	—	2	—	33	21	—	—	—	—	2	40	2	—	6	—	1	1	1	—	—	—
	180	压电/摩擦电纳米发电机及压力传感器技术研究	88	57	37	2	1	2	—	1	3	—	—	—	—	36	2	15	2	2	1	—	1	73	49	1	1	2	—	2	10	—	—	—	—
	188	二维材料的制备及其在光电器件中应用	270	131	66	3	21	5	1	1	16	2	1	—	—	94	3	61	31	2	18	3	2	146	85	12	24	19	7	3	20	7	2	5	—
	191	石墨烯的电子学研究及其在储能器件中的应用	34	27	2	—	4	2	—	—	3	—	—	—	—	15	—	1	1	—	3	—	—	26	3	—	4	4	—	—	3	—	—	2	—
	199	纳米抗癌药物、细胞穿透肽作为药物载体和成像探针在医学领域的应用	52	18	10	2	—	1	—	—	2	—	—	—	—	2	16	10	9	—	—	—	—	25	11	6	3	2	2	—	3	—	—	—	—

续表

研究大类	研究领域ID	研究领域名称	核心论文数/篇	国家政府资助论文数量/篇												资助机构资助论文数量/篇								国家在研究领域发表的论文数量/篇											
				美国	中国	德国	英国	日本	法国	澳大利亚	韩国	印度	巴西	俄罗斯	南非	NSF	NIH	NSFC	973计划	DFG	RCUK	JSPS	JST	美国	中国	德国	英国	日本	法国	澳大利亚	韩国	印度	巴西	俄罗斯	南非
纳米科技	200	氧化石墨烯薄膜在吸附、分离领域的应用；缺陷探测方法及力学性质研究	43	22	9	1	4	—	—	1	3	—	3	—	—	15	2	8	3	1	2	—	—	23	10	3	4	—	1	1	3	—	3	—	—
	201	锂离子电池、钠离子电池正极材料制备及性能研究	285	67	120	9	2	8	1	14	23	3	—	—	—	29	—	101	49	1	2	5	—	91	140	14	6	12	10	18	25	3	—	—	—
	202	功能化的石墨烯及其氧化物、荧光纳米粒子在生物成像和药物释放中的应用研究	97	7	65	—	—	1	6	—	4	1	—	—	—	3	2	59	43	—	—	—	1	9	68	—	—	1	—	1	4	1	—	—	—
	210	可控性超材料及等离子体低聚物研究	102	40	20	11	10	3	1	5	2	—	—	1	—	25	1	19	9	11	9	3	—	52	26	18	11	3	5	5	3	—	—	1	—
	215	等离子体纳米结构的光学性质及其应用研究	186	90	37	14	8	8	1	4	4	—	—	3	—	52	1	34	18	10	7	2	2	104	53	19	11	11	5	5	4	—	—	5	—
	218	聚合物太阳能电池、有机场效应晶体管研究	290	116	81	17	21	11	1	6	14	2	—	—	—	57	2	78	29	10	20	4	3	134	88	25	27	16	3	9	20	3	—	—	—
	223	纳米光电催化剂的制备及其在水氧化、水分解中的应用	293	124	66	15	4	7	5	14	9	—	—	1	—	57	19	59	32	5	4	2	1	156	81	26	5	8	9	14	10	—	—	1	—
	224	超级电容器纳米电极材料、超疏水/超亲水材料	225	32	118	3	—	—	2	3	11	1	—	—	—	20	—	106	29	2	—	—	—	51	139	4	5	1	4	6	11	1	—	—	—
合成与应用化学	9	金属玻璃性质研究	13	6	4	1	—	1	—	—	—	—	—	—	—	6	—	4	4	1	—	1	—	6	4	3	—	1	1	—	—	—	—	—	—
	13	二氧化碳与环氧化物的共聚反应及催化剂研究	32	4	2	1	3	3	2	—	—	—	—	—	—	4	—	2	2	—	3	3	—	5	3	4	7	4	2	—	—	—	—	—	—
	19	高效有机发光二极管研究	46	1	11	2	1	16	—	—	2	—	—	—	—	1	—	11	4	1	1	4	1	2	12	2	1	19	—	1	10	1	—	—	—
	23	密度泛函理论与耦合簇方法研究及应用	51	17	—	12	7	—	1	1	—	—	—	—	—	11	—	—	—	6	6	—	—	17	—	26	8	—	3	1	—	—	—	—	—

续表

研究大类	研究领域ID	研究领域名称	核心论文数/篇	国家政府资助论文数量/篇												资助机构资助论文数量/篇								国家在研究领域发表的论文数量/篇											
				美国	中国	德国	英国	日本	法国	澳大利亚	韩国	印度	巴西	俄罗斯	南非	NSF	NIH	NSFC	973计划	DFG	RCUK	JSPS	JST	美国	中国	德国	英国	日本	法国	澳大利亚	韩国	印度	巴西	俄罗斯	南非
合成与应用化学	34	过渡金属催化的碳氢键活化直接官能团化研究	12	3	6	2	2	—	—	—	—	—	—	—	—	2	2	3	—	1	1	—	—	3	4	1	2	—	—	—	—	—	—	—	—
	41	生物质的催化转化	49	15	6	1	—	2	—	—	—	—	—	—	—	3	—	6	1	1	—	2	—	19	6	5	2	2	1	1	—	—	—	—	—
	42	石墨相碳氮化合物及其复合物的制备及在光催化反应中的应用	57	1	49	2	—	1	—	1	1	—	—	—	—	—	—	49	29	—	—	—	—	6	52	8	1	3	—	2	1	—	—	—	—
	46	金配合物催化的环化反应	44	8	8	5	2	—	4	—	1	—	—	—	—	5	7	6	2	2	2	—	—	9	7	12	2	—	6	—	1	—	—	—	—
	74	有机金属配合物（杂环卡宾过渡金属配合物）的合成及在抗癌药物和催化反应中的应用	37	6	1	7	3	2	—	—	—	—	—	1	—	4	4	1	—	7	3	2	—	7	1	15	4	1	3	—	—	1	—	1	—
	124	纸基微流体功能器件及纤维素纳米材料研究	47	18	4	—	2	3	—	3	1	—	—	—	—	7	11	3	—	—	2	3	—	25	5	1	3	4	2	4	1	—	2	—	—
	160	金属有机框架材料	24	14	5	1	3	1	1	1	—	—	—	—	—	8	—	5	1	1	2	1	—	15	6	2	3	1	3	2	—	—	—	2	—
	175	单分子磁体的磁性研究	82	16	21	9	15	4	4	1	—	1	—	—	—	14	—	21	13	9	13	3	—	18	23	15	15	5	17	2	—	1	—	—	—
	192	碱性燃料电池（燃料电池）	40	8	13	1	4	2	1	—	1	2	1	—	—	1	—	13	5	—	4	—	—	13	18	2	5	2	1	—	2	1	1	—	1
	194	包含嵌段共聚物的材料制备及其在生物医学领域的应用	25	11	3	—	—	—	1	1	1	—	—	—	—	8	—	3	—	—	—	—	—	14	4	—	—	—	2	1	1	1	—	—	—
	220	柱芳烃的合成、功能化及应用（超分子聚合物）、自治愈聚合物及超分子凝胶研究	179	31	77	11	12	11	1	1	9	4	—	—	—	25	8	76	39	9	12	5	5	46	81	15	22	15	2	2	10	5	—	—	—

续表

研究大类	研究领域ID	研究领域名称	核心论文数/篇	国家政府资助论文数量/篇												资助机构资助论文数量/篇								国家在研究领域发表的论文数量/篇											
				美国	中国	德国	英国	日本	法国	澳大利亚	韩国	印度	巴西	俄罗斯	南非	NSF	NIH	NSFC	973计划	DFG	RCUK	JSPS	JST	美国	中国	德国	英国	日本	法国	澳大利亚	韩国	印度	巴西	俄罗斯	南非
合成与应用化学	221	金属催化的有机合成反应	535	106	175	52	4	38	11	—	7	8	—	1	—	50	69	154	82	39	4	15	6	145	180	86	13	42	13	—	17	10	—	1	—
	230	多孔框架材料制备的分子器件及其应用	499	98	154	26	33	27	3	7	34	13	1	—	1	42	24	141	55	21	28	14	9	147	186	52	40	35	10	10	43	15	—	2	2
地球科学	37	东日本及智利地震中同震滑动的研究	37	10	—	1	1	10	1	—	—	—	—	—	—	10	—	—	—	1	1	3	—	19	2	5	3	19	4	2	2	—	—	—	—
	84	地球系统在第四纪不同时期的气候敏感性研究	33	13	1	5	8	2	1	4	—	—	—	2	—	12	—	—	—	5	8	1	—	22	5	11	17	4	5	10	1	—	—	3	—
	96	地球早期海洋氧化事件与动物进化的关系	45	30	5	8	3	1	1	2	1	—	—	2	—	27	5	4	1	7	3	—	—	37	8	13	10	3	5	8	—	1	—	2	2
	166	月球和火星地质学及陨石研究	49	41	1	2	5	1	6	2	—	—	—	—	—	10	—	1	—	1	3	1	—	46	2	4	12	3	15	6	—	—	—	2	—
	206	前寒武纪时期华北地区克拉通化	201	24	119	8	6	1	2	16	—	2	—	3	1	24	—	105	36	6	6	1	—	56	136	15	29	23	18	45	1	3	—	10	5
	178	大气气溶胶的来源、形成、种类、理化性质及模型研究	105	66	2	10	25	3	1	—	1	—	—	4	—	51	2	1	1	5	22	1	1	82	5	31	32	5	8	2	—	1	2	5	—
	205	基于全球表面建模、遥感和卫星监测的气象模拟及预测研究	49	21	5	2	3	7	2	5	3	—	1	—	—	5	—	5	3	2	3	—	—	30	12	7	8	4	10	7	3	1	1	—	—
	217	全球气候年代际变化的影响观测、模拟及预测研究	331	182	21	19	30	20	14	22	1	—	—	2	—	119	2	15	14	8	29	1	—	247	28	77	114	39	61	45	8	2	3	7	2
生态学	24	气候变化对作物生长、产量的影响	21	4	—	2	2	—	—	1	—	—	—	—	—	1	—	—	—	1	1	—	—	9	3	13	4	—	10	3	—	2	1	—	—
	47	有关物种发生、分布和扩散的模型研究	34	12	—	4	1	—	1	7	—	—	—	—	—	11	1	—	—	4	1	—	—	21	—	5	4	—	8	9	—	—	—	—	1

续表

研究大类	研究领域ID	研究领域名称	核心论文数/篇	国家政府资助论文数量/篇												资助机构资助论文数量/篇								国家在研究领域发表的论文数量/篇											
				美国	中国	德国	英国	日本	法国	澳大利亚	韩国	印度	巴西	俄罗斯	南非	NSF	NIH	NSFC	973计划	DFG	RCUK	JSPS	JST	美国	中国	德国	英国	日本	法国	澳大利亚	韩国	印度	巴西	俄罗斯	南非
生态学	58	物种入侵对本地物种、群落、生态系统的生态影响	17	1	—	4	3	—	—	—	4	4	—	—	1	1	—	—	—	4	3	—	—	6	—	8	6	—	3	3	—	—	—	—	6
	60	生物炭对土壤有机质、微生物群落、功能性状的影响及生物炭的利用	62	15	9	3	4	—	1	2	3	1	—	—	—	13	—	5	—	2	4	—	—	22	15	5	9	—	2	12	4	3	1	1	—
	86	生物进化过程中的物种分化、系统发育多样性研究	66	37	2	1	5	—	4	3	—	—	3	—	1	36	1	1	—	1	4	—	—	47	2	4	10	2	7	8	—	—	7	1	1
	87	极端干旱事件诱导树木死亡的机制研究	38	13	3	2	7	—	—	4	—	—	3	—	—	8	—	1	1	2	7	—	—	17	5	5	11	—	6	8	—	—	8	—	—
	105	人类活动和气候变化引起的水生态系统健康问题研究	59	13	4	2	—	—	1	3	1	—	2	—	—	11	2	2	—	1	—	—	—	41	8	7	2	—	7	9	2	—	2	—	—
	106	海水酸化对海洋生物的影响	20	4	—	5	2	—	1	5	—	—	—	—	—	4	—	—	—	3	2	—	—	8	—	7	3	—	1	8	—	—	—	—	—
	130	农牧系统、土地利用等人类活动的不同选择方式对生态系统稳定性的影响	40	9	—	—	6	—	—	3	—	—	3	—	—	9	1	—	—	—	5	—	—	20	1	6	16	2	11	12	1	3	6	1	5
	144	环境和系统发育对植物功能性状、动物行为差异及生物多样性的影响	81	29	—	10	9	—	3	9	—	—	2	—	—	29	1	—	—	5	8	—	—	43	1	20	22	1	15	19	—	—	3	1	1
	165	全球生态系统服务的量化、评估、支付及市场化	96	7	—	5	4	1	—	3	—	—	1	—	—	5	—	—	—	1	3	—	—	40	1	18	25	—	3	17	—	—	6	—	1
	168	全球尺度上不同生态系统的碳循环研究	67	38	1	8	4	1	4	5	—	—	3	—	—	24	—	1	—	7	4	—	—	51	3	29	22	13	19	16	1	2	7	1	3

续表

研究大类	研究领域ID	研究领域名称	核心论文数/篇	国家政府资助论文数量/篇												资助机构资助论文数量/篇								国家在研究领域发表的论文数量/篇											
				美国	中国	德国	英国	日本	法国	澳大利亚	韩国	印度	巴西	俄罗斯	南非	NSF	NIH	NSFC	973计划	DFG	RCUK	JSPS	JST	美国	中国	德国	英国	日本	法国	澳大利亚	韩国	印度	巴西	俄罗斯	南非
生态学	169	利用陆地卫星数据评估全球土地覆盖变化	33	8	5	1	1	—	—	—	—	—	—	—	—	—	—	3	4	1	1	—	—	21	5	8	6	—	3	3	—	1	1	2	1
	184	气候变化背景下全球水资源对粮食安全、生物多样性和农业可持续发展的影响	45	8	2	11	3	7	—	—	—	—	—	—	—	5	—	—	1	4	3	2	—	24	5	24	15	10	3	2	—	1	—	—	—
环境科学	73	可持续生物能源发展与土地利用的关系及其影响	33	8	1	1	—	—	—	—	1	—	—	—	—	3	—	1	—	—	—	—	—	13	3	2	2	—	1	—	1	—	—	—	1
	76	邻苯二甲酸酯、双酚类似物等有毒化学品的发生分布、生物监测、膳食暴露及对公共健康的影响	60	19	3	—	2	—	3	—	—	—	—	—	—	—	18	3	1	—	1	—	—	37	4	10	4	—	3	—	3	—	1	—	—
	112	全球经济一体化对碳足迹、水足迹和潜在温室气体排放的影响	38	1	9	—	1	1	—	2	—	—	—	—	—	—	—	9	2	—	1	—	—	11	13	3	7	4	2	7	—	—	—	—	1
	133	城市污水中的抗生素可能引发的人类健康和环境风险	45	8	10	—	2	—	—	—	—	—	—	—	—	3	3	9	—	—	2	—	—	16	11	2	3	—	4	2	—	—	—	—	—
	162	全球历史上人类活动对全球汞循环的影响	46	15	10	—	1	—	1	1	—	—	—	2	—	10	3	9	5	—	1	—	—	25	13	1	4	1	3	8	—	2	2	4	1
生物学	3	微藻水热液化处理制备生物燃料	56	12	3	1	4	—	1	3	1	—	—	—	—	6	—	2	1	—	4	—	—	21	4	1	7	—	1	5	1	1	1	—	1
	6	现代人的起源研究	26	13	1	7	8	—	—	2	—	—	—	1	—	10	9	—	1	3	8	—	—	17	7	14	11	—	7	5	—	1	—	8	1
	8	微生物产电机制研究	21	9	3	4	1	2	—	1	—	—	—	—	—	1	—	3	1	2	1	2	1	14	4	2	1	3	—	1	—	—	—	—	—
	15	器官芯片及组织工程	24	15	1	—	1	1	—	1	2	—	—	—	—	6	15	—	—	—	1	1	—	19	—	2	2	1	1	2	2	—	—	—	—

续表

研究大类	研究领域ID	研究领域名称	核心论文数/篇	国家政府资助论文数量/篇												资助机构资助论文数量/篇								国家在研究领域发表的论文数量/篇											
				美国	中国	德国	英国	日本	法国	澳大利亚	韩国	印度	巴西	俄罗斯	南非	NSF	NIH	NSFC	973计划	DFG	RCUK	JSPS	JST	美国	中国	德国	英国	日本	法国	澳大利亚	韩国	印度	巴西	俄罗斯	南非
生物学	20	蛋白质结构与功能预测	33	3	19	—	—	—	—	—	—	1	—	—	—	—	3	18	1	—	—	—	—	20	20	1	2	—	—	1	—	1	—	—	—
	21	生物节律与疾病关系	34	23	—	1	4	2	1	1	—	—	—	—	—	1	21	—	—	—	4	2	—	22	—	2	8	—	2	1	—	—	—	—	—
	35	细胞壁生物合成调控机制	50	24	2	2	5	3	1	—	—	—	2	—	—	12	5	2	1	1	5	1	—	31	5	3	9	3	7	—	—	—	1	—	—
	50	小麦基因组多样性分析	29	9	5	8	5	1	3	3	—	—	—	—	—	4	—	3	3	3	4	—	—	14	9	13	9	2	5	9	—	1	—	—	—
	52	微生物群落多样性研究	19	11	2	—	—	—	—	1	—	—	—	—	—	9	2	2	—	—	—	—	—	11	4	—	1	—	—	1	—	—	—	—	1
	61	基因组测序技术	34	18	1	1	2	1	—	4	—	—	—	2	—	5	10	1	—	—	2	1	—	23	6	5	10	3	3	4	—	—	—	3	—
	62	遗传图谱的构建与应用	78	43	3	5	8	1	3	1	1	11	—	—	—	34	13	3	1	2	7	—	—	55	5	11	11	5	10	4	2	13	—	—	—
	70	T 细胞命运调控分子机制	53	48	—	3	2	—	—	1	—	—	—	—	—	2	48	—	—	2	2	—	—	50	1	2	3	1	1	1	—	—	—	1	—
	77	小 RNA 的鉴定与功能研究	66	22	19	1	2	1	3	—	2	1	—	—	—	12	9	13	6	—	2	—	—	33	22	1	5	1	5	1	—	1	—	—	—
	83	蛋白互作网络研究	20	9	1	1	3	—	—	—	—	—	—	—	—	1	8	—	—	—	2	—	—	9	1	1	6	—	2	1	—	2	—	—	—
	88	微生物代谢工程制备生物燃料及橡胶、药物等化学品	58	24	1	1	3	—	—	—	2	—	—	—	—	9	11	—	1	—	3	—	—	42	4	2	5	3	1	—	3	—	—	1	—
	111	蜜蜂健康影响研究	38	10	—	1	4	—	3	—	—	—	—	—	—	3	—	—	—	1	4	—	—	15	1	8	12	—	6	1	—	—	—	—	—
	117	G 蛋白耦合受体结构与功能研究	69	44	6	4	9	3	5	4	2	—	2	—	—	13	44	3	3	3	9	1	3	54	7	10	16	5	4	6	3	—	—	—	—
	119	长链非编码 RNA 的鉴定与功能研究	85	34	23	8	3	5	—	3	—	—	—	—	—	8	34	22	5	8	2	4	1	37	30	12	5	8	3	2	—	—	—	—	—
	142	癌症相关的信号转导通路	32	17	2	—	—	—	—	1	—	—	—	—	—	1	15	2	1	—	—	—	—	22	4	2	2	—	1	2	1	—	—	—	—
	146	植物生长调控分子机制	30	13	4	2	3	—	2	—	—	—	—	—	—	10	1	4	1	2	2	—	—	12	6	6	2	3	5	—	1	—	—	—	—
	153	细菌生物膜与感染研究	28	9	1	3	1	—	1	1	—	—	—	—	—	—	9	1	—	3	1	—	—	13	1	4	2	—	1	1	1	—	—	—	—
	158	TALEN、CRISPR/Cas 等基因组编辑技术	188	120	24	12	6	8	2	—	4	—	—	2	—	46	95	17	7	10	5	7	2	150	31	22	12	9	8	1	5	—	—	3	—
	163	蛋白质结构与功能	65	20	2	6	5	—	2	—	1	—	—	4	—	14	10	2	—	6	5	—	—	38	4	13	8	1	4	—	—	—	—	8	—

续表

研究大类	研究领域ID	研究领域名称	核心论文数/篇	国家政府资助论文数量/篇												资助机构资助论文数量/篇								国家在研究领域发表的论文数量/篇											
				美国	中国	德国	英国	日本	法国	澳大利亚	韩国	印度	巴西	俄罗斯	南非	NSF	NIH	NSFC	973计划	DFG	RCUK	JSPS	JST	美国	中国	德国	英国	日本	法国	澳大利亚	韩国	印度	巴西	俄罗斯	南非
生物学	174	草原生态系统与光合作用研究	58	17	2	5	7	2	3	9	1	—	1	—	—	11	2	1	1	5	6	—	—	33	5	10	15	4	7	19	—	2	2	—	9
	176	线粒体氧化胁迫与生物机体衰老关系研究	59	34	4	4	3	1	1	1	1	1	—	—	—	4	34	4	2	4	1	—	—	39	9	6	7	1	4	3	1	2	—	—	—
	182	基于分子动力学的生物分子结构研究	54	23	—	3	2	3	1	3	2	—	—	—	—	12	20	—	—	2	2	1	—	31	2	7	9	3	7	7	2	1	—	—	—
	197	全基因组选择育种	64	27	3	4	6	—	9	2	1	—	2	—	1	5	16	2	—	—	6	—	—	43	4	8	13	2	14	8	1	—	7	2	4
	226	植物激素信号转导通路	451	140	44	59	54	40	28	25	10	2	4	—	—	94	65	35	18	52	50	22	5	176	63	94	95	62	56	36	8	2	3	1	—
医学	12	多发性骨髓瘤药物联合治疗及基于患者基因组信息的精准治疗	66	13	—	4	4	2	—	—	—	—	—	—	—	—	13	—	—	2	2	1	1	37	4	12	17	6	14	4	1	—	1	2	—
	14	肿瘤中端粒酶逆转录酶（TERT）启动子的突变及其对预后的影响、胰腺神经内分泌肿瘤的基因突变与药物治疗	38	18	—	6	—	1	—	—	—	—	—	—	—	2	18	—	—	1	—	—	—	24	1	15	8	2	6	1	1	—	2	3	—
	17	电子烟的使用与效果	64	22	—	—	1	—	1	1	—	—	—	—	—	—	21	—	—	—	—	—	—	51	—	2	9	—	—	3	1	—	—	—	—
	18	抗IL—5单抗1类药物治疗嗜酸性粒细胞性哮喘的临床研究	23	5	—	—	1	—	—	2	—	—	1	—	—	—	5	—	—	—	1	—	—	20	2	5	9	—	3	4	—	—	3	—	3
	28	代谢正常的超重和肥胖与心血管疾病和Ⅱ型糖尿病的关系及其对BMI指数的挑战	34	15	—	—	3	—	1	—	—	—	—	—	—	—	15	—	—	—	3	—	—	20	—	—	5	1	6	1	2	—	—	—	—

续表

研究大类	研究领域ID	研究领域名称	核心论文数/篇	国家政府资助论文数量/篇												资助机构资助论文数量/篇								国家在研究领域发表的论文数量/篇											
				美国	中国	德国	英国	日本	法国	澳大利亚	韩国	印度	巴西	俄罗斯	南非	NSF	NIH	NSFC	973计划	DFG	RCUK	JSPS	JST	美国	中国	德国	英国	日本	法国	澳大利亚	韩国	印度	巴西	俄罗斯	南非
医学	29	浸润性宫颈癌患者人乳头瘤病毒基因分型及HPV两价疫苗（HPV16和HPV18）和四价疫苗（HPV6、HPV11、HPV16、HPV18）的效果评估研究	56	11	—	—	3	—	1	4	—	—	—	—	—	—	10	—	—	—	1	—	—	32	6	6	13	1	12	14	1	2	6	—	1
	30	运动相关脑震荡的评价与处理指南及创伤性脑损伤标志物的研究	20	7	—	1	1	—	—	—	—	—	—	—	—	—	7	—	—	—	1	—	—	19	—	—	6	—	1	2	—	—	—	—	—
	31	慢性肾脏疾病与急性肾脏损伤两者互为危险因素、心脏手术后急性肾损伤新型标记物及其在早期诊断与治疗中的作用	25	8	1	3	—	—	—	—	—	—	—	—	—	—	8	—	—	2	—	—	—	24	1	6	2	1	1	4	—	—	—	—	—
	32	网络欺凌、校园欺凌及自杀倾向的相关研究及其预防与处理策略	29	2	—	—	2	—	—	—	—	—	—	—	—	—	2	—	—	—	1	—	—	19	—	—	8	1	—	1	—	—	—	—	—
	33	渐进性多发性硬化症的发病机制与治疗研究及重度抑郁症的神经生物学和药物作用机制研究	21	11	—	—	2	1	—	2	—	—	—	—	—	1	10	—	—	—	1	1	—	17	1	3	7	2	—	2	—	—	—	—	—
	36	老年人肌减少症、认知衰退的诊断评估与营养干预	45	7	—	1	1	1	—	2	—	—	—	—	—	—	7	—	—	—	1	—	—	20	7	6	7	5	9	3	1	—	—	—	—
	38	双极性抗抑郁症的药物治疗	17	5	—	1	3	—	1	1	—	—	2	—	—	—	5	—	—	1	3	—	—	14	—	5	7	1	6	2	3	—	3	—	1

续表

研究大类	研究领域ID	研究领域名称	核心论文数/篇	国家政府资助论文数量/篇												资助机构资助论文数量/篇								国家在研究领域发表的论文数量/篇											
				美国	中国	德国	英国	日本	法国	澳大利亚	韩国	印度	巴西	俄罗斯	南非	NSF	NIH	NSFC	973计划	DFG	RCUK	JSPS	JST	美国	中国	德国	英国	日本	法国	澳大利亚	韩国	印度	巴西	俄罗斯	南非
医学	40	产前感染对子女大脑发育与行为的影响及致精神分裂症、自闭症的流行病学与抗精神病药物治疗研究	16	5	—	1	—	—	—	—	—	—	—	—	—	—	5	—	—	1	—	—	—	10	—	1	2	—	—	—	—	—	—	—	1
	48	深脑刺激治疗帕金森病、强迫症、抑郁症和阿尔茨海默病	26	10	—	1	2	—	—	—	—	—	—	—	—	—	9	—	—	—	2	—	—	19	—	6	3	—	2	—	—	—	—	—	—
	54	不同的性取向导致的自杀倾向和健康问题及其相关的社会心理因素研究	31	14	—	—	—	—	—	—	—	—	—	—	—	—	14	—	—	—	—	—	—	31	—	—	—	—	—	—	—	—	—	—	—
	55	急性缺血性卒中的溶栓治疗与血管内介入治疗	53	12	1	—	5	—	—	6	1	—	—	—	—	—	12	1	—	—	5	—	—	30	2	18	13	2	11	12	2	2	—	—	—
	63	癌症晚期病人护理方案的效果的研究及临终地点的影响	51	19	—	—	—	—	1	—	—	—	—	—	—	1	19	—	—	—	—	—	—	35	1	3	13	—	—	2	1	—	1	—	—
	64	人格特质、老龄化、主观幸福感、积极行为和自尊等变量与身心健康的关系研究	27	4	—	1	1	—	—	—	—	—	—	—	—	—	4	—	—	1	1	—	—	23	—	3	2	—	1	—	—	—	—	1	—
	72	抗 TNF—α 单克隆抗体治疗溃疡性结肠炎、克罗恩病等炎症性肠病、风湿病关节炎的临床研究	45	3	—	—	—	—	—	—	—	—	—	—	—	1	3	—	—	—	—	—	—	22	—	6	5	1	14	4	1	—	—	—	—
	79	多重耐药肺结核的药物治疗及 HIV/AIDS 合并结核病的快速诊断	62	25	1	1	4	—	2	—	—	—	—	—	3	—	22	—	—	—	2	—	—	42	4	14	23	3	8	1	5	9	4	4	26

续表

研究大类	研究领域ID	研究领域名称	核心论文数/篇	国家政府资助论文数量/篇												资助机构资助论文数量/篇								国家在研究领域发表的论文数量/篇											
				美国	中国	德国	英国	日本	法国	澳大利亚	韩国	印度	巴西	俄罗斯	南非	NSF	NIH	NSFC	973计划	DFG	RCUK	JSPS	JST	美国	中国	德国	英国	日本	法国	澳大利亚	韩国	印度	巴西	俄罗斯	南非
医学	80	循证医学与公共卫生服务实施研究	30	6	—	—	—	—	—	3	—	—	—	—	—	—	4	—	—	—	—	—	—	24	—	—	7	—	—	4	—	—	—	—	—
	81	大脑视觉皮质、前馈与反馈通路、脑连接与视区、前岛叶皮质与情感意识相关的研究	16	8	—	—	3	—	—	—	—	—	—	—	—	4	6	—	—	—	3	—	—	10	—	6	8	—	4	—	—	—	—	—	—
	89	双相情感障碍、重度抑郁症患者血清细胞因子研究	17	6	—	—	—	—	—	1	—	—	3	—	—	—	6	—	—	—	—	—	—	7	—	1	1	1	1	2	—	—	4	—	—
	90	粪菌移植治疗难辨梭状芽孢杆菌感染和炎症性肠病及肠道微生物群落与炎症性肠病关系研究	30	10	—	—	—	—	—	1	—	—	—	—	—	1	8	—	—	—	—	—	—	18	—	3	6	—	1	3	—	—	—	—	—
	91	去肾脏交感神经支配术治疗顽固性高血压临床研究	58	10	—	7	1	—	—	5	—	—	1	—	—	—	10	—	—	7	1	—	—	34	—	23	8	—	6	14	—	—	3	1	—
	92	二手烟对健康的影响及无烟立法的效果	29	13	—	1	9	—	—	4	—	—	—	—	—	—	13	—	—	—	2	—	—	16	—	1	7	—	1	7	—	—	—	—	—
	95	新型药物治疗慢性阻塞性肺病的临床研究	49	3	—	—	2	1	—	—	—	—	—	—	—	—	3	—	—	—	2	—	—	30	—	12	31	1	2	2	—	—	3	1	5
	103	阿尔茨海默病有关的基因突变位点的发现	37	23	1	2	6	2	2	—	—	—	—	—	—	1	22	1	—	1	6	—	—	35	1	10	17	—	7	4	—	—	1	—	1
	104	成年人久坐引起的一系列健康问题及死亡率的相关研究	59	10	—	—	6	1	1	19	—	—	—	—	—	1	9	—	—	—	5	—	—	24	2	—	18	2	1	29	—	1	3	—	2
	107	NMDA 受体拮抗剂特别是氯胺酮抗抑郁效果的临床研究	48	24	1	—	—	—	—	1	1	—	—	—	—	—	22	1	—	—	—	—	—	38	1	1	2	—	2	2	1	—	—	—	—

续表

研究大类	研究领域ID	研究领域名称	核心论文数/篇	国家政府资助论文数量/篇												资助机构资助论文数量/篇								国家在研究领域发表的论文数量/篇											
				美国	中国	德国	英国	日本	法国	澳大利亚	韩国	印度	巴西	俄罗斯	南非	NSF	NIH	NSFC	973计划	DFG	RCUK	JSPS	JST	美国	中国	德国	英国	日本	法国	澳大利亚	韩国	印度	巴西	俄罗斯	南非
医学	108	长期接受空气污染与心肺疾病间及与新生儿健康的关系的研究	55	17	1	1	2	1	2	—	—	—	—	—	—	1	12	—	1	—	1	—	—	32	3	17	17	1	8	1	1	2	1	—	1
	113	循环肿瘤细胞在临床上的重要性及其捕获分离的微型仪器的研究	30	9	2	—	4	—	1	—	—	—	—	—	—	3	6	2	—	—	—	—	—	20	3	6	5	—	3	2	—	—	—	—	—
	115	关于提高生物医学实验价值减少浪费及实验数据共享的研究	30	5	—	—	—	—	—	2	—	—	—	—	—	—	4	—	—	—	—	—	—	12	1	—	19	—	1	7	—	2	—	—	2
	116	乳糜泻的流行病学、诊断与治疗	71	26	—	5	4	—	1	7	—	—	—	—	—	—	26	—	—	5	4	—	—	41	—	17	27	1	6	11	—	—	—	—	—
	121	肿瘤细胞自噬、凋亡与炎症反应的分子机制	17	9	—	—	1	—	1	—	—	—	—	—	—	1	8	—	—	—	1	—	—	15	5	—	3	—	1	4	2	—	—	—	2
	123	肿瘤干细胞标志物 ALDH1 在乳腺癌、前列腺癌、膀胱癌等癌症中的表达及其临床意义	19	17	—	—	—	—	1	—	—	—	—	—	—	—	15	—	—	—	—	—	—	17	3	—	1	—	2	—	1	—	—	—	—
	126	双语与认知发展的关系研究	26	6	—	1	4	—	—	—	—	—	—	—	—	3	5	—	—	1	4	—	—	13	1	2	8	—	1	1	1	—	—	—	—
	128	语义记忆的神经生物学研究	46	15	—	3	5	—	1	—	—	—	—	—	—	6	14	—	—	2	5	—	—	23	1	9	13	—	2	2	—	—	—	—	—
	129	环境与疾病间的关系及代谢组学相关的促进人类健康的研究	17	4	2	—	—	—	—	—	—	—	—	—	—	—	4	—	2	—	—	—	—	8	5	—	4	—	4	—	—	—	—	—	—
	131	饮食环境、建筑环境、身体锻炼行为及其与健康、营养的关系	45	11	—	—	2	—	2	—	—	—	—	—	—	—	10	—	—	—	2	—	—	27	—	—	8	—	6	5	1	—	—	—	—

续表

研究大类	研究领域ID	研究领域名称	核心论文数/篇	国家政府资助论文数量/篇												资助机构资助论文数量/篇								国家在研究领域发表的论文数量/篇											
				美国	中国	德国	英国	日本	法国	澳大利亚	韩国	印度	巴西	俄罗斯	南非	NSF	NIH	NSFC	973计划	DFG	RCUK	JSPS	JST	美国	中国	德国	英国	日本	法国	澳大利亚	韩国	印度	巴西	俄罗斯	南非
医学	135	ALK 阳性非小细胞肺癌靶向药物治疗的临床研究	102	32	2	4	—	9	1	—	1	1	1	—	—	—	31	1	—	4	—	7	—	73	19	26	23	21	20	11	21	2	4	9	1
	137	成瘾障碍和行为决策与延迟折扣的关系、相关神经机制与认知矫正策略研究	59	17	—	—	1	1	—	—	—	—	—	—	—	3	13	—	—	—	1	—	1	45	1	10	10	—	—	1	2	—	—	—	—
	138	多动症的脑结构影像学研究及其诊断与治疗，以及与未来发生交通事故的关系	30	10	1	3	3	—	1	2	—	—	—	—	—	—	10	1	—	2	3	—	—	11	2	5	11	2	4	2	—	—	—	—	—
	141	脑机接口及康复机器人研究与应用	28	21	—	2	5	—	—	—	—	—	—	—	—	2	20	—	—	1	5	—	—	23	—	4	7	—	—	—	—	—	1	2	—
	143	多种丙型肝炎治疗药物单独使用或联用的效果及其相关基因的研究	140	14	—	4	—	1	1	4	—	—	—	—	—	—	13	—	—	3	—	—	—	106	—	34	15	10	37	18	2	—	5	4	—
	147	单细胞测序技术及其在癌症研究及免疫学研究中的应用	35	18	4	2	2	—	1	1	—	—	—	—	—	4	18	4	3	2	1	—	—	23	4	4	7	1	—	1	—	—	—	—	—
	148	多种药物治疗激素受体阳性乳腺癌或人类表皮生长因子受体 2 阳性乳腺癌的相关研究	72	15	—	—	1	—	—	—	—	—	—	—	—	—	14	—	—	—	—	—	—	57	6	26	21	5	22	12	11	1	10	12	3
	150	白色脂肪组织、棕色脂肪组织和淋巴样细胞作用机制的相关研究	82	39	2	9	10	3	5	2	1	—	—	—	—	1	39	1	2	9	9	1	1	47	4	16	19	6	6	2	2	—	—	—	—
	151	与心肾病相关的纤维母细胞生长因子和维生素 D 对心血管作用的研究	77	32	—	—	4	—	—	3	—	—	—	—	—	1	32	—	—	—	4	—	—	56	—	15	18	2	3	7	—	2	2	—	—

续表

研究大类	研究领域ID	研究领域名称	核心论文数/篇	国家政府资助论文数量/篇												资助机构资助论文数量/篇								国家在研究领域发表的论文数量/篇											
				美国	中国	德国	英国	日本	法国	澳大利亚	韩国	印度	巴西	俄罗斯	南非	NSF	NIH	NSFC	973计划	DFG	RCUK	JSPS	JST	美国	中国	德国	英国	日本	法国	澳大利亚	韩国	印度	巴西	俄罗斯	南非
医学	152	危重症的临床治疗方案及其相关诊断生物标志物在临床治疗上的应用	42	9	—	1	—	1	3	6	—	—	—	—	—	—	9	—	—	1	—	—	—	21	4	9	8	3	7	9	—	1	2	—	1
	154	社交媒体及其对健康交流的促进	32	3	—	—	1	—	—	5	—	—	—	—	—	—	3	—	—	—	1	—	—	14	—	1	3	—	1	12	1	—	—	—	—
	155	循证医学 GRADE 证据质量分级和推荐强度系统以及患者报告结局（patient-reported Outcomes）在临床实践中的应用	80	6	—	—	10	—	—	—	—	—	—	—	—	1	3	—	—	—	7	—	—	60	1	22	45	3	5	9	—	—	2	—	2
	161	影响人类听力和阅读理解能力发展的日常训练的研究	42	4	—	2	3	—	2	1	—	—	—	—	—	3	3	—	—	2	3	—	—	15	—	5	11	—	6	2	—	—	1	—	—
	164	炎症类疾病中针对白介素17A 的抗体治疗及其相关细胞研究	46	10	1	1	2	—	3	—	—	—	—	—	—	—	10	1	—	1	2	—	—	37	4	20	15	4	12	3	3	—	—	2	—
	167	母体及婴儿营养改善方案及儿童早期发育的影响因素的研究	24	5	—	—	1	1	—	—	—	1	1	—	—	—	2	—	—	—	—	—	—	23	2	2	18	2	2	5	2	7	4	2	9
	170	血液中胆固醇过高相关疾病的单克隆抗体药物及其他降低胆固醇药物的研究	152	45	—	3	10	2	3	2	—	—	—	—	1	1	43	—	—	2	9	—	—	111	6	18	37	3	19	26	1	2	6	4	18
	171	囚徒健康、父母入狱对儿童心理和行为健康的影响、抑郁症与心血管疾病的相关性研究	51	9	—	—	10	—	—	2	—	—	—	—	—	—	9	—	—	—	8	—	—	30	1	4	15	—	2	4	—	—	—	—	—

续表

研究大类	研究领域ID	研究领域名称	核心论文数/篇	国家政府资助论文数量/篇												资助机构资助论文数量/篇								国家在研究领域发表的论文数量/篇											
				美国	中国	德国	英国	日本	法国	澳大利亚	韩国	印度	巴西	俄罗斯	南非	NSF	NIH	NSFC	973计划	DFG	RCUK	JSPS	JST	美国	中国	德国	英国	日本	法国	澳大利亚	韩国	印度	巴西	俄罗斯	南非
医学	177	非酒精性脂肪性肝病与特殊基因片段及门静脉高压关系的研究	50	9	—	1	3	—	—	—	—	—	—	—	—	—	9	—	—	—	—	—	—	18	5	12	12	7	17	2	4	2	2	—	—
	181	心脏骤停或危重症病人的治疗手段及液体治疗管理方法的研究	106	19	—	—	6	1	1	5	—	—	—	—	—	—	19	—	—	—	6	—	—	39	1	3	26	4	6	16	1	1	—	—	2
	183	第二代整合酶链转移抑制剂 dolutegravir	40	20	—	—	3	—	3	2	—	—	—	—	—	—	20	—	—	—	3	—	—	34	1	7	18	6	13	6	—	—	2	3	2
	186	危重症病人的营养方案和呼吸管理及其相关的临床护理研究	64	18	—	—	4	—	2	1	—	—	—	—	—	2	17	—	—	—	4	—	—	33	1	5	10	—	15	5	—	—	1	—	—
	187	二尖瓣、主动脉瓣经导管置换术和传统手术置换治疗效果的对比	55	4	—	—	—	—	1	—	—	—	—	—	—	—	4	—	—	—	—	—	—	26	—	16	10	—	8	1	—	—	—	—	—
	189	孕妇产前检查的基因测序方法及子痫前期检测的生物标识物的研究	59	4	3	1	2	—	—	—	—	—	—	—	—	1	4	—	2	1	2	—	—	29	10	2	22	—	1	1	—	—	—	—	—
	193	非典型溶血性尿毒症、肾小球病和膜性肾病等肾病的遗传学研究及其抗体治疗	52	19	—	6	5	2	5	2	—	1	—	—	—	—	19	—	—	6	5	—	—	33	1	16	10	4	13	—	—	1	—	—	—
	195	肠道干细胞标志物 Lgr5 及其与肿瘤的相关性	27	16	—	1	2	—	1	1	—	—	—	—	—	—	16	—	—	1	1	—	—	20	—	3	4	1	2	—	—	—	—	—	—
	203	多种类型药物治疗Ⅱ型糖尿病效果的比对及其安全性和有效性	144	12	1	7	5	2	—	2	—	—	—	—	—	—	12	1	—	7	4	—	—	92	2	61	42	5	16	5	7	3	5	—	3

续表

研究大类	研究领域ID	研究领域名称	核心论文数/篇	国家政府资助论文数量/篇												资助机构资助论文数量/篇								国家在研究领域发表的论文数量/篇											
				美国	中国	德国	英国	日本	法国	澳大利亚	韩国	印度	巴西	俄罗斯	南非	NSF	NIH	NSFC	973计划	DFG	RCUK	JSPS	JST	美国	中国	德国	英国	日本	法国	澳大利亚	韩国	印度	巴西	俄罗斯	南非
医学	207	高分辨率活细胞三维成像技术与脑皮质神经回路相关机理的研究	193	120	3	22	5	12	4	1	3	—	—	1	—	32	117	2	2	13	5	4	5	157	6	40	16	12	10	2	3	1	—	1	—
	209	轮状病毒疫苗接种效果评价，土壤传播的蠕虫感染、血吸虫病的流行病学与防控研究	59	10	1	8	4	—	1	2	—	—	1	—	—	4	5	1	—	7	2	—	—	35	3	10	20	2	5	2	1	4	3	—	3
	211	关于碳青霉烯酶的全球传播及其引起的疾病的检测和治疗方案的研究	116	16	3	2	—	—	12	2	—	—	—	—	—	2	13	3	—	1	—	—	—	57	7	12	16	—	21	16	—	6	—	1	—
	212	心力衰竭和肺动脉高压的治疗药物的研究及其手术治疗	71	26	—	4	1	—	—	—	—	—	—	—	—	3	26	—	—	3	1	—	—	59	7	27	24	3	20	6	3	5	9	5	2
	213	肿瘤细胞免疫原性死亡和自噬在肿瘤治疗或肿瘤生长中的作用	81	36	4	1	2	2	15	4	—	—	—	—	—	2	36	1	2	1	1	2	—	45	4	13	9	3	22	10	—	—	2	1	—
	214	H7N9、H5N1、H1N1 流感的流行病学与防控策略研究，以及 HIV—1 包膜三聚体的结构与免疫识别	155	114	20	5	13	4	5	3	—	—	—	—	1	4	112	10	9	4	10	—	2	126	26	13	17	6	8	7	—	1	2	—	6
	222	肿瘤的基因突变与精准治疗研究	334	131	3	5	21	4	4	12	—	—	—	—	—	2	128	3	—	4	13	3	—	255	9	71	85	14	73	62	6	4	8	16	7
	225	心血管疾病的精准介入治疗和精准药物治疗研究	433	48	—	5	9	1	6	4	3	—	—	—	—	—	44	—	—	1	8	—	—	257	15	151	122	19	97	39	23	16	22	6	4

续表

研究大类	研究领域ID	研究领域名称	核心论文数/篇	国家政府资助论文数量/篇											资助机构资助论文数量/篇								国家在研究领域发表的论文数量/篇										
				美国	中国	德国	英国	日本	法国	澳大利亚	韩国	印度	巴西	俄罗斯	南非	NSF	NIH	NSFC	973计划	DFG	RCUK	JSPS	JST	美国	中国	德国	英国	日本	法国	澳大利亚	韩国	印度	巴西	俄罗斯	南非
医学	227	应对病原体的天然免疫反应与细胞死亡机制，肠道菌群与免疫，单核—巨噬细胞起源及发育分化的特征与分子调控	472	236	8	38	45	15	21	19	3	—	—	—	—	18	228	2	4	37	34	10	4	304	15	69	86	30	58	32	9	1	11	1	2
	229	线粒体功能缺陷、Parkin蛋白与阿尔茨海默病、帕金森病等神经系统疾病的发病机理研究	387	211	16	19	44	12	10	21	5	—	—	1	—	12	206	16	5	13	43	7	2	291	20	42	92	23	29	36	7	—	4	4	1
	231	淋巴细胞白血病的基因突变与精准治疗研究	341	174	14	18	29	7	14	3	2	—	1	—	—	21	168	7	4	13	22	3	1	266	30	57	70	21	39	8	4	—	4	3	—
	232	微小RNA和特殊基因序列作为诊断的标志物及其与疾病关系的研究	442	226	37	42	25	20	10	14	2	—	3	—	—	22	221	29	18	30	23	9	6	274	64	60	49	37	17	20	7	1	3	2	—
工程科学	5	纳米流体	25	2	—	—	—	—	—	—	1	—	—	—	—	2	—	—	—	—	—	—	—	2	—	—	—	—	3	1	2	2	—	—	—
	39	有机朗肯循环	37	—	9	1	—	—	—	—	—	—	—	—	—	—	—	4	4	—	—	—	—	2	11	1	—	—	—	1	—	1	—	—	—
	93	低碳供应链的设计、管理、优化及评价	79	3	5	—	—	1	—	—	—	—	—	—	—	2	—	5	—	—	—	1	—	25	13	6	8	3	1	3	—	2	1	—	—
	94	生物燃料的燃烧性能、排放特性及其化学动力学研究	77	23	14	7	2	—	—	—	—	—	—	—	—	3	—	14	3	5	2	—	—	35	15	12	4	2	9	—	1	3	—	1	1
	97	纳米流体强化传热	111	—	9	1	—	—	1	—	—	2	—	1	3	—	—	5	5	—	—	—	—	29	15	—	1	—	1	3	—	3	—	2	4
	99	绿色屋顶、节能建筑等城市环境舒适性设计方案研究	49	—	—	—	3	—	1	—	3	—	—	—	—	—	—	—	—	—	3	—	—	6	1	2	2	—	5	2	4	2	—	—	—
	109	智能电网与微电网	112	11	6	—	—	1	—	1	1	—	—	—	—	9	—	6	2	—	—	—	—	23	11	2	4	4	1	5	4	4	—	—	2

续表

研究大类	研究领域ID	研究领域名称	核心论文数/篇	国家政府资助论文数量/篇												资助机构资助论文数量/篇								国家在研究领域发表的论文数量/篇											
				美国	中国	德国	英国	日本	法国	澳大利亚	韩国	印度	巴西	俄罗斯	南非	NSF	NIH	NSFC	973计划	DFG	RCUK	JSPS	JST	美国	中国	德国	英国	日本	法国	澳大利亚	韩国	印度	巴西	俄罗斯	南非
工程科学	122	流固耦合问题及其求解	113	46	10	17	7	2	—	1	1	—	—	1	—	31	2	8	6	15	7	—	1	69	11	33	18	16	3	3	9	4	—	1	—
	132	电阻式随机存取记忆体RRAM	30	13	1	—	2	1	—	1	2	—	—	—	—	7	1	1	—	—	2	—	1	19	1	1	2	3	—	1	3	—	—	—	—
	140	剪切变形理论	86	5	5	—	—	—	—	—	1	—	—	—	—	3	—	5	—	—	—	—	—	5	7	—	6	—	—	6	2	1	—	—	—
	149	图像检索与图像分类	89	8	60	—	1	—	5	17	1	—	—	—	—	6	—	57	20	—	1	—	—	20	67	1	12	—	6	23	1	—	—	—	—
	157	最大功率点跟踪	41	4	1	—	2	—	—	—	—	—	—	—	—	3	—	1	—	—	2	—	—	7	2	2	4	2	1	—	1	2	1	—	—
	216	系统控制方法	452	42	360	45	33	2	—	21	12	—	—	—	—	40	—	340	96	7	29	2	—	65	386	26	66	—	4	56	19	7	—	1	—
数学	51	几类分数阶微分方程解的研究	63	5	11	—	—	2	—	4	—	—	—	—	—	2	—	11	—	—	—	2	—	7	16	2	—	2	—	7	—	—	—	—	2
	85	度量空间中的不动点定理	135	—	—	—	—	—	—	—	4	3	—	—	—	—	—	—	—	—	—	—	—	11	1	—	—	—	1	—	6	9	—	—	1
	114	几类偏微分方程解的适定性研究	133	19	27	1	10	1	2	—	2	—	2	—	—	18	—	24	1	1	8	—	1	25	36	26	3	4	8	—	3	—	4	—	—
	185	几类分数微分方程边值问题	119	—	34	—	—	—	—	1	4	—	—	—	—	—	—	31	1	—	—	—	—	30	51	—	1	—	2	5	7	5	3	—	—
	196	高维稀疏矩阵处理算法研究及其在图像处理和信号重构等方面的应用	133	72	11	2	3	—	8	—	—	—	1	—	—	62	14	11	—	2	3	—	—	89	20	12	6	—	15	—	1	—	1	—	—
计算机科学	53	犹豫模糊集理论及其在决策中的应用	161	—	86	—	—	—	—	—	—	—	1	—	—	—	—	75	6	—	—	—	—	4	105	—	9	—	—	—	1	1	1	—	—
	100	几种仿生优化算法的研究与应用	96	—	16	—	—	—	—	—	—	—	—	—	—	—	—	16	1	—	—	—	—	9	24	—	20	—	—	4	—	13	—	—	—
	120	认知无线电网络	34	3	7	—	1	—	1	3	3	—	—	—	—	2	—	7	2	—	1	—	—	7	10	1	3	—	1	2	2	2	1	—	—
	198	第五代移动通信技术(5G)	230	72	27	5	8	—	4	7	8	1	1	—	—	61	—	20	13	2	8	—	—	129	48	19	20	4	24	11	18	2	1	—	—
社会科学	59	应对气候变化的适应能力与区域经济产业弹性和可持续发展	49	1	—	—	5	—	—	1	—	—	—	—	—	1	—	—	—	—	1	—	—	10	—	4	16	—	—	5	—	1	—	—	1

续表

研究大类	研究领域ID	研究领域名称	核心论文数/篇	国家政府资助论文数量/篇												资助机构资助论文数量/篇								国家在研究领域发表的论文数量/篇											
				美国	中国	德国	英国	日本	法国	澳大利亚	韩国	印度	巴西	俄罗斯	南非	NSF	NIH	NSFC	973计划	DFG	RCUK	JSPS	JST	美国	中国	德国	英国	日本	法国	澳大利亚	韩国	印度	巴西	俄罗斯	南非
社会科学	110	性别差异在认知、管理、决策方面的表现	42	5	—	—	—	—	—	—	—	—	—	—	—	3	2	—	—	—	—	—	—	40	3	—	3	—	—	—	—	1	—	—	—
经济学	44	主权信用风险等金融危机与政府经济刺激政策	32	—	—	—	—	—	—	—	—	—	—	—	—	—	—	—	—	—	—	—	—	21	1	7	7	—	1	—	—	—	—	—	—
	69	油价、非能源商品价格、能源消费、污染物排放、股票收益、经济增长等因素之间的因果关系	90	—	6	—	—	1	—	—	—	—	—	—	—	—	—	5	1	—	—	—	—	29	10	2	3	2	6	18	—	2	1	—	1
食品科学	66	植物多酚与人类健康	39	6	3	3	5	—	1	—	—	—	—	—	—	—	4	1	—	—	5	—	—	12	7	4	12	2	2	1	—	1	—	—	—
	102	高附加值产品的提取方法与技术	18	—	1	—	—	—	1	—	—	—	—	—	—	—	—	1	—	—	—	—	—	2	4	—	—	—	4	1	—	3	—	—	—
空间科学	172	基于"开普勒"(Kepler)任务等对系外行星及其母恒星的探测研究	90	68	1	7	9	5	4	5	1	—	—	—	—	39	—	—	—	5	7	2	—	83	3	21	21	4	22	12	1	1	—	1	—

粉色底色代表新增研究领域